L'UNIVERS

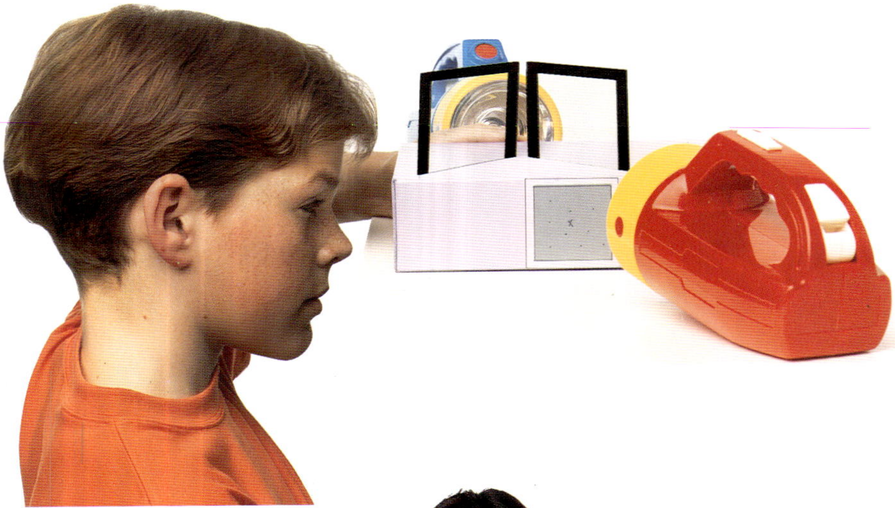

Fabriquer un comparateur
à clignotement

Reconstituer le sol martien

Étudier la diffusion de la lumière
dans l'atmosphère

Observer
la Lune
avec des
jumelles

Construire un système solaire à l'échelle

GUIDES PRATIQUES JEUNESSE

L'UNIVERS

Texte de
Heather Couper
et Nigel Henbest

Traduit de l'anglais par
Nicolas Witkowski

Simuler une éclipse d'étoile

Construire un planétarium

Faire un trou noir

Éditions du Seuil

UN LIVRE DORLING KINDERSLEY

Responsables de l'édition originale Stephanie Jackson, Ross George, Neville Graham, Chris Walker, Nicholas Turpin, Elaine Monaghan, Marianna, Papachrysanthou, Louise Daly, Josephine Buchanan, Lynne Brown

Réalisation de l'édition française RMP, Vincennes, et PAO Éditions du Seuil

Titre original : *How the Universe works*

ISBN 2-02-020247-6
(ISBN original : 0-7512-0080-2)

Imprimé par Tien Wah Press, Singapour

Loi 49-956 du 16 juillet 1949 sur les publications destinées à la jeunesse.

Sommaire

La Terre, notre vaisseau spatial

La Lune

Le système solaire

Le Soleil

Les étoiles

L'Univers

INTRODUCTION

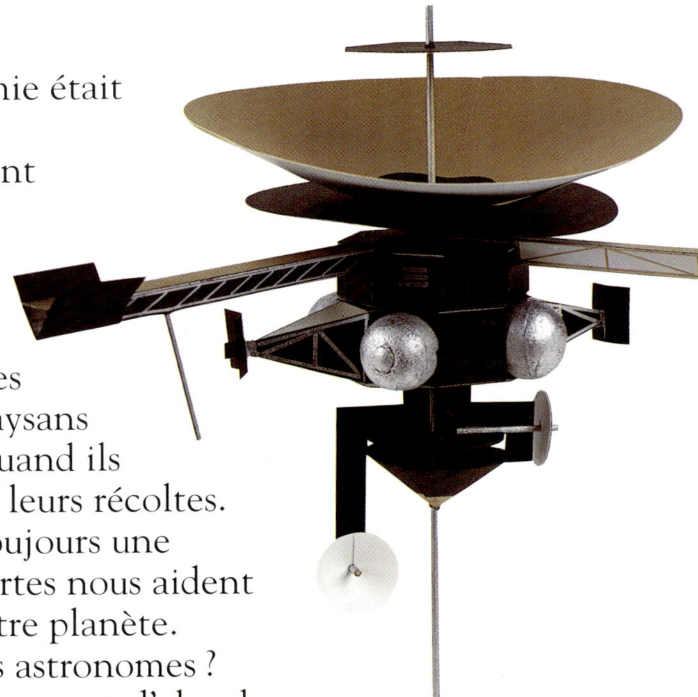

POUR NOS ANCÊTRES, l'astronomie était une science utile aux multiples applications pratiques. Bien avant le lancement des satellites de navigation, les navigateurs observaient les étoiles afin de trouver leur position. Avant que n'apparaissent les techniques modernes de l'agriculture, les paysans savaient, en observant le ciel, quand ils devaient planter ou moissonner leurs récoltes. Aujourd'hui, l'astronomie est toujours une science essentielle. Ses découvertes nous aident à comprendre l'évolution de notre planète.

En quoi consiste le travail des astronomes ? Les astronomes sont d'abord des physiciens, qui cherchent à comprendre la structure et les propriétés de la matière. Mais ils n'utilisent pas pour cela des installations comme les accélérateurs de particules : leur laboratoire est l'Univers tout entier. Leurs observations concernent aussi bien la densité extrême des trous noirs ou la température infinie du Big Bang, que le vide de l'espace ou les glaces de la planète Pluton. Cette exploration de l'Univers pose de grandes

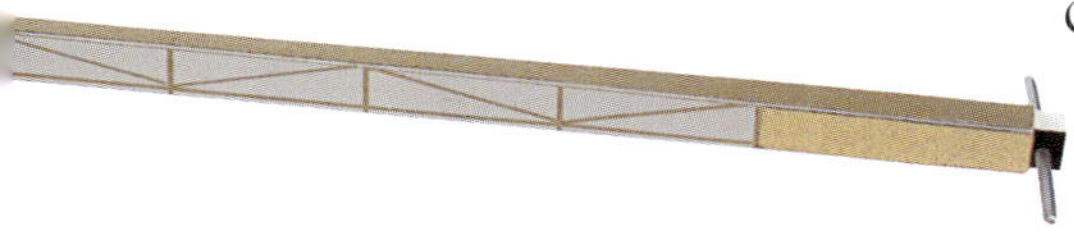

questions : comment l'Univers a-t-il commencé ? Quelle est sa dimension ? Le Soleil finira-t-il par s'éteindre ? Y a-t-il de la vie ailleurs que sur la Terre ? Et la réponse à ces questions ne relève pas seulement de l'astronomie mais aussi des mathématiques, de la biologie, de la chimie, des sciences de la Terre, de la physique et même de la philosophie.

Ce guide pratique va vous permettre d'aborder l'étude de l'Univers à partir d'expériences simples, réalisées au moyen d'objets que vous trouverez chez vous. Vous allez mesurer la hauteur des montagnes de Vénus, estimer la température d'une étoile et fabriquer votre propre télescope. Même les plus jeunes peuvent participer à cette aventure : certaines expériences leur sont particulièrement destinées, et celles qui réclament l'aide d'un adulte sont toujours signalées. Même si ce livre ne fait pas de vous un astronome professionnel, nous espérons qu'il vous fera mieux comprendre l'Univers et vous familiarisera avec les extraordinaires phénomènes qui s'y produisent.

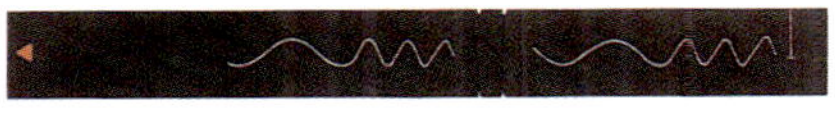

Votre laboratoire personnel

La plupart des expériences de ce livre peuvent être réalisées avec des outils et des ustensiles courants que vous trouverez chez vous – en particulier dans la cuisine – ou que l'on peut facilement se procurer.
Sur ces deux pages sont présentés quelques objets qui seront utiles dans votre laboratoire d'astronomie personnel.
Si vous ne trouvez pas exactement ceux-là, des objets analogues seront tout aussi efficaces.

Mélanger, mesurer

Les expériences scientifiques demandent des mesures précises. On utilise pour cela le Système international d'unités (SI), c'est-à-dire le mètre pour les longueurs, le kilogramme pour les masses et la seconde pour le temps.
Voici quelques instruments qui vous seront indispensables pour faire des mélanges et de bonnes mesures.

Montre ou horloge avec aiguille des secondes

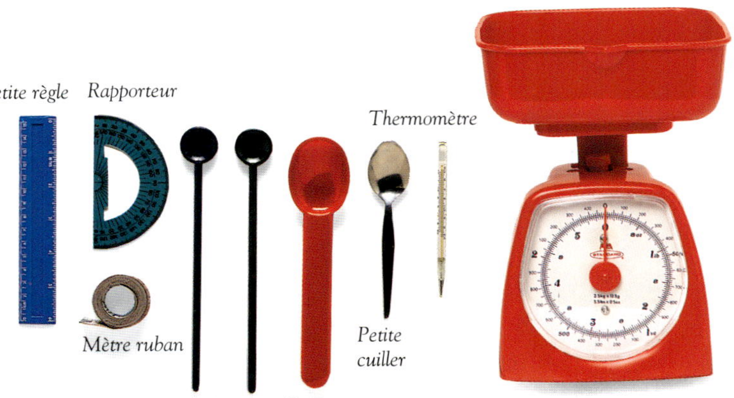

Petite règle — *Rapporteur* — *Mètre ruban* — *Agitateurs* — *Cuillers* — *Petite cuiller* — *Thermomètre* — *Balance de cuisine*

Grande règle

Électricité

Pour faire fonctionner une ampoule électrique, il vous faut deux fils. Connectez les deux bornes de l'ampoule aux deux bornes de la pile, en utilisant si possible des pinces « crocodile ». Vous pourrez ainsi allumer ou éteindre à volonté.

Tournevis — *Pinces « crocodile »* — *Pile de 4,5 V* — *Pile de 1,5 V* — *Fils* — *Ampoule* — *Support d'ampoule* — *Pile de 6 V*

Matériel de dessin

Il vous faudra des ciseaux, des crayons et de la peinture. Demandez l'aide d'un adulte chaque fois qu'il faut utiliser des instruments pointus ou coupants.

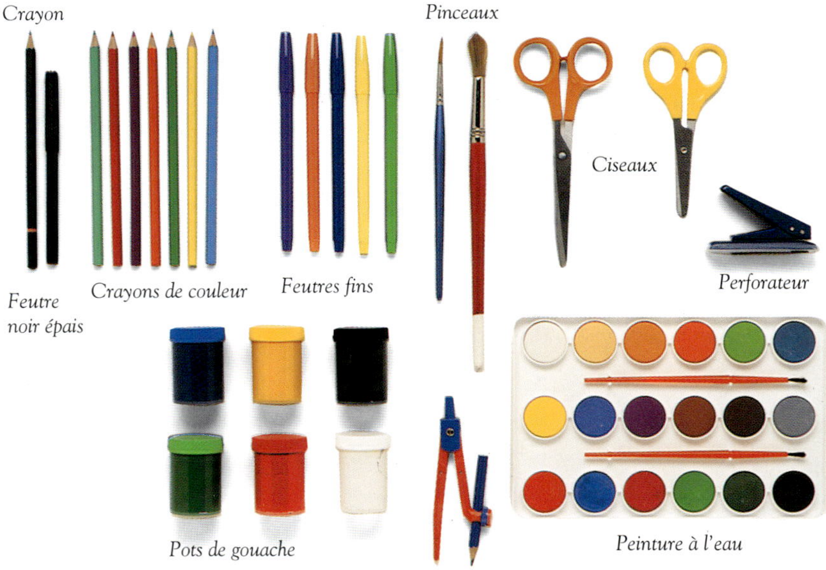

Crayon — *Feutre noir épais* — *Crayons de couleur* — *Feutres fins* — *Pinceaux* — *Ciseaux* — *Perforateur* — *Pots de gouache* — *Compas* — *Peinture à l'eau*

Matériaux

Certaines expériences font intervenir du papier, du carton, de la pâte à modeler et des plaques de polystyrène. On en trouve dans les magasins de fournitures pour artistes.

Autres outils

Beaucoup d'objets courants – y compris des vieux gants de cuisine ou des bouchons – peuvent vous être utiles. Demandez toujours la permission avant de les emprunter.

Un observatoire chez vous

POUR ÉTUDIER la plupart des sciences, on peut réunir tout ce qui est nécessaire dans un laboratoire (p. 8-9), mais ne n'est pas le cas de l'astronomie.

Pour savoir ce qui se passe dans l'Univers, il faut bien sûr sortir et observer le ciel. Outre le Soleil, le jour, vous pouvez y observer la nuit la Lune, si elle est là – et les étoiles – à condition qu'il n'y ait pas trop de nuages.

Plutôt que de regarder le ciel par la fenêtre, il est préférable d'installer votre observatoire à l'extérieur, dans un endroit calme et abrité où vous pourrez confortablement observer et étudier les étoiles.

Le mot « observatoire » évoque un grand télescope et sa coupole, mais votre observatoire sera simplement un lieu d'où l'on voit bien le ciel, et où vous pourrez analyser, évaluer et mesurer ce que vous voyez.

S'adapter à l'obscurité

Lorsque vous sortez la nuit pour observer, attendez que vos yeux s'habituent à l'obscurité. Au bout d'une demi-heure, vous serez capable de discerner les étoiles les plus pâles. Un éclairage trop violent pour lire vos cartes ou écrire imposerait une autre période d'adaptation. Recouvrez votre torche d'une cellophane rouge : cette couleur est moins agressive pour l'œil que la lumière blanche.

Installer votre observatoire

Cherchez – de jour – un endroit plat et dégagé d'où l'on voit bien le ciel, surtout vers le sud et l'ouest si vous vivez dans l'hémisphère Nord (ou vers le nord si vous vivez dans l'hémisphère Sud). Installez-y une petite table, une chaise et une chaise longue. Notez le nord, le sud, l'est et l'ouest sur un carton glissé dans une enveloppe plastique que vous fixerez sur la table. Le sud de votre « boussole » doit indiquer la position du soleil à midi (ou le nord dans l'hémisphère Sud). Placez la chaise du côté nord de la table (sud dans l'hémisphère Sud). Prévenez votre famille que cet endroit est désormais votre observatoire.
N'oubliez pas non plus de prévenir vos parents chaque fois que vous vous y rendrez.

Torche recouverte de cellophane rouge

Utilisez de préférence des crayons de couleur

Ces points cardinaux vous aideront à identifier les étoiles et les planètes

Petit carnet pour prendre des notes

Paire de jumelles, ou lunette, pour observer

Observateur en action
Gardez votre équipement à l'intérieur et ne sortez que ce qui est nécessaire à vos observations. N'oubliez pas de demander la permission avant d'emprunter un objet.

Nombres arrondis

La plupart des nombres donnés dans ce livre, comme les distances entre les étoiles, sont arrondis. Cela ne se fait pas en mathématiques, mais c'est très courant en astronomie.

Ciel de nuit

Pour profiter au mieux de votre temps d'observation, commencez par allumer votre torche et à vous familiariser avec l'orientation des points cardinaux. En vous aidant d'une carte du ciel (p. 112-113) ou d'éphémérides, essayez de repérer les étoiles les plus brillantes et les planètes visibles ce jour-là.

Après 10 ou 20 mn, vous serez capable de voir des étoiles de moins en moins brillantes. Installez-vous dans votre chaise longue, avec vos instruments à portée de main.

Cherchez les étoiles peu brillantes, les amas, les nébuleuses et les galaxies sur la carte du ciel (p. 148-151). Vous verrez peut-être aussi des aurores polaires et des étoiles filantes.

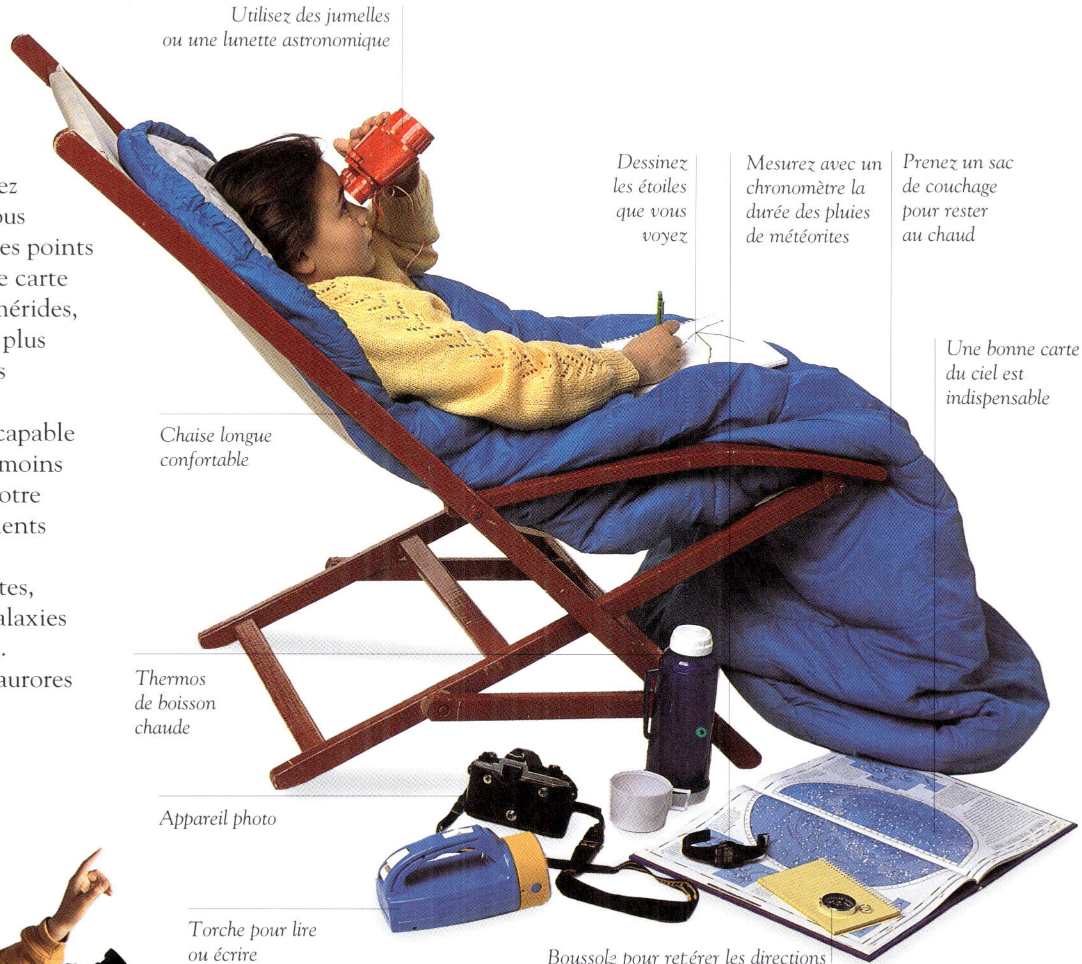

Photographier le ciel

Photographier le ciel durant le jour ne pose pas de problèmes particuliers. La nuit, il vous faut un appareil 35 mm à durée d'exposition réglable, de préférence monté sur un trépied bien stable. Essayez plusieurs durées d'exposition : 10 à 30 secondes seront suffisantes pour les étoiles brillantes, mais il faudra davantage pour les autres. Notez bien les conditions dans lesquelles vous avez pris chaque photographie. Prenez le ciel, de jour, sur la première photo et écrivez sur le rouleau de pellicule : « Photos astronomiques – tout développer » avant de le donner à développer. Sinon, le photographe pourrait croire que la pellicule est ratée.

La Lune de jour
Les photos du ciel sont plus faciles à prendre de jour que de nuit. Sur cette photo de la Lune prise en plein jour, on voit de nombreux détails intéressants.

Les étoiles
De nuit, faites plusieurs prises pour chaque photo. Une à la vitesse que vous croyez bonne, une à la vitesse double et une à la vitesse moitié.

Une lunette astronomique

À L'ŒIL NU, une planète ressemble à une étoile brillante. Dans un télescope comme ceux qu'utilisent les astronomes, on peut voir les taches de Jupiter, les déserts de Mars ou les anneaux de Saturne. Les télescopes agrandissent l'image et captent davantage de lumière que notre œil. Ils peuvent ainsi montrer des objets trop pâles et trop lointains pour être vus à l'œil nu.
Vous pouvez acheter un télescope, des jumelles, ou fabriquer votre propre lunette astronomique d'après les indications données ici.

EXPÉRIENCE

Une lunette astronomique

Il n'est pas très difficile de construire une petite lunette astronomique, tout aussi bonne que celles du commerce. Elle vous montrera les cratères de la Lune, les satellites de Jupiter, les anneaux de Saturne, les étoiles doubles, les nébuleuses et les amas d'étoiles.
Une lunette doit avant tout être stable. Il faut la tenir avec les coudes appuyés sur la table de votre observatoire (p. 10-11), ou la monter sur un pied, un trépied d'appareil photo par exemple.
Souvenez-vous que les images données par votre lunette sont inversées. Ce n'est pas grave puisque dans l'espace il n'y a ni haut ni bas.

IL VOUS FAUT

- *Lentille 1 (l'oculaire) : une petite loupe de joaillier ou un compte-fils pour diapos de 35 mm (chez un marchand d'appareils photo).*

- *Lentille 2 (l'objectif) : une lentille convexe de 70 mm et 2 dioptries, si possible antireflets (chez un opticien).*

- *Carton noir* • *Ruban adhésif noir épais* • *Compas et crayon blanc* • *Étoiles autocollantes (décoratives)* • *Règle* • *Ciseaux* • *Colle*

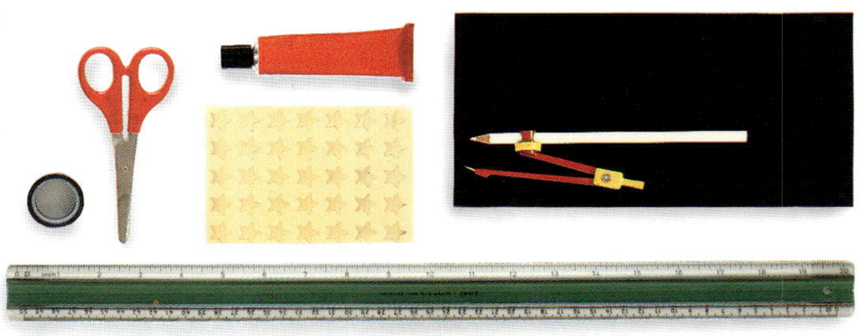

Les lentilles
Si vous ne trouvez pas exactement les lentilles ci-dessus, vous pouvez en adapter d'autres. La lentille 1 (l'oculaire) doit avoir une distance focale d'environ 3 cm pour que la mise au point puisse se faire entre l'oculaire et votre rétine. La lentille 2 (l'objectif) doit être une lentille convexe d'environ 70 mm de diamètre et de grande distance focale, environ 50 cm.
Pour mesurer la distance focale, projetez sur une feuille de papier l'image du Soleil. Quand l'image est bien nette, mesurez la distance entre la lentille et la feuille. Les tubes A et B doivent avoir pour longueur les 3/4 de la distance focale de l'objectif.

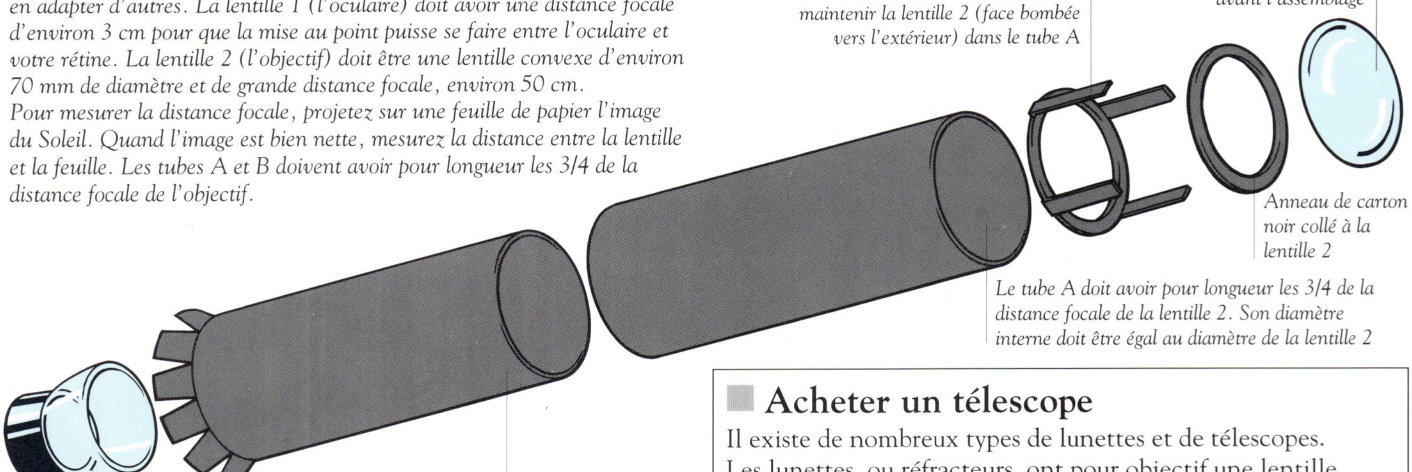

Anneau de carton et languettes pour maintenir la lentille 2 (face bombée vers l'extérieur) dans le tube A

La lentille 2 – l'objectif – doit être bien nettoyée avant l'assemblage

Anneau de carton noir collé à la lentille 2

Le tube A doit avoir pour longueur les 3/4 de la distance focale de la lentille 2. Son diamètre interne doit être égal au diamètre de la lentille 2

Un compte-fils est idéal pour faire la lentille 1 (oculaire), car sa lentille est montée sur un support qui s'adaptera au tube B. Si vous utilisez une autre lentille, il faudra la fixer solidement au tube

Découpez des encoches à l'extrémité du tube B, repliez-les et collez-les sur la lentille 1

Le tube B a la même longueur que le tube A, mais son diamètre est plus petit : il doit glisser dans le tube A

Acheter un télescope

Il existe de nombreux types de lunettes et de télescopes.
Les lunettes, ou réfracteurs, ont pour objectif une lentille convergente et donnent une excellente image. Les petites sont peu chères, mais leur prix augmente vite avec la taille.
Les télescopes utilisent un miroir au lieu d'une lentille pour collecter la lumière. Qu'il soit du type « Newton » ou du type « Cassegrain », un télescope de 90 ou 100 mm est un instrument puissant et peu coûteux.

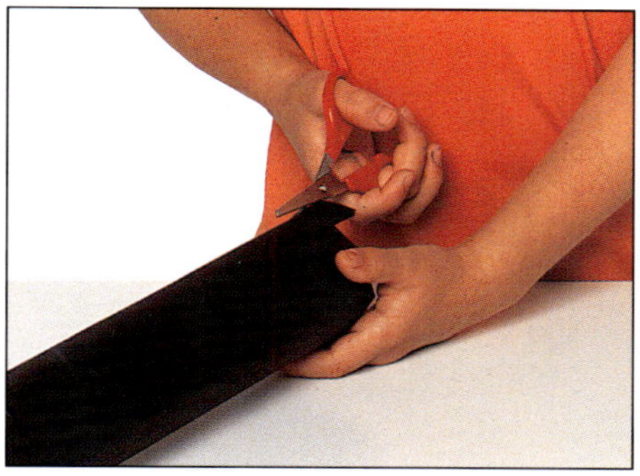

1 DÉCOUPEZ DE PETITES ENCOCHES d'environ 3 cm au bout du tube B et repliez les languettes vers l'intérieur.

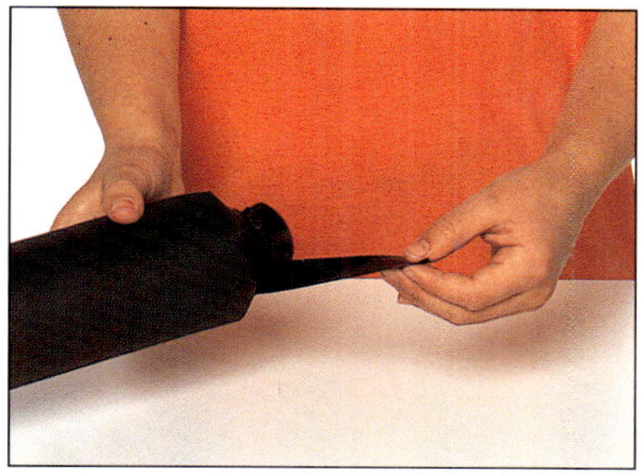

2 REPLIEZ LES LANGUETTES en les appliquant sur la lentille 1. Fixez avec du ruban adhésif en vérifiant que la lentille est bien dans l'axe.

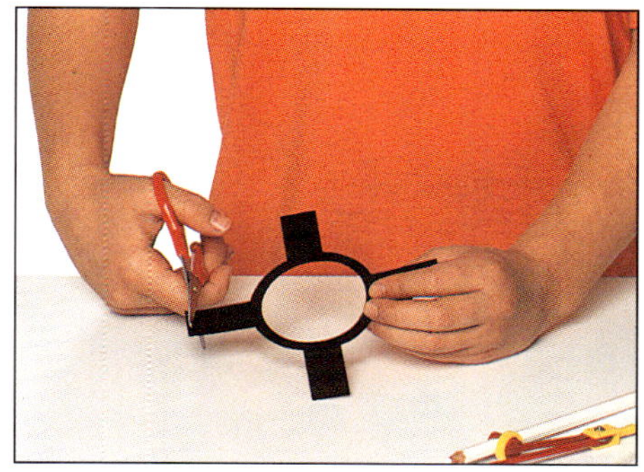

3 DÉCOUPEZ UN ANNEAU et 4 languettes de 3 cm de long. Le diamètre extérieur de l'anneau doit être égal à celui de la lentille 2.

4 DÉCOUPEZ UN ANNEAU du même diamètre que le précédent. Collez-le sur la lentille 2, puis au milieu de l'anneau muni de languettes.

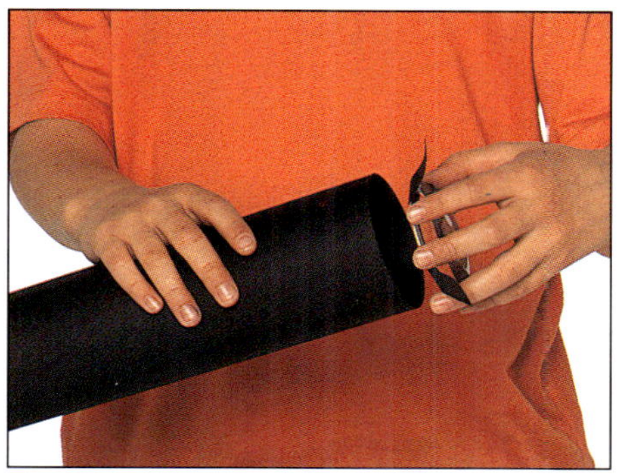

5 REPLIEZ LES LANGUETTES vers vous, puis glissez la lentille 2 dans le tube A. Collez les languettes de façon qu'elles arrivent juste au bout du tube.

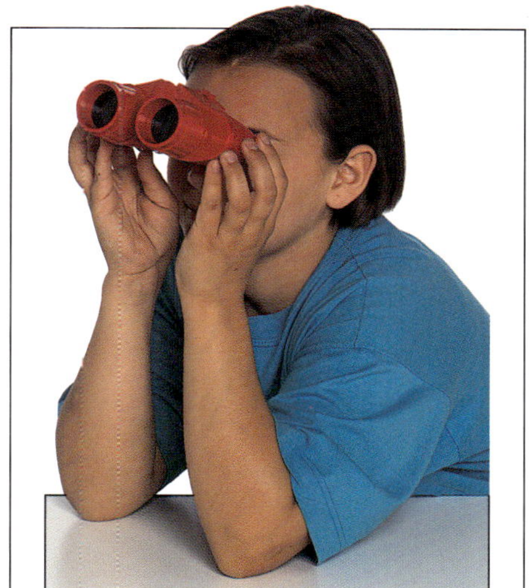

6 NETTOYEZ BIEN les lentilles et glissez le tube B dans le tube A : votre télescope est terminé. Posez vos coudes – ou la lunette – sur une surface stable comme un rebord de fenêtre. Pour commencer, visez la Lune, de préférence pendant la demi-lune, et mettez au point en glissant le tube B dans le tube A.

Jumelles

Cet instrument, fait de deux lunettes juxtaposées, est sans doute le meilleur pour un astronome débutant et peut en outre être utilisé pour l'observation terrestre car il n'inverse pas les images.
Les deux nombres inscrits sur des jumelles (7 x 50 par exemple) indiquent le grandissement (7) et le diamètre de l'objectif en mm (50).

Pourquoi les lunettes donnent une image inversée
La lentille 2 fait converger les rayons lumineux. Ils se coupent au foyer et la distance du foyer à la lentille est la distance focale. Au-delà du foyer, les rayons divergent et donnent une image inversée, qui est grossie par la lentille 1.

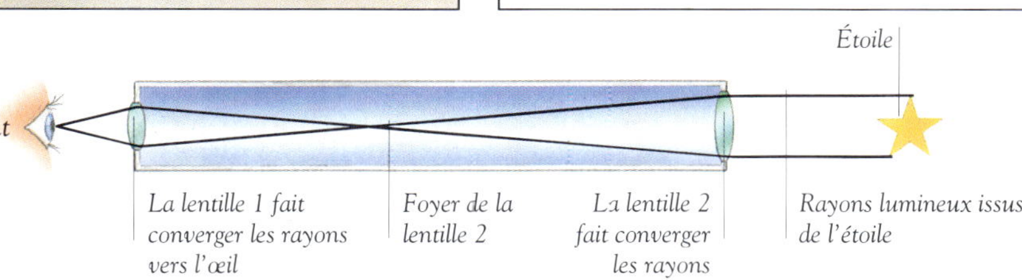

LA TERRE, NOTRE VAISSEAU SPATIAL

Flottant dans l'espace
Dès que nous avons pu voir la Terre depuis l'espace (à gauche), notre vision de la planète a radicalement changé. Les satellites comme Landsat (ci-dessus) surveillent le globe en permanence, analysant la qualité des récoltes et les effets de la pollution.

COMME UN ÉNORME VAISSEAU spatial, notre planète poursuit son voyage dans l'espace. Nous, ses passagers, sommes maintenus à bord par la pesanteur et protégés des dangers de l'espace par l'atmosphère. Mais nous commençons à utiliser la Terre comme une plate-forme spatiale – une base de départ pour l'exploration d'autres mondes.

LA PLANÈTE VIVANTE

NOUS SOMMES TOUS DES ASTRONAUTES. Nous n'avons ni navette ni vaisseau spatial, mais la Terre elle-même est un immense vaisseau filant dans l'espace à 30 fois la vitesse d'une balle de fusil. Notre Terre est une boule rocheuse de 12 756 km de diamètre. La pesanteur qui nous maintient à sa surface retient aussi l'atmosphère qui nous permet de vivre et nous protège des dangers de l'espace.

Notre atmosphère
Sur cette photo prise par Apollo 11, on voit la lumière rose du Soleil levant, due à l'absorption par l'atmosphère de la lumière bleue. Notre atmosphère est un véritable bouclier qui nous protège des dangers de l'espace.

La Terre est ronde et la pesanteur nous attire vers son centre. C'est pourquoi les gens qui vivent aux antipodes ne tombent pas, bien qu'ils soient pour nous la tête en bas. Chaque partie du globe voit une portion de ciel différente et des étoiles particulières. En un même lieu, les étoiles changent sans cesse dans le ciel.

Comme une horloge

La Terre tourne sur elle-même en 24 heures, nous montrant ainsi différentes parties du ciel. Elle tourne aussi autour du Soleil à quelque 110 000 km/h. Ce mouvement nous montre d'autres régions de l'espace, comme tourner sur un manège nous montre des scènes différentes. Certaines constellations ne sont ainsi visibles qu'à certains moments de l'année. Orion, « le chasseur », est visible en janvier et février, mais est remplacé par le Scorpion – qui, selon la légende, tua Orion en le piquant au talon – en juillet.

Océans
Ces vagues de l'océan Pacifique se brisent sur les îles Hawaii. La Terre est la seule planète à posséder des océans d'eau. Les vagues sont provoquées par les vents, dus aux mouvements de l'atmosphère.

Depuis les temps préhistoriques, les êtres humains savent trouver la saison, l'heure, et leur position sur la Terre en observant les étoiles. Les anciens Polynésiens ont ainsi traversé des milliers de kilomètres d'océan en naviguant aux étoiles.

Les étoiles sont dans le ciel 24 heures sur 24, mais nous ne pouvons les voir de jour à cause de la lumière du Soleil qui diffuse dans l'atmosphère pour donner au ciel sa couleur bleue. L'atmosphère, qui empêche parfois les observations astronomiques lorsqu'elle est nuageuse, préserve la vie sur la Terre.

Fossiles
Ce fossile de trilobite montre que la vie existe sur Terre depuis des milliards d'années. À l'heure actuelle, on n'a trouvé aucune trace de vie ailleurs dans l'Univers.

Le monde de l'eau

S'il n'y avait pas d'atmosphère, la face de la Terre exposée au Soleil serait brûlante et l'autre face glacée. Les météorites – blocs rocheux fonçant à travers l'espace – et les radiations dangereuses du Soleil pourraient atteindre la surface. Les êtres vivants, enfin, ne pourraient respirer.

Il n'y aurait pas de vent, pas de climats et, plus important encore, pas d'eau. Car sans la pression exercée par l'atmosphère, l'eau des lacs et des océans se mettrait aussitôt à bouillir et s'évaporerait dans le vide spatial. C'est pour cela que lorsqu'ils sortent dans l'espace, les astronautes doivent revêtir un scaphandre pressurisé afin que leur sang ne se mette pas à bouillir.

Les deux tiers de la surface terrestre sont recouverts d'eau, ce qui est unique dans le système solaire. Quand on voit la Terre depuis l'espace, on ne peut que la nommer la planète bleue.

Diversité
Pourquoi la vie existe-t-elle sur Terre et pas sur d'autres planètes ? On y a répertorié une fantastique diversité d'espèces et d'autres plantes et animaux restent à découvrir. Mais de nombreuses espèces disparaissent : il faut tout faire pour les protéger.

Volcans
Le volcanisme est un témoin de l'activité permanente de notre planète.

L'eau est essentielle à la vie. D'abord parce qu'un être vivant est avant tout constitué d'eau ; ensuite parce que c'est sans doute grâce à l'eau que la vie est apparue sur notre planète. Les réactions chimiques complexes qui ont créé la vie, et continuent de la créer, ne se produisent en effet qu'en présence d'eau.

La vie sur Terre

Dans son voyage à travers le cosmos, le vaisseau spatial Terre transporte un équipage nombreux. Des êtres humains aux plantes, des amibes aux éléphants, notre planète grouille de vie. Les plantes rejettent de l'oxygène que les animaux consomment. Les déchets des animaux fertilisent le sol et permettent aux plantes de pousser. Certains voient même la vie sur Terre comme une seule entité, baptisée « Gaïa » (notre mère la Terre, selon la mythologie grecque).

Collision de plaques
Cette montagne de la chaîne de l'Himalaya a été formée par la collision de la plaque de l'Inde et de la plaque de l'Asie.

L'origine de la vie est une question scientifique non résolue. Certains pensent que la vie a été apportée sur Terre par les comètes ; d'autres croient qu'elle s'est formée par l'action des éclairs sur l'atmosphère primitive. Ce dont on est sûr, c'est que la vie est apparue aussitôt après la formation de la planète. Les premiers fossiles ont 3,8 milliards d'années ; ils sont apparus seulement 800 millions d'années après la formation de la Terre.

Pour ce qu'on en sait aujourd'hui, il semble que la vie soit une spécificité terrestre. Seule la Terre, parmi les planètes du système solaire, possède les conditions favorables à la vie. Elle est juste à la bonne distance du Soleil et a pécisément la température favorable à la vie. Plus près, elle serait un enfer brûlant comme Vénus ; plus éloignée, elle serait un désert glacé comme la planète Mars.

La Terre est non seulement grouillante de vie, elle est une planète vivante. Sphère rocheuse comme les planètes voisines, elle a la particularité de se renouveler constamment.

Sa surface, la croûte, est faite de grandes plaques qui « flottent » sur le magma visqueux qui se trouve en dessous. Ces plaques se déplacent lentement – et emportent les continents avec eux –, ce qui ne s'observe sur aucune autre planète.

Quand les plaques se heurtent, des phénomènes volcaniques font remonter le magma et créent une nouvelle croûte. Les chaînes de montagnes résultent de cette « tectonique des plaques ».

L'espace interne

L'intérieur de la Terre est aussi très actif. Son noyau de fer solide à plus de 4 000 °C est entouré d'une couche de fer liquide en rotation. Ces mouvements engendrent le champ magnétique terrestre – la force qui oriente les aiguilles des boussoles.

Jour et nuit
Quand il fait jour quelque part sur la Terre, il fait nuit ailleurs. Vous pouvez simuler la rotation de la Terre en faisant l'expérience des pages 20-21.

Ce champ magnétique s'étend loin dans l'espace. Il forme une bulle protectrice qui canalise les particules électriquement chargées venant du Soleil vers les régions polaires. L'interaction entre ces particules et l'atmosphère se traduit par ces superbes phénomènes lumineux (rose et vert) que sont les aurores polaires.

Notre planète est donc unique dans le système solaire, mais existe-t-il d'autres « Terres » autour d'autres étoiles ? Les scientifiques les recherchent activement. En tout cas, nous commençons à quitter timidement notre vaisseau spatial. Des satellites et des stations spatiales sont en orbite autour de la Terre. Des hommes ont marché sur la Lune. Des sondes ont exploré les autres planètes. Et l'on songe maintenant à des sondes qui se dirigeraient vers les étoiles proches.

Aurores polaires
Les aurores polaires, dues au choc avec l'atmosphère des particules émises par le Soleil et canalisées par le champ magnétique terrestre, sont de merveilleux spectacles. Cette aurore australe (et non boréale) a été photographiée en Australie.

Marcheur de l'espace
L'astronaute Bruce McCandless « marche » près de la navette Challenger. Les premiers pas vers la conquête de l'Univers ?

La Terre est ronde

NOUS SAVONS AUJOURD'HUI que la Terre est ronde car nous avons tous vu des globes terrestres ou des photos prises par satellite. Grâce à cela, il est possible de repérer sa position au nord ou au sud de l'équateur (voir ci-dessous) en observant les étoiles. Cette technique est employée depuis longtemps par les navigateurs. Récemment, les scientifiques ont étudié l'intérieur de la Terre. Ils ont montré que notre planète était bien davantage qu'une simple boule rocheuse et ont expliqué l'origine de son magnétisme.

EXPÉRIENCE

Trouver la latitude

La Polaire est l'étoile qui se trouve juste au-dessus du pôle Nord. Au pôle, elle se trouve exactement au zénith. Si l'on s'éloigne du pôle, elle s'abaisse sur l'horizon. Cette étoile permet de calculer sa latitude (distance à l'équateur) car celle-ci est égale à son altitude (sa hauteur dans le ciel, p. 152). Dans l'hémisphère Sud, la Polaire n'est pas visible, mais on peut utiliser la Croix du Sud – analogue de la Polaire dans l'hémisphère Sud – pour trouver sa latitude. Ce dispositif est donc utilisable partout.

IL VOUS FAUT

- *Carton* • *Ciseaux* • *Compas* • *Crayon* • *Planchette de bois (135 x 30 x 15 mm)* • *Colle* • *Papier* • *Fil* • *Épingles à dessin* • *Rapporteur* • *Règle* • *Plasticine*

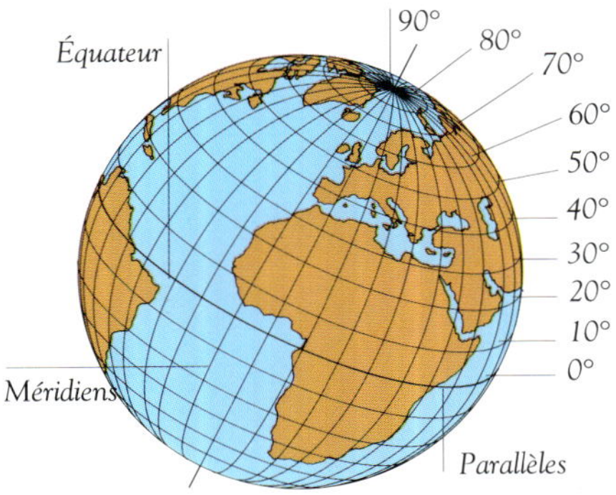

Latitude et longitude
L'équateur est à 0° de latitude ; les pôles sont à 90°. Les parallèles (lignes de même latitude) ont une direction est-ouest. Les lignes de direction nord-sud sont les méridiens (lignes de même longitude).

1 DESSINEZ UN QUART DE CERCLE de rayon 11,4 cm. Ajoutez une extrémité droite de 2 cm de large d'un côté, de 6 cm de l'autre. Pliez cette dernière par le milieu.

2 REPLIEZ VERS L'INTÉRIEUR 4 cm du bord. Mesurez le quart de cercle avec un fil. Il doit faire 18 cm. Faites une graduation tous les 2 mm et une plus grande tous les 2 cm.

EXPÉRIENCE

Terre aimantée

Le noyau de la Terre est un fluide en rotation qui génère un champ magnétique. Vous pouvez le détecter avec une boussole ou avec un clou aimanté.

IL VOUS FAUT

- *Clou de 5 cm* • *Aimant en fer à cheval* • *Règle* • *Plasticine* • *Compas* • *Fil de 50 cm*

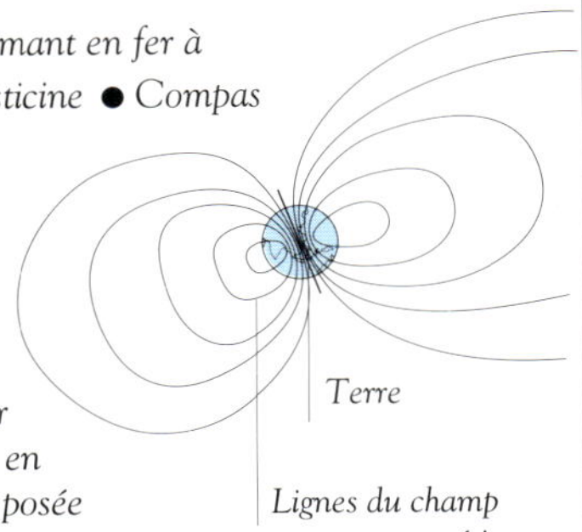

Faire un aimant
Passez plusieurs fois, pendant 2 mn et dans la même direction, un pôle de l'aimant sur le clou. Mettez le clou en équilibre sur une règle posée verticalement pour trouver son centre de gravité. Suspendez-le au fil en ce point. Dans quelle direction pointe le clou ? Le champ magnétique terrestre l'oriente vers le nord.

3 NOTEZ LES ANGLES, de 0° en bas à 90° en haut. Collez la planchette de bois au carton, à l'intérieur du bord rabattu.

4 DÉCOUPEZ UN RECTANGLE de carton de 150 x 20 mm avec une extrémité pointue. Tracez le milieu du rectangle. À 11,4 cm de la pointe, plantez une épingle à dessin. C'est l'axe, qui passe au centre du quart de cercle.

5 ENROULEZ DU PAPIER autour d'un crayon et collez au ruban adhésif pour faire un tube que vous collerez sur l'aiguille. Placez le dispositif au bord de la table de votre observatoire (p. 10-11) de façon que l'axe soit près d'un coin de la table.

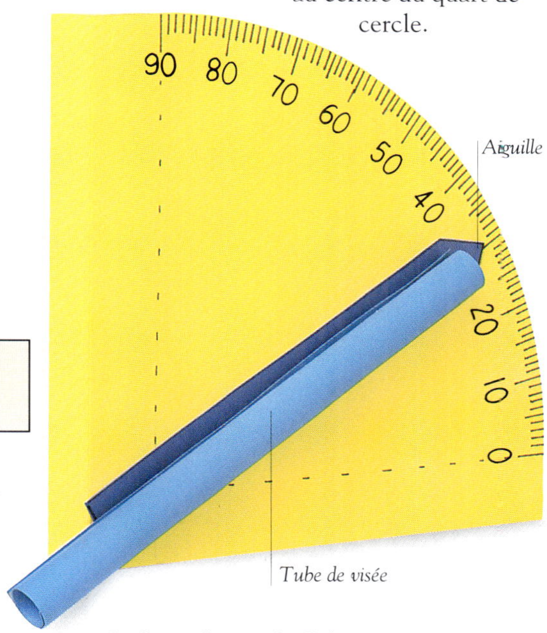

Aiguille

Tube de visée

La latitude avec la Polaire
Orientez le dispositif vers le nord. Trouvez la Polaire (p. 24) et alignez l'appareil sur l'étoile. Regardez dans le tube et faites-le tourner jusqu'à ce que l'étoile soit au centre. L'appareil indique alors l'altitude de la Polaire, c'est-à-dire la latitude de l'endroit où vous êtes.

La latitude avec la Croix du Sud
La Croix du Sud peut donner la latitude à certaines heures du jour, quand elle apparaît droite ou inversée. Cela se produit en milieu de soirée en avril (droite) et en octobre (inversée). Mesurez l'altitude de Acrux, l'étoile la plus brillante. Si la Croix est droite, enlevez 27° pour avoir la latitude. Ajoutez 27° si la Croix est inversée.

Viser une étoile
L'appareil que vous avez construit a été utilisé pendant des siècles par les navigateurs. Celui-ci, un quadrant, est muni d'une petite poignée pour faciliter les visées.

EXPÉRIENCE

Prouver que la Terre est ronde

Si vous allez au bord de la mer, regardez un bateau qui s'éloigne vers l'horizon. Si la Terre était plate, le bateau deviendrait de plus en plus petit mais ne disparaîtrait pas. Or le bateau disparaît derrière l'horizon, ce qui prouve que la Terre est ronde. Vérifiez-le avec cette expérience, où le bateau est remplacé par un petit drapeau.

IL VOUS FAUT
- *Papier* • *Ciseaux* • *Ruban adhésif*
- *Piques à cocktail* • *Balle*

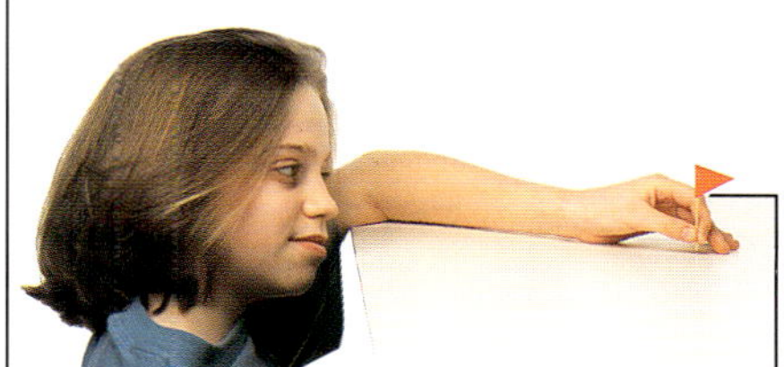

1 DÉCOUPEZ DEUX DRAPEAUX de papier et collez-les à deux piques à cocktail. Mettez-les sur une table et éloignez l'un d'eux. Que se passe-t-il ?

2 POSEZ UN DRAPEAU sur la balle et éloignez-le en le maintenant sur le ballon. Il va finir par disparaître totalement, comme un bateau derrière l'horizon.

Le lieu et l'heure

POUR SAVOIR EXACTEMENT où vous vous trouvez à la surface du globe, il faut connaître deux choses : la latitude et la longitude. La latitude est facile à obtenir en observant la Polaire (p. 18-19). La longitude (distance à l'est ou à l'ouest du méridien origine) est plus difficile à trouver. Le méridien origine passe par la ville de Greenwich en Angleterre. Connaître sa longitude revient à calculer l'écart de temps qu'il y a entre le moment où le Soleil est au zénith (à la verticale) à Greenwich et le moment où il est au zénith là où vous êtes. Il faut donc une montre. Si cet écart est de 6 heures (le quart de 24), vous êtes à un quart de tour de la Terre du méridien de Greenwich.

EXPÉRIENCE

La Terre tourne

Cette expérience montre que lorsqu'il fait jour en un endroit de la Terre, il fait nuit en un autre endroit. Parce que la Terre tourne sur son axe, le Soleil en éclaire successivement différentes parties.

IL VOUS FAUT

- *Balle de caoutchouc*
- *Baguette de bois*
- *Paille*
- *Ciseaux*
- *Carton épais*
- *Compas*
- *Règle*
- *Crayon*
- *Colle*
- *Épingles à dessin*
- *Lampe*
- *Pinceau*
- *Gouache*

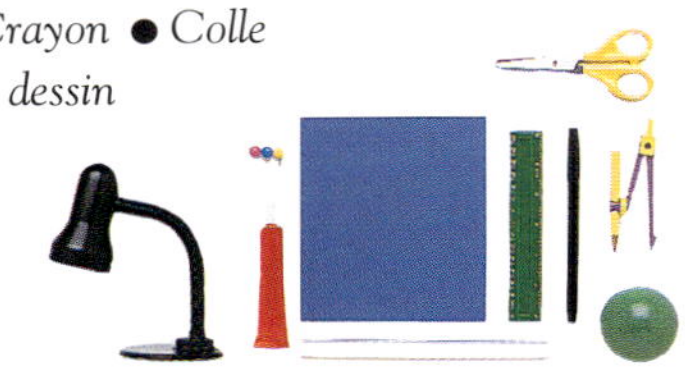

1 PERCEZ LA BALLE par le milieu avec la baguette de bois. La balle est la Terre ; la baguette est son axe de rotation.

2 DÉCOUPEZ DEUX PETITS MORCEAUX de paille et glissez-les aux extrémités de la baguette qu'ils doivent recouvrir entièrement.

3 SUPERPOSEZ DEUX RECTANGLES de carton (plus larges de 8 cm que la balle), et tracez un cercle (rayon : 2,5 cm de plus que la balle). Découpez.

4 REPLIEZ 4 CM DE CHAQUE RECTANGLE pour faire la base. Placez la Terre, avec son axe incliné, entre les cartons, et collez le tout. La Terre doit tourner librement.

5 PEIGNEZ SUR LA BALLE les grands continents. Écrivez « minuit » sur un côté des cartons, « midi » sur l'autre. Mettez une épingle sur la balle pour marquer l'endroit où vous êtes.

6 DIRIGEZ UNE LAMPE (le Soleil) vers la face marquée « midi ». Faites tourner la Terre dans le sens inverse des aiguilles d'une montre. L'épingle (vous) voit d'abord le Soleil se lever, passer au zénith (à midi), puis se coucher. En réalité, la Terre fait un tour en 24 heures.

Heure et longitude

Les différentes régions du globe faisant face au Soleil à des moments différents, l'heure varie selon le lieu où l'on se trouve. Les lieux où l'heure est la même sont les « fuseaux horaires ». Il y en a 24. Si l'on passe d'un fuseau au suivant, il faut avancer ou reculer sa montre d'une heure. Il existe cependant des zones où la différence d'heure n'est que d'une demi-heure ou de trois quarts d'heure. Si l'on passe la ligne de changement de date qui se trouve au milieu de l'océan Pacifique, il faut ajouter ou enlever un jour selon le sens (vers l'est ou vers l'ouest) dans laquel on la passe. Pour connaître la différence d'heure entre deux lieux, vous pouvez soit téléphoner à un ami habitant à l'étranger, soit utiliser la carte ci-dessous, soit capter une radio qui donne l'heure de Greenwich. Vous pouvez alors en déduire la différence de longitude entre les deux endroits : multipliez la différence d'heure par 15 (une heure correspond à 15° de longitude). Par exemple, si vous êtes à 8 heures de Greenwich, vous êtes à 120° (8 x 15) de longitude. Si vous utilisez l'heure légale (p. 22), n'oubliez pas d'enlever une heure.

Temps universel
En 1675, le roi Charles II d'Angleterre fit construire l'observatoire de Greenwich afin de trouver le moyen de rendre la navigation plus sûre. À bord d'un bateau, on calculait la longitude en comparant l'heure locale d'un navire avec celle de Greenwich. On utilisait donc deux montres. La longitude ainsi calculée, jointe à la latitude, donnait la position du navire. En 1884, l'heure de Greenwich, ou temps universel, fut prise comme origine pour les calculs de longitude.

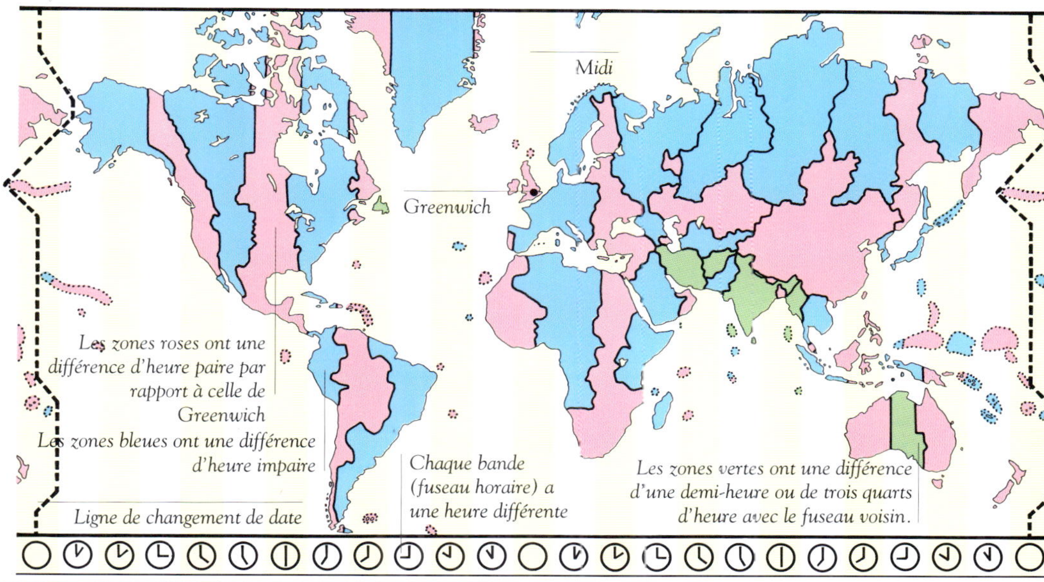

Quelle heure est-il ?
Mettez une autre épingle d'une autre couleur un quart de tour plus loin que la première. Quand la Terre tourne, il fait jour plus tôt pour la première que pour la seconde. La Terre fait un tour en 24 heures : quelle différence d'heure y a-t-il entre les deux épingles ? Quelle serait cette différence si la seconde épingle se trouvait un demi-tour plus loin que la première ? Pour exprimer la distance en degrés de longitude, lisez l'encadré ci-dessus.

Précieux satellites

Grâce aux systèmes comme le GPS *(Global Positioning System)* utilisant les satellites *Navstar*, on peut connaître sa position en n'importe quel point de la Terre. Un récepteur capte les signaux radio émis par les satellites, en déduit la distance exacte des satellites et calcule sa propre position au mètre près.

Un cadran solaire

CHAQUE JOUR, nous voyons le Soleil se lever à l'est, monter dans le ciel puis se coucher à l'ouest. Cela est dû à la rotation de la Terre, qui tourne sur elle-même en 24 heures. Ce mouvement régulier peut être utilisé à tout moment pour trouver l'heure d'après la position du Soleil. On peut par exemple suivre sur un cadran solaire la position de l'ombre d'une tige. N'oubliez pas lors de vos calculs que dans certains pays, afin de réaliser des économies d'énergie, l'heure légale est avancée d'une heure en été par rapport à l'heure solaire. En automne, on recule ensuite les montres pour retrouver l'heure solaire.

Cadrans solaires

Avant l'apparition des horloges mécaniques, vers l'an 1200, il fallait employer d'autres méthodes pour mesurer le temps. La seule façon de savoir l'heure était alors d'observer le Soleil ou d'utiliser un cadran solaire. Certains, comme celui de Jaipur en Inde, sont de gigantesques bâtiments en marbre ; d'autres, plus petits, étaient placés dans les jardins ou aux murs des maisons. Ce petit cadran solaire allemand en ivoire a été construit en 1648. Muni d'une boussole pour indiquer le nord, il est l'ancêtre de nos bracelets-montres actuels. Ce genre d'appareil était très en vogue aux XVIe et XVIIe siècles.

L'ombre du fil indique l'heure sur le grand cadran.

La boussole indique le nord

EXPÉRIENCE

Trouver le nord

Pour utiliser un cadran solaire, il faut savoir où se trouve le nord. Si vous n'avez pas de boussole, plantez un bâton vertical dans le sol et notez sur une feuille de papier la direction de l'ombre du bâton à midi (ou 13 heures en été). Elle indique le nord (ou le sud, dans l'hémisphère Sud).

IL VOUS FAUT
- *un bâton*
- *du papier* ● *un stylo*

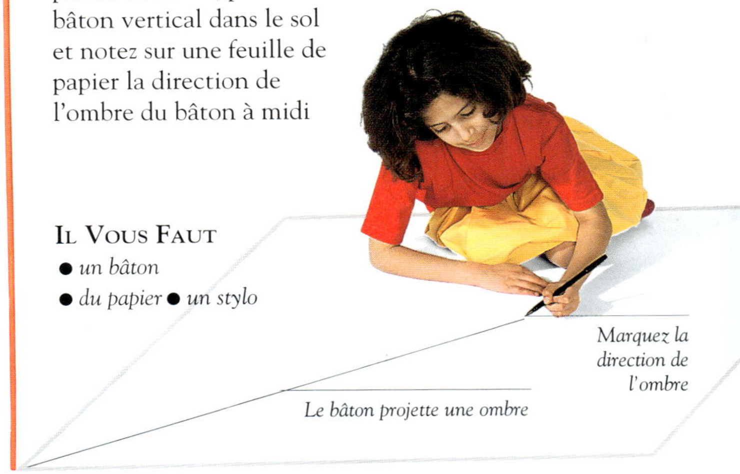

EXPÉRIENCE

Faire un cadran solaire

Si le ciel n'est pas trop couvert ce cadran solaire, fait avec un pot de confiture et une aiguille à tricoter, vous donnera l'heure. Dans l'hémisphère Sud, remplacez « sud » par « nord ».

IL VOUS FAUT
- *Papier* ● *Pot de confiture* ● *Règle*
- *Crayon* ● *Ciseaux*
- *Ruban adhésif*
- *Aiguille à tricoter*
- *Plasticine* ● *Carton épais* ● *Rapporteur*

L'aide d'un adulte est recommandée

1 DÉCOUPEZ UNE BANDE DE PAPIER d'environ 2,5 cm de large. Ajustez sa longueur pour qu'elle fasse exactement le tour du pot.

2 Mesurez la longueur du papier. Divisez-le en 24 parties égales numérotées de 1 à 24 de la droite vers la gauche (de la gauche vers la droite dans l'hémisphère Sud).

L'équation du temps

À cause de l'orbite elliptique de la Terre et de son axe incliné, un cadran solaire donne des indications qui doivent être corrigées selon la saison, comme le montre ce graphe.

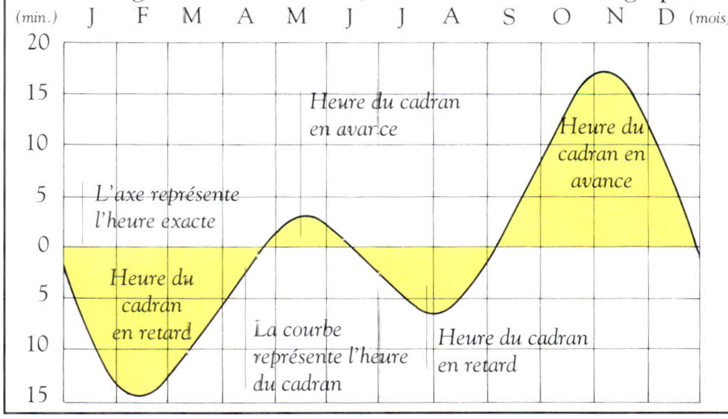

3 Collez le papier à l'intérieur du pot, à peu près à mi-hauteur et recouvrez-le de ruban adhésif pour le protéger de la pluie.

4 Percez le couvercle du pot avec une aiguille à tricoter dont vous fixerez l'extrémité au fond du pot, avec de la plasticine.

5 Fabriquez une base avec le carton, ayant un angle droit en haut et un angle (voir à droite) égal à votre latitude (p. 18-19). Ajoutez un carton pour que le pot ne glisse pas.

6 Orientez la base dans la direction nord-sud (voir page précédente) et placez le pot avec le « 12 » vers le nord (le bas de la pente). L'ombre projetée par l'aiguille indique l'heure.

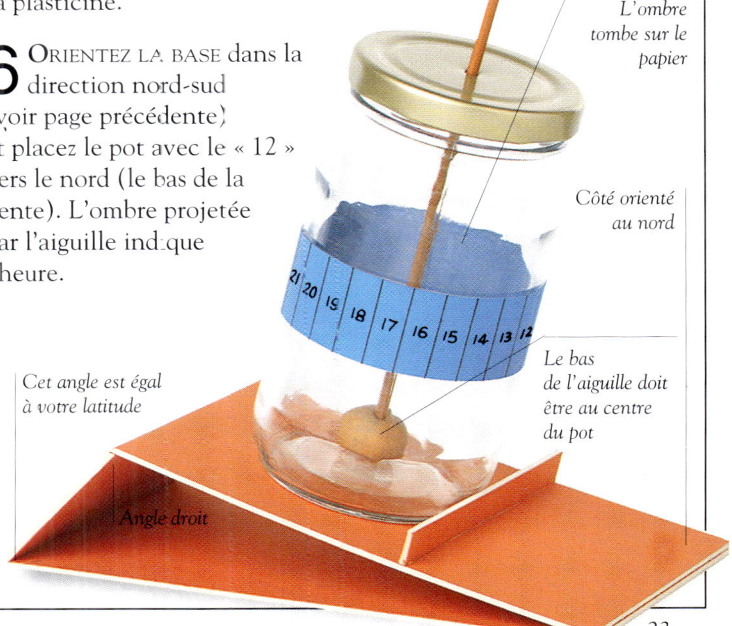

Trouver l'heure la nuit

SI VOUS OBSERVEZ les étoiles par une nuit bien claire, vous verrez qu'elles ne cessent de se déplacer. Les étoiles se lèvent et se couchent, tout comme le Soleil, à l'est et à l'ouest. Cela est dû à la rotation de la Terre. Une étoile de l'hémisphère Nord, cependant, reste immobile : la Polaire, qui est alignée avec l'axe de rotation terrestre. On a donc l'impression, lorsqu'on observe le ciel longtemps, que les autres étoiles tournent autour d'elle. On peut les utiliser comme on utilise le Soleil pour savoir l'heure qu'il est. C'est ce qu'ont fait les hommes pendant des siècles.

Traces d'étoiles
Le mouvement des étoiles peut être enregistré avec un appareil photo. On voit ici les étoiles tourner autour de la Polaire. L'appareil doit être posé sur un trépied et être orienté au nord (ou au sud dans l'hémisphère Sud). Faites le point à l'infini et bloquez l'obturateur. Le temps de pose peut aller de quelques minutes à plusieurs heures. Au développement, les traces des étoiles apparaissent comme des cercles. Le cliché ne sera pas bon en cas de pleine lune ou de pollution lumineuse importante. Il faut éviter que l'appareil ne bouge pendant la prise de vue.

Trouver la Polaire

Quand on regarde le ciel dans l'hémisphère Nord, la Polaire est la seule étoile immobile. Voici comment identifier cette étoile peu brillante, à partir de la Grande Ourse ou Chariot, constellation très facilement repérable qui semble lui tourner autour durant la nuit.

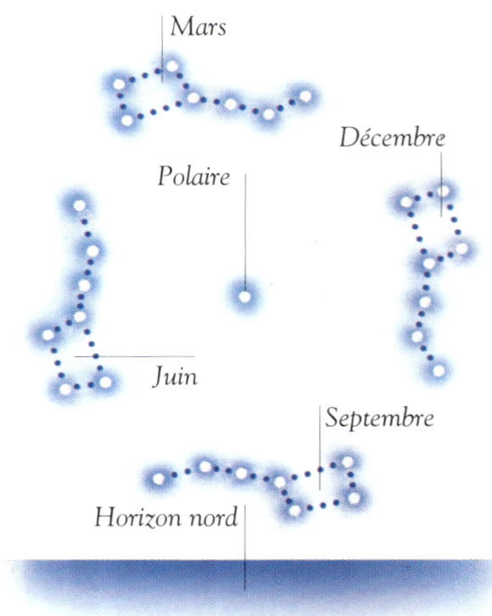

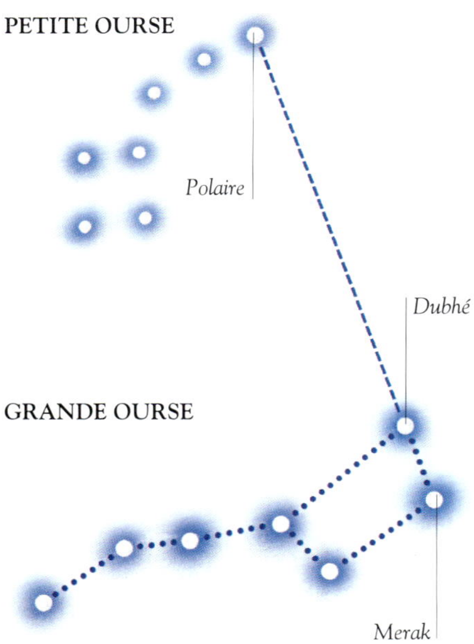

1 La Grande Ourse
Cherchez cette constellation vers le nord (ses positions à minuit sont données ci-dessus pour certains mois). Identifiez Dubhé et Merak (voir à gauche).

2 Graduations
Tenez devant vous un carton d'environ 30 cm de long et faites coïncider un coin avec Merak. Marquez la position de Dubhé et mesurez la distance entre les deux. Multipliez par 5,25 et faites une autre marque.

3 La Polaire
La marque que vous venez de dessiner donne la position exacte de la Polaire quand le carton est aligné sur Dubhé et Merak.

Étoiles égyptiennes

Pour trouver l'heure la nuit, les anciens Égyptiens observaient 36 étoiles particulières, régulièrement réparties dans le ciel. Ils regardaient vers le sud face à un fil à plomb appelé « merkhet ». Chaque « heure » d'alors (soit 40 de nos minutes), une des 36 étoiles passait le fil à plomb. En été, quand les nuits étaient plus courtes, seules 12 étoiles passaient. Les Égyptiens définirent ainsi 12 heures de jour, 12 heures de nuit, et furent les premiers à diviser la journée en 24 heures.

EXPÉRIENCE

Un nocturlabe

Comme la Terre tourne en 24 heures, les étoiles semblent tourner autour de la Polaire comme les aiguilles d'une montre géante. Mais ce n'est pas si simple : la position des étoiles change avec les saisons et il faut en tenir compte pour trouver l'heure exacte. Le nocturlabe, très utilisé au Moyen Âge, donne l'heure s'il est bien réglé et dirigé vers la Polaire.

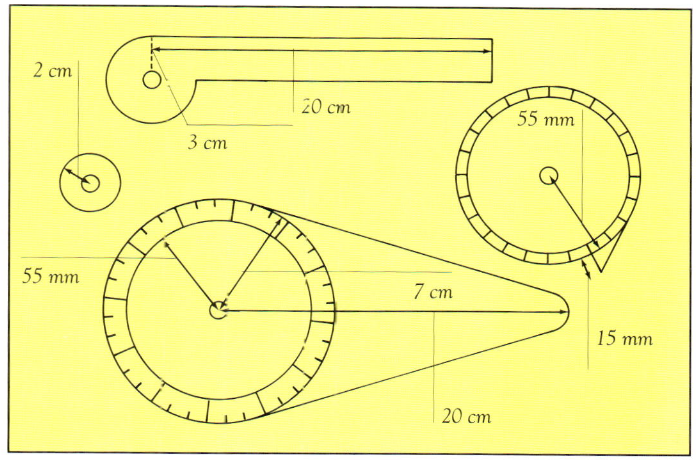

Il Vous Faut

- *Carton épais* • *Ciseaux*
- *Rapporteur* • *Petit tube* • *Colle*
- *Crayon* • *Plasticine* • *Compas*
- *Règle*

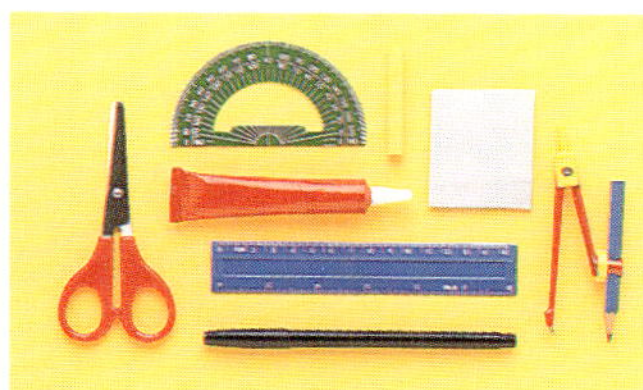

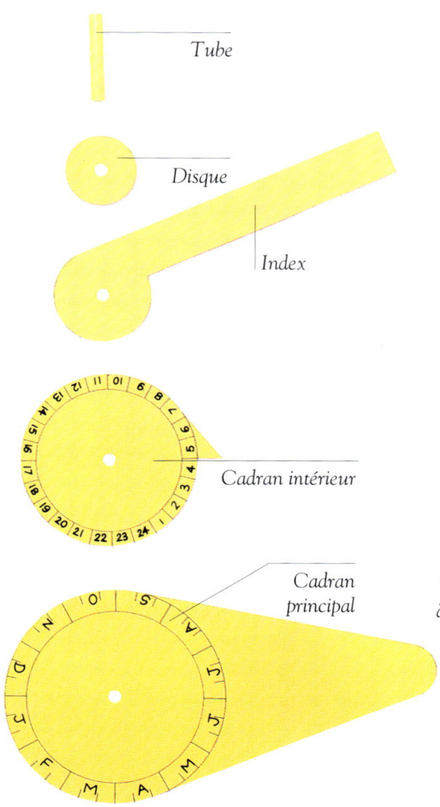

1 Découpez les pièces du nocturlabe dans du carton (voir les mesures ci-dessus). Notez les mois sur le cadran principal et les heures sur le cadran intérieur, comme indiqué.

2 Utilisez comme axe un petit tube (une paille fera l'affaire). Assurez-vous que le trou central des pièces s'ajuste bien au tube.

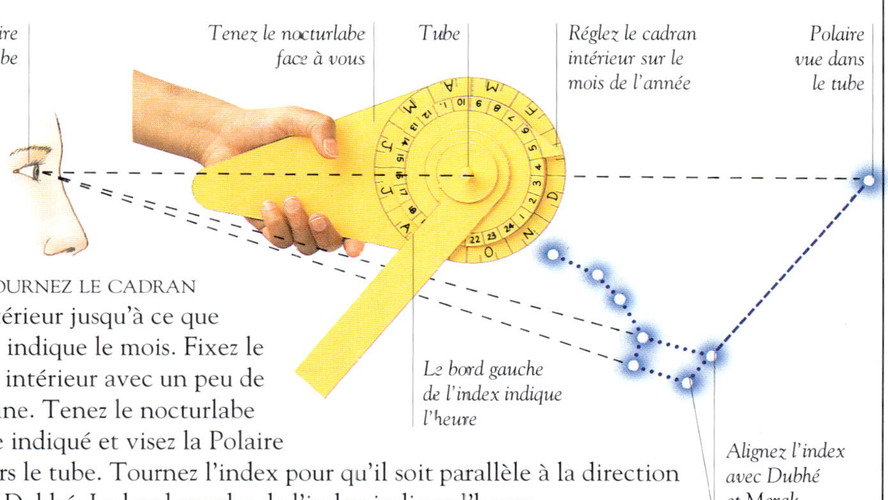

3 Assemblez les pièces dans l'ordre indiqué ci-dessus et placez l'axe. Mettez un peu de colle au dos du cadran et sur le devant du petit disque de façon que l'axe soit fixé aux deux pièces externes. L'index et le cadran intérieur doivent tourner librement pour que votre nocturlabe fonctionne.

4 Tournez le cadran intérieur jusqu'à ce que l'index indique le mois. Fixez le cadran intérieur avec un peu de plasticine. Tenez le nocturlabe comme indiqué et visez la Polaire à travers le tube. Tournez l'index pour qu'il soit parallèle à la direction Merak-Dubhé. Le bord gauche de l'index indique l'heure.

Année après année

EN MÊME TEMPS QU'ELLE TOURNE sur elle-même, la Terre tourne autour du Soleil. Elle met 365 jours 1/4 pour effectuer une révolution. Un des effets les plus visibles de cette rotation est le phénomène des saisons, dû à l'inclinaison de l'axe de la Terre qui fait varier la quantité de chaleur solaire reçue en un point donné de la Terre.
Les parties du ciel visibles changent aussi au cours de l'année. Les premiers astronomes pensaient que le Soleil se déplaçait parmi les étoiles. Et s'ils ignoraient le mouvement de la Terre, ils savaient prédire les crues du Nil en observant les étoiles. Certaines personnes croient que l'aspect du ciel peut déterminer ce qui se passe sur la Terre, mais l'astrologie est une superstition.

EXPÉRIENCE

Les saisons

Les saisons sont très importantes à cause de leur influence sur l'agriculture et l'environnement. Cette expérience vous montre comment les durées des jours et des nuits varient avec les saisons. Mettez la lampe (le Soleil) sur une table et marquez quatre positions, à environ un mètre, situées à angle droit l'une de l'autre : mars, juin, septembre et décembre. Placez-y successivement la Terre, le pôle Nord vers le Soleil en juin, le pôle Sud en décembre.

IL VOUS FAUT
- *Globe terrestre*
- *Lampe de bureau*
- *Plasticine*
- *Carton*

EXPÉRIENCE

Le zodiaque

Quand la Terre se déplace autour du Soleil, notre perspective change. Comme nous ne voyons les étoiles que la nuit, nous regardons à l'opposé du Soleil et nous voyons défiler, selon la saison, des constellations différentes. Ces constellations sont celles du zodiaque, et cette expérience va vous montrer leur défilement et notre changement de perspective.

IL VOUS FAUT
- *Compas* - *Ruban adhésif*
- *Ampoule* - *Fils* - *Pile*
- *Balle de ping-pong*
- *Petite baguette* - *Bloc de polystyrène* - *Rapporteur*
- *Ciseaux* - *Pinces à dessin*
- *Règle* - *Papier* - *Peinture*

Le zodiaque
Recopiez les constellations ci-dessous

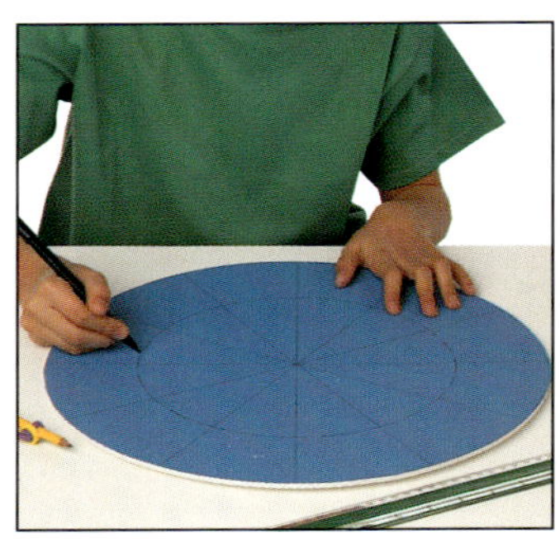

1 TRACEZ DEUX CERCLES de 25 et 40 cm de rayon. Découpez le grand cercle et tracez six diamètres de façon à avoir douze parties égales. Notez dans chacune des parties les mois, en sens inverse des aiguilles d'une montre.

2 TRANSPERCEZ LA BALLE de ping-pong avec la baguette pour faire un axe. C'est la Terre. Plantez la baguette dans le bloc de polystyrène selon un angle de 23° avec la verticale. Stabilisez l'ensemble avec un autre bout de polystyrène.

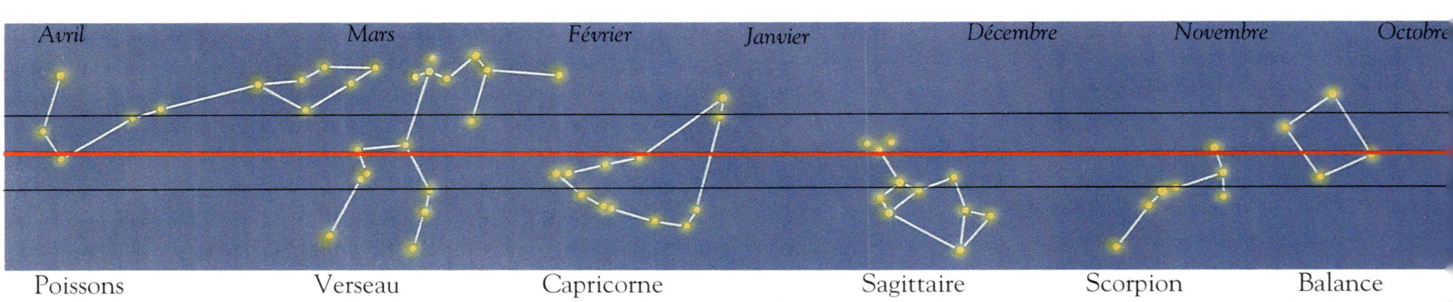

1 D'ABORD, OBSERVEZ LES VARIATIONS du jour selon la saison. Collez sur le globe cinq morceaux de plasticine : à l'équateur, aux pôles et à mi-chemin entre les deux. Placez le globe en position « décembre », le pôle Sud pointant vers le Soleil.

2 ALLUMEZ LA LAMPE ET TOURNEZ doucement la Terre en sens inverse des aiguilles d'une montre. Le jour a-t-il la même durée au pôle Nord et au pôle Sud ? Recommencez l'expérience en mars, juin et septembre pour voir la variation de la durée du jour.

Plus chaud, plus froid

Faites deux trous dans un carton, l'un au-dessus de l'autre. Placez le carton en position « décembre », de façon qu'un des trous éclaire l'équateur. Plus le point éclairé est brillant, plus la température est élevée. Obtient-on un résultat différent si le globe est en position « juin » ?

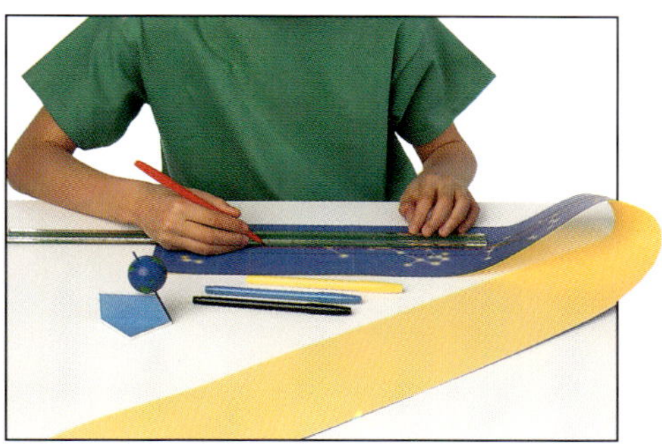

3 DESSINEZ LES SIGNES DU ZODIAQUE (ci-dessous) sur une feuille de 80 x 10 cm. Notez les mois et la ligne rouge (le trajet apparent du Soleil). La Lune et les planètes restent entre les lignes noires. Collez les extrémités de la bande de papier et placez-la sur le grand cercle. Branchez l'ampoule (le Soleil) à la pile et placez-la au centre.

4 METTEZ LA TERRE sur la position « juin », l'axe pointant vers le Soleil, puis déplacez-la autour du Soleil. Vous observerez, selon le mois, les constellations visibles depuis la Terre, et verrez le Soleil se déplacer parmi les constellations.

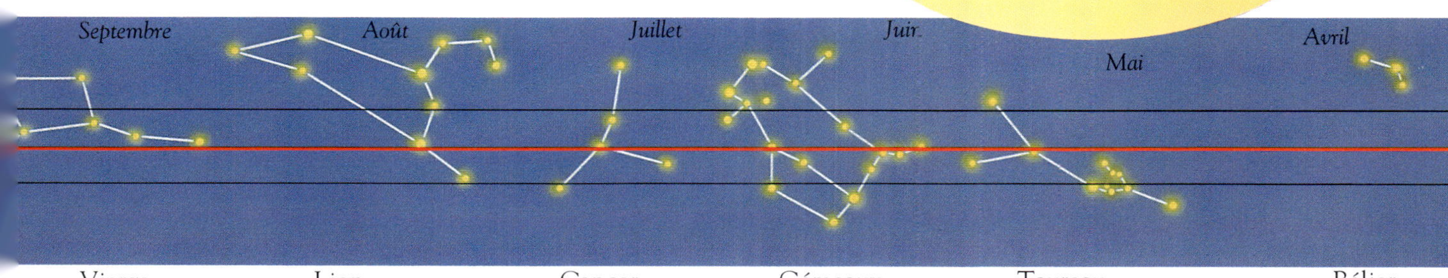

Notre fenêtre sur le ciel

REGARDER LE CIEL est un peu comme regarder un paysage à travers une vitre sale. L'atmosphère terrestre, bien que très fine, déforme et cache parfois le spectacle. La conséquence la plus évidente est que nous ne voyons pas les étoiles le jour. C'est aussi à cause de l'atmosphère que le ciel est bleu, les couchers de soleil rouges, et que l'on assiste parfois à de curieuses illusions d'optique, les mirages. La Lune est parfois rougeâtre à cause des poussières atmosphériques. Comme le Soleil, elle est entourée d'un halo dû à des cristaux de glace de la haute atmosphère qui dévient la lumière. Cela est d'ailleurs un signe de mauvais temps, car l'humidité de l'air gèle à haute altitude en formant des cirrus.

Halos lunaires

On peut souvent voir un anneau brillant autour de la Lune. Il n'est pas créé par la Lune elle-même, mais par la réfraction de la lumière qu'elle réfléchit vers la Terre par de petits cristaux de glace de la haute atmosphère. La lumière du Soleil subit aussi cette réfraction, produisant un halo autour du Soleil. Deux des points de ce halo, de part et d'autre du Soleil, sont particulièrement brillants et ont des couleurs irisées. C'est le phénomène de parhélie. Pour peu que le Soleil soit un peu voilé par des nuages, on a l'impression de voir trois soleils dans le ciel. Ce phénomène est surtout visible dans les pays froids.

EXPÉRIENCE

Pourquoi le ciel est bleu, et rouge au couchant ?

La lumière solaire blanche contient un grand nombre de couleurs (p. 96-97), mais on peut distinguer les teintes bleues et les teintes rouges. Les molécules de l'air diffusent la lumière bleue, mais pas la lumière rouge : le ciel est donc bleu. Quand le Soleil se couche, la lumière doit traverser une plus grande épaisseur d'atmosphère, ce qui ne laisse passer que le rouge.

L'aide d'un adulte est recommandée

IL VOUS FAUT
- *Récipient transparent de 5 litres*
- *Eau*
- *Désinfectant ménager*
- *Cuiller à café*
- *Lampe torche*
- *Feuille blanche*

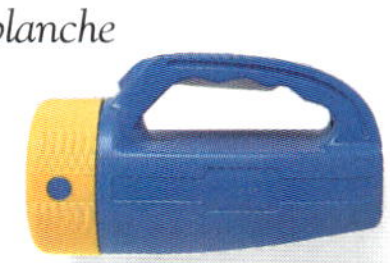

1 REMPLISSEZ D'EAU le récipient et ajoutez six cuillers de désinfectant. La solution est claire, mais elle contient d'innombrables particules. Agitez.

2 DIRIGEZ LA LAMPE vers le récipient (l'« atmosphère ») placé devant la feuille blanche. Quelle couleur est diffusée ? Laquelle atteint la feuille ?

3 POUR VOIR LE SOLEIL dans le ciel, versez la moitié de la solution. Demandez à un adulte de tenir le récipient et de diriger la lampe vers le bas.

EXPÉRIENCE

Pourquoi on ne voit pas les étoiles le jour

Les étoiles sont là, même le jour, mais nous ne les voyons pas car la lumière du Soleil diffusée par l'atmosphère est plus brillante qu'elles. Faites vos étoiles et votre atmosphère avec du papier-calque et du plexiglas.

Il Vous Faut

- *Lampe de bureau*
- *Étoiles autocollantes*
- *Carton noir*
- *Plexiglas*
- *Papier-calque*
- *Ruban adhésif*

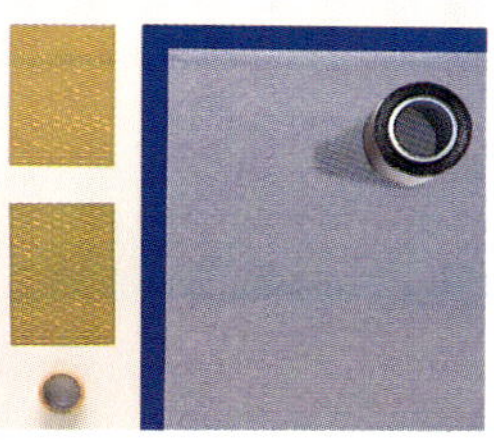

1 Collez les étoiles sur le carton et placez-le verticalement. Mettez le papier-calque contre le plexiglas et placez-le à 15 cm du carton.

2 Mettez la lampe entre le carton et le plexiglas, dirigée vers le carton : les étoiles sont visibles. Dirigez la lampe vers le plexiglas. Sont-elles toujours visibles ?

4 Pour faire un coucher de Soleil, demandez à un ami de diriger la lampe vers le bas du récipient. Relevez lentement la tête : les rayons de la lampe qui vous parviennent traversent une plus grande épaisseur d'« atmosphère », et sont de moins en moins bleus. Quelles couleurs apparaissent, et dans quel ordre, quand le « Soleil » se couche ?

L'atmosphère

L'atmosphère terrestre a environ 200 km d'épaisseur, ce qui est très mince par rapport à la taille de la Terre. Elle est plus dense au voisinage de la surface de la Terre. La plupart des nuages se trouvent dans sa partie basse, la troposphère, qui atteint 10 km d'altitude. Au-dessus, dans la stratosphère, se trouve la couche d'ozone qui nous protège des rayons ultraviolets nocifs émis par le Soleil. Le « trou » (ou plutôt l'amincissement) de la couche d'ozone, dû à la pollution, est une menace pour notre santé. Pour s'affranchir des effets de l'atmosphère, les observatoires astronomiques sont situés au sommet des montagnes. Le télescope Keck, le plus grand du monde, est sur un volcan hawaiien. Le télescope spatial *Hubble* est encore plus haut puisqu'il flotte dans l'espace au-dessus de l'atmosphère.

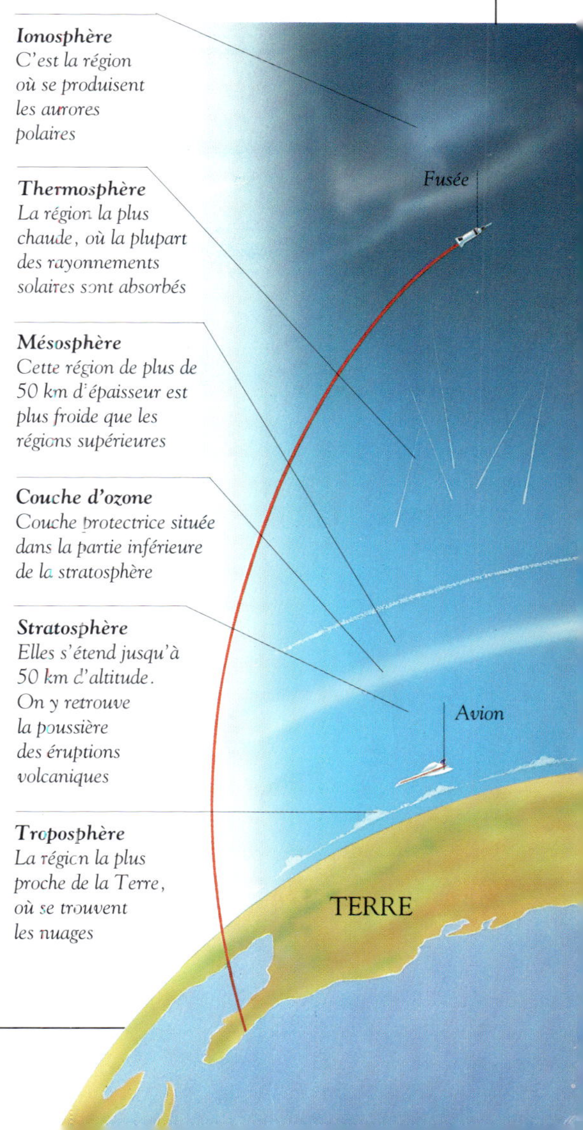

Pollution lumineuse

LES ÉTOILES SONT un merveilleux spectacle, qui a de tout temps inspiré les astronomes, les poètes, les peintres et les philosophes. Mais aujourd'hui, si les étoiles brillent autant qu'avant, la pollution lumineuse menace de nous les cacher à jamais. Faudra-t-il un jour aller les voir dans un planétarium ? Cette pollution est une faible lumière orangée due à l'éclairage des rues et aux lumières des villes qui se réfléchissent sur les particules en suspension dans l'air. À cause d'elle, seules les étoiles les plus brillantes sont visibles depuis les villes et bien souvent depuis les campagnes. À cause d'elle, la plupart des observatoires situés à proximité d'une zone urbaine ont dû être fermés.

EXPÉRIENCE

Lumières des villes

La pollution lumineuse est surtout due à l'éclairage public qui empêche le ciel d'être parfaitement noir la nuit. Testez divers modèles de réverbères pour voir lequel est le plus efficace, puis inventez-en un.

L'aide d'un adulte est recommandée

IL VOUS FAUT

- *Tube de rouleau de papier toilette*
- *Trois ampoules et leurs supports*
- *Fils*
- *Pinces*
- *Pile de 4,5 V*
- *Plasticine*
- *Colle*
- *Baguettes*
- *Carton*
- *Portemanteau*
- *Ruban adhésif*
- *Ciseaux*
- *Plaque de polystyrène*

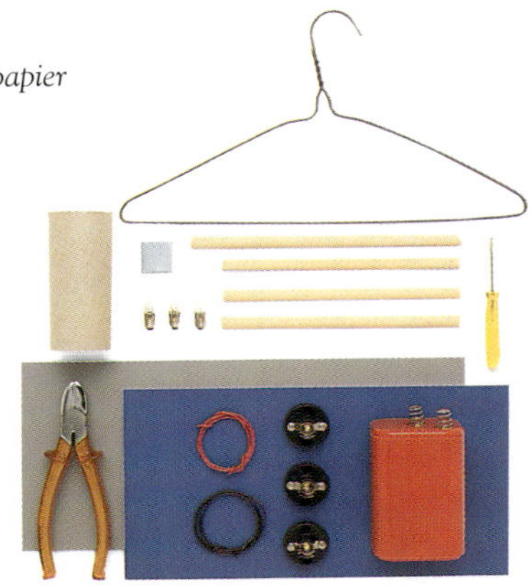

1 AVEC LE POLYSTYRÈNE, faites une boîte avec un côté ouvert (voir les dimensions à droite). Divisez-la en trois compartiments de 30 cm. Collez les différentes parties. Chaque réverbère est une ampoule montée sur un support. La première ampoule n'est pas protégée ; les autres ont une protection antipollution (lumineuse).

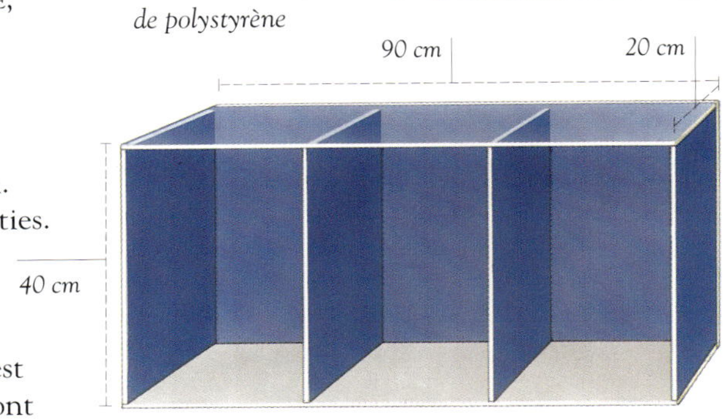

Dimensions de la boîte
La boîte de test mesure 40 x 90 x 20 cm. Un des côtés est ouvert et l'intérieur divisé en trois compartiments de 30 cm de largeur.

2 DEMANDEZ À UN ADULTE de couper deux morceaux de portemanteau de 15 cm et de les plier en forme de point d'interrogation. Ce seront les supports des protections.

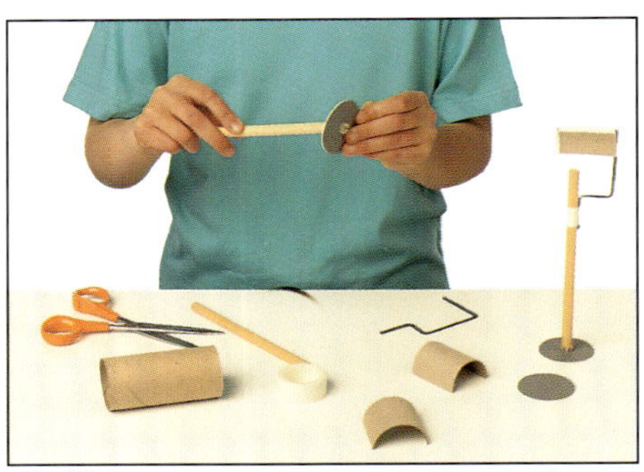

3 DÉCOUPEZ DEUX FORMES incurvées dans le rouleau de carton, une faisant la moitié du rouleau, l'autre le tiers. Fixez les baguettes à des disques de carton, puis les crochets aux baguettes.

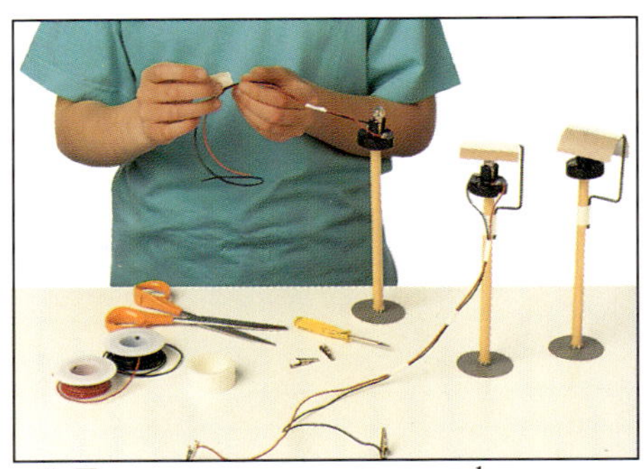

4 FIXEZ AVEC LA PLASTICINE les ampoules et leurs supports sur les baguettes. Placez ensuite les protections sur les crochets et chaque réverbère dans son compartiment.

Une carte de la pollution lumineuse

Faites une enquête dans votre région. La constellation d'Orion est visible depuis les deux hémisphères de novembre à mai. Recopiez ce dessin et donnez-en des copies aux personnes (habitant différents endroits de la ville ou à la campagne) qui prendront part à l'enquête. Demandez-leur de sortir par une nuit bien claire, d'habituer leurs yeux à l'obscurité et de compter le nombre d'étoiles du dessin qu'elles peuvent voir. Ceux qui vivent en ville ne verront que les étoiles plus brillantes délimitant la constellation. Dans des endroits peu pollués, on peut voir jusqu'à vingt étoiles. Faites ensuite une carte de la région en reportant aux endroits voulus le nombre d'étoiles vues par chaque participant.

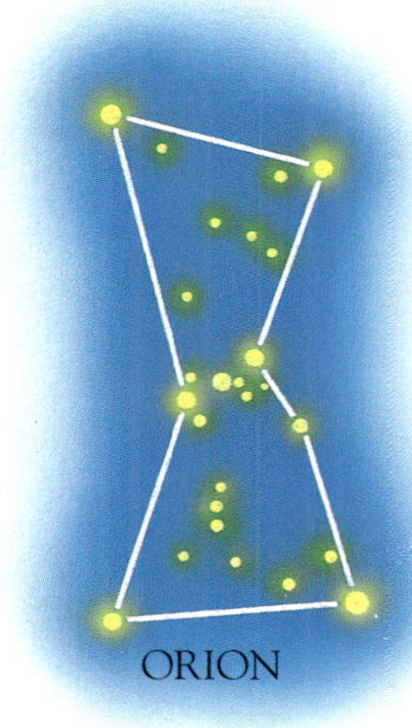

Villes-lumière

La pollution lumineuse n'est devenue un problème qu'au début de ce siècle avec la généralisation de l'éclairage électrique.
Les observatoires les plus anciens étaient construits en pleine campagne, mais ils ont été rattrapés par les villes. L'observatoire de Meudon, près de Paris, est si touché qu'on ne l'utilise plus pour les observations astronomiques. Des règles strictes contrôlent l'éclairage autour des observatoires de Kitt Peak en Arizona et de La Palma aux îles Canaries. Le meilleur site d'observation serait la face cachée de la Lune…

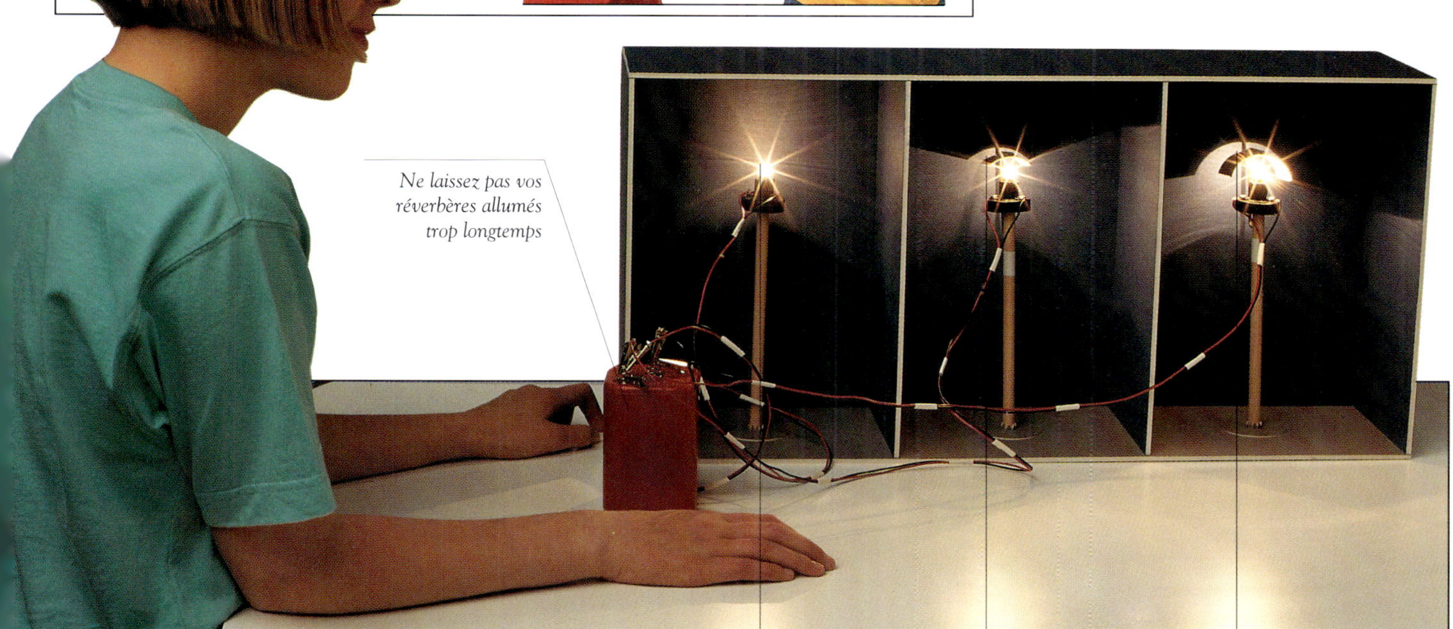

5 Branchez tous les fils à la pile et éteignez la lumière dans la pièce. Quelle quantité de lumière est émise vers le haut ? Quelle protection est la meilleure ? Inventez une protection encore meilleure.

L'ampoule sans protection émet beaucoup de lumière

Cette protection polluerait légèrement le ciel

Celle-ci est meilleure, mais pas parfaite

Le grand saut

LE XXe SIÈCLE aura été celui d'un pas décisif dans l'exploration de l'Univers : l'être humain a réussi à quitter sa planète. L'espace n'est pas très loin : pour l'atteindre avec une voiture roulant verticalement, et insensible à la gravité, il faudrait seulement deux heures. Mais ce n'est pas si simple. Car pour vaincre la gravité terrestre, il faut atteindre la « vitesse de libération » : 11 km/s, soit près de 40 000 km/h. Seules les fusées en sont capables et peuvent, en outre, fonctionner dans le vide spatial. Une fusée brûle un carburant dans une chambre de combustion. Les gaz produits s'échappent par une tuyère, donnant la poussée qui propulse la fusée. Les lanceurs peuvent placer des satellites en orbite ou envoyer des sondes spatiales pour de longs voyages interplanétaires. Aujourd'hui, des centaines de satellites – météorologiques, d'observation ou de télécommunications – sont en orbite autour de la Terre.

Pionniers de l'astronautique

Au début du XXe siècle, quelques pionniers envisagèrent d'utiliser des fusées pour aller dans l'espace. On les prit pour des fous, mais ils étaient en réalité en avance sur leur époque. Le Russe Constantin Tsiolkovsky, par exemple, eut l'idée des fusées à plusieurs étages avant que les frères Wright ne fassent voler le premier avion. Wernher Von Braun et Robert Goddard ont aussi fait des avancées importantes dans le domaine de la propulsion par fusée.

Robert Goddard
En 1926, il construisit la première fusée à carburant liquide.

Constantin Tsiolkovsky
Ce professeur parlait de vols spatiaux dès 1883.

Wernher von Braun
Il a conçu la plus grande fusée, Saturne V, qui atteignit la Lune.

EXPÉRIENCE

Quelle orbite ?

Un satellite proche de la Terre (un satellite espion par exemple) doit aller très vite pour vaincre la gravité terrestre. Les satellites en orbite haute (satellites d'observation) vont plus lentement. Certains tournent exactement à la même vitesse que la Terre et restent toujours au-dessus du même point de la surface. Faites votre propre satellite pour voir à quelle vitesse il doit tourner.

IL VOUS FAUT
- *Une ficelle*
- *Des ciseaux*
- *Une gomme*

1 ATTACHEZ À LA GOMME (le satellite) un bout de ficelle d'environ 50 cm. Faites tourner le satellite en décrivant un cercle.

2 ESSAYEZ D'AUTRES ORBITES en raccourcissant la ficelle. Plus la ficelle est courte, plus la gomme va vite. Essayez de tourner lentement avec une ficelle courte. Vous verrez que votre « satellite » ne se met pas en orbite car sa vitesse est insuffisante.

EXPÉRIENCE

Une fusée

La poussée d'une fusée est produite par les gaz qui s'échappent de la tuyère. L'air qui s'échappe d'un ballon produit une poussée analogue, bien que beaucoup plus faible.

IL VOUS FAUT

- *Règle* • *Ciseaux*
- *Paille* • *Ballon*
- *Pince à dessin*
- *Ficelle*
- *Ruban adhésif*
- *Pot de fleur*

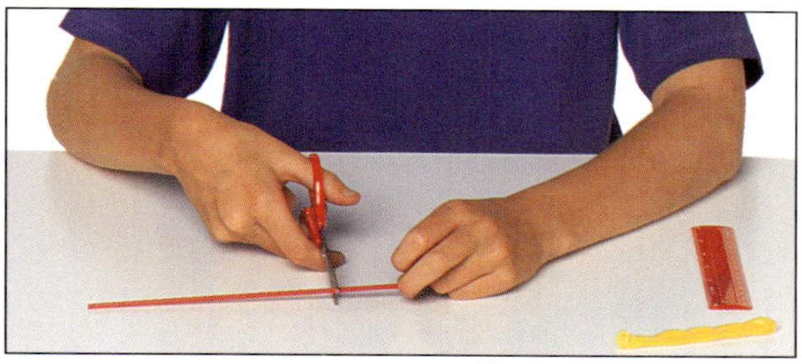

1 COUPEZ DEUX MORCEAUX DE PAILLE de 5 cm de longueur. Gonflez un ballon étroit et long (les plus durs à gonfler...) et fermez l'ouverture avec la pince à dessin.

2 FAITES PASSER LA FICELLE dans les pailles que vous collerez le long du ballon. Attachez la ficelle à un pot de fleur. S'il est trop léger, remplissez-le de cailloux.

3 FIXEZ L'AUTRE EXTRÉMITÉ DE LA FICELLE à un endroit élevé, plafond ou cage d'escalier. C'est la trajectoire de votre fusée. Vérifiez que la ficelle est bien tendue.

Fusées d'hier et d'aujourd'hui

Inventées par les Chinois, les fusées étaient utilisées comme armes il y a des millénaires. Les *V2* allemands sont à l'origine de la fusée américaine *Saturne V*. La navette spatiale est un lanceur réutilisable. Demain, on construira peut-être des avions-fusées fonctionnant à la fois dans l'atmosphère et dans l'espace.

4 TENDEZ bien la ficelle. 3, 2, 1, 0... Enlevez la pince. Regardez comme votre fusée décolle !

Laboratoires spatiaux

PLUSIEURS FOIS PAR MOIS, des laboratoires spatiaux, parfois avec des hommes à bord, passent au-dessus de vos têtes. Cosmonautes russes dans leur station spatiale ou astronautes américains de la navette, ils font dans l'espace des expériences impossibles sur Terre, comme étudier ce qui se passe en impesanteur ou faire des observations astronomiques sans le filtre atmosphérique. Certaines stations robotisées informatisées ne sont pas habitées. De nombreux satellites de télécommunications sont aussi en orbite. Ils retransmettent les appels téléphoniques et les émissions de télévision.

Stations spatiales
La station russe Mir est en orbite autour de la Terre depuis 1986. Elle a accueilli des cosmonautes de nombreux pays pour des séjours allant jusqu'à un an. Mir est constituée de modules accrochés les uns aux autres. La NASA a un projet de station spatiale où des matériaux seront fabriqués en impesanteur.

EXPÉRIENCE

L'impesanteur

Dans l'espace, tous les objets tombent vers la Terre avec la même vitesse. Ce n'est qu'en restant à grande vitesse sur une orbite qu'ils échappent à cette attraction. Ils n'ont alors plus de poids car ils sont en chute libre. Mettez votre propre capsule spatiale en chute libre.

IL VOUS FAUT
- *Bouteille en plastique*
- *Bande élastique*
- *Ciseaux* ● *Plasticine*

1 COUPEZ LA BANDE ÉLASTIQUE pour faire un long fil. Coincez une extrémité en refermant le bouchon de la bouteille.

2 RESSORTEZ L'ÉLASTIQUE et mettez un peu de plasticine à l'extrémité. Refermez. Le poids doit être suffisant pour étirer l'élastique.

3 LÂCHEZ la bouteille d'une hauteur de 1 m. Que fait l'élastique quand la bouteille tombe ? Est-il toujours étiré par la plasticine ? La même chose se passe avec les objets – et les astronautes – dans une station spatiale. Ils sont en impesanteur et "flottent" dans l'espace.

Voir les satellites

Des centaines de satellites sont en orbite autour de la Terre. Ils effectuent diverses tâches, de la surveillance du climat terrestre à la retransmission de télécommunications et à l'observation de galaxies lointaines. Ces satellites sont souvent visibles depuis la Terre car leur surface métallique et leurs grands panneaux solaires reflètent la lumière du Soleil. Certains sont même plus brillants que les étoiles les plus brillantes. Le meilleur moment pour les voir à l'œil nu est juste après le coucher du Soleil, ou juste avant son lever.

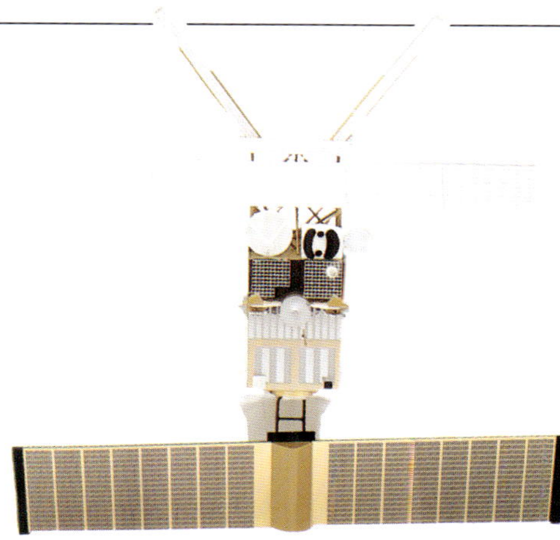

ERS-1
Lancé sur une orbite passant par les pôles, ce satellite européen surveille et étudie les océans.

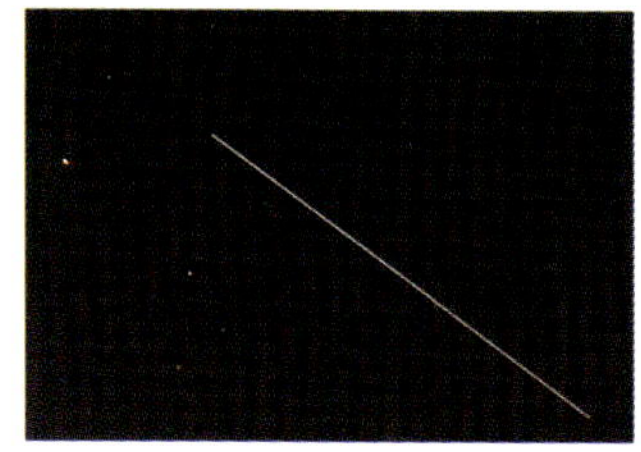

Trace de satellite
Cette longue trace lumineuse dans le ciel est celle d'un satellite. Bien que très loin de nous, les satellites interceptent très bien la lumière solaire.

Éclipse de satellite
Si vous voyez un point brillant dont la luminosité décroît, c'est sans doute un satellite pénétrant dans l'ombre de la Terre.

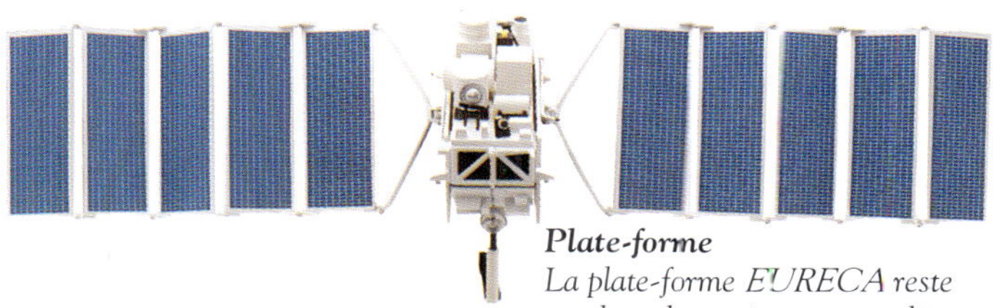

Plate-forme
La plate-forme EURECA reste pendant des mois sur une orbite est-ouest et procède à de nombreuses expériences.

Satellites-toupies
Un satellite tournant sur lui-même donne de brefs éclairs lumineux. Certains sont mis volontairement en rotation ; d'autres sont hors de contrôle.

Expériences spatiales

Grâce à l'impesanteur, les chercheurs peuvent étudier les phénomènes en l'absence de gravité : comment croît un cristal, comment se produit une réaction chimique ou comment une araignée tisse sa toile. Ces recherches donneront des médicaments plus purs et plus efficaces, et de meilleurs matériaux pour l'électronique.

Un jardin chimique
Cette écolière prépare un « jardin chimique » qui sera embarqué sur la navette spatiale Endeavour.

Veine liquide
Sur Terre, une veine liquide dans un autre liquide se développe verticalement. Dans l'espace, elle s'étend sur les côtés.

Vivre dans l'espace

Les cosmonautes V. Volkov et S. Krikalev donnent un concert à bord de la station spatiale *Mir*. La vie en impesanteur nécessite des adaptations : il faut savoir lutter contre le mal de l'espace et prendre beaucoup d'exercice pour que les muscles, qui n'ont plus d'efforts à fournir, ne s'atrophient pas.

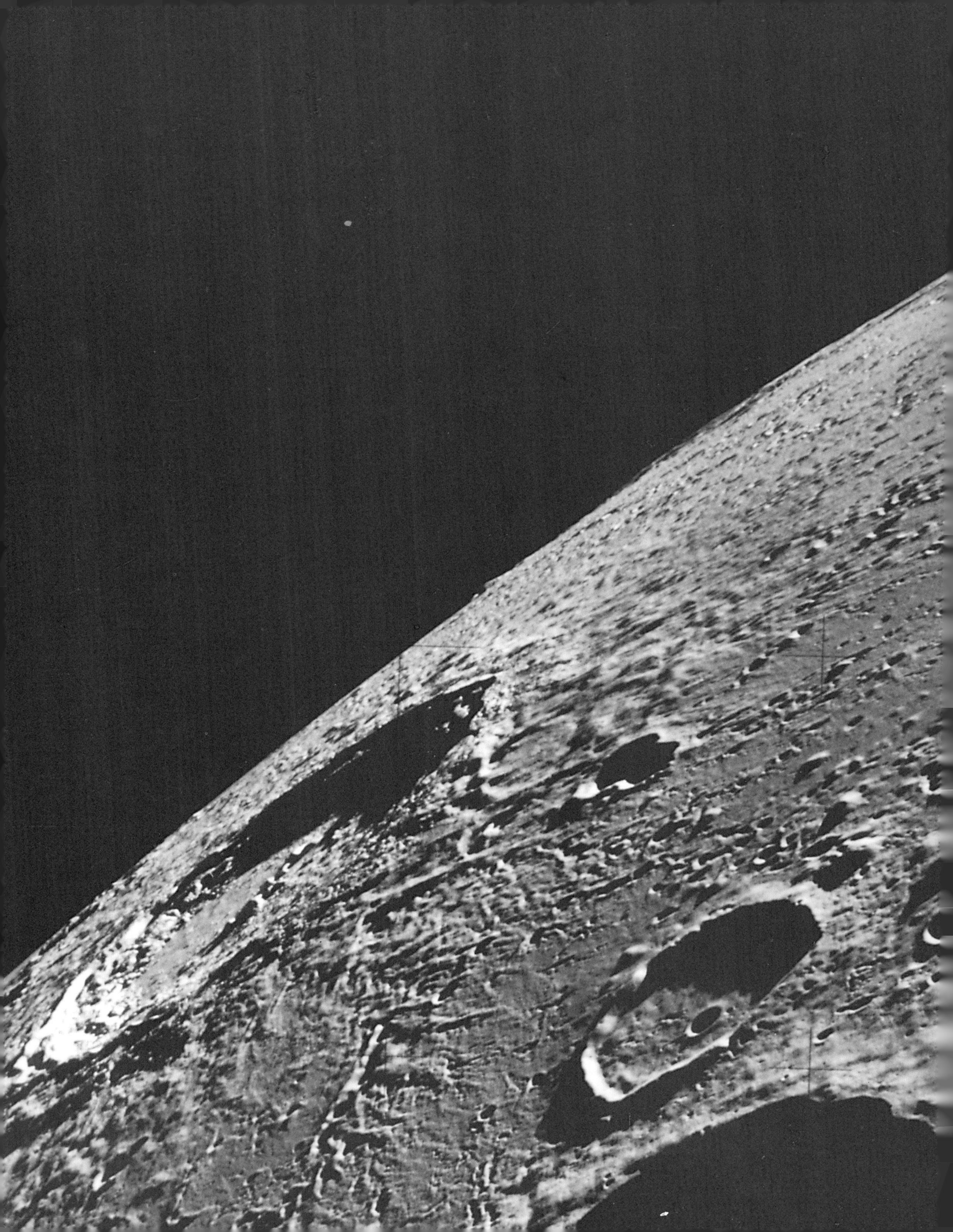

LA LUNE

Un monde mort
Vue depuis l'orbite d'Apollo 12 (à gauche), la Lune est une planète déserte, sans eau ni atmosphère. L'étude des échantillons de sol lunaire (ci-dessus) rapportés par les astronautes a permis de comprendre la structure et l'origine de la Lune.

LA LUNE, L'UNIQUE SATELLITE de la Terre, est aussi différente que possible de notre planète. Sa surface criblée de cratères, résultat d'intenses bombardements de météorites, n'a guère changé depuis des milliards d'années. Bien que la Lune soit un astre mort, les astronautes envisagent d'y retourner au XXIe siècle pour y installer des bases scientifiques permanentes.

SATELLITE DE LA TERRE

N'IMPORTE QUEL ÊTRE HUMAIN, même s'il ne connaît rien à l'astronomie, reconnaît aussitôt la Lune. Après le Soleil, c'est l'astre le plus brillant. La pleine lune donne assez de lumière pour permettre de lire. Les voyages nocturnes se faisaient de préférence à la pleine lune avant l'invention de l'éclairage artificiel.

La lumière reflétée par la Lune a une intensité variable selon le jour du mois. Elle passe en effet par différentes phases (souvent indiquées sur les calendriers) en fonction de la portion de sa surface qui est éclairée.

Lumière rouge
Une éclipse de Lune se produit quand la Lune pénètre dans l'ombre de la Terre. La lumière rouge que l'on voit alors est due à la réflexion de la lumière solaire par la Terre.

La Lune ne produit pas de lumière ; elle ne fait que réfléchir celle du Soleil. D'ailleurs, lors des éclipses, quand elle se trouve dans l'ombre de la Terre, elle disparaît presque complètement.

Ce spectacle étonnant, avant qu'on ne comprenne sa cause, a longtemps effrayé les êtres humains qui l'attribuaient à l'action de démons malfaisants.

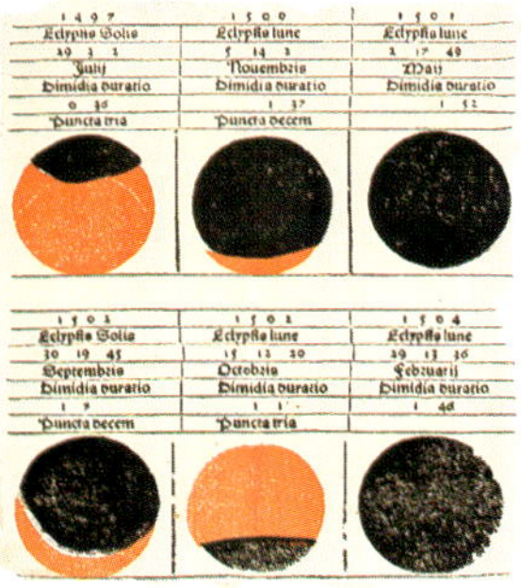

Le calendrier de Colomb
C'est grâce à ce calendrier lunaire que Christophe Colomb et son équipage furent sauvés. Retenus prisonniers dans les Caraïbes, ils annoncèrent en effet une éclipse de Lune ; cela effraya tant leurs geôliers qu'ils les libérèrent.

Attraction

C'est en se posant des questions sur la Lune que Isaac Newton, au XVIIe siècle, a construit sa théorie de la gravitation. Il se demandait pourquoi la Lune tournait autour de la Terre au lieu de suivre une trajectoire rectiligne.

La légende raconte qu'il eut l'intuition de la réponse en regardant, un jour d'automne 1665, tomber une pomme.

Il réalisa que la force qui attirait la pomme vers le bas devait s'exercer aussi dans l'espace et maintenir la Lune sur son orbite.

Cette force, qu'il appela « gravité », devait aussi s'exercer sur tous les objets de l'Univers, et chacun devait avoir sa propre gravité. La gravité de la Lune est plus faible que celle de la Terre, mais elle a des effets importants puisqu'elle cause, entre autres, les marées.

Isaac Newton (1642-1727)
Physicien et mathématicien, Newton fut le premier à expliquer la force de gravitation.

La Lune est l'unique satellite de la Terre. D'autres planètes ont plusieurs satellites ; Saturne, par exemple, en possède dix-huit ; un des satellites de Neptune – Triton – éjecte des panaches de fumée noire et Io, satellite de Jupiter, est couvert de volcans de soufre en activité.

Mais la plupart de ces satellites sont plus petits que la Lune, qui fait près du quart du diamètre de la Terre.

Elle est même plus grande que la planète Pluton et à peu près de la même taille que Mercure.

Paysage lunaire
La face cachée de la Lune, à la surface accidentée et cratérisée, vue depuis Apollo 11.

Pour les astronomes débutants, la Lune est bien sûr l'astre le plus facile à explorer.

Mers et cratères

La Lune peut être facilement observée à l'œil nu. On y distingue quelques cratères, des zones claires et d'autres plus sombres, les « mers » lunaires.

L'examen des phases de la Lune et des structures de sa surface plusieurs jours de suite montre qu'elle dirige toujours la même face vers nous. Si vous viviez sur cette face visible, vous verriez la Terre en permanence.

Si vous viviez sur la face cachée, vous ne la verriez jamais. Sur la face visible comme sur la face cachée, vous verriez le Soleil pendant deux semaines, avant d'être dans l'obscurité pendant deux semaines.
On ignorait à quoi ressemblait la face cachée jusqu'à ce que

la sonde soviétique *Luna 3*, en 1959, en envoie des photographies.

Elle est aussi cratérisée que la face visible, mais comporte moins de taches sombres – les « mers » lunaires.

Il n'y a sur la Lune ni océans, ni atmosphère, ni végétation. Les taches sombres sont des plaines entourées de montagnes, certaines plus hautes que l'Everest. On y trouve partout des cratères, bassins circulaires ayant de quelques centimètres à plusieurs centaines de kilomètres de diamètre, résultant des intenses bombardements de météorites qu'a subis la Lune peu après sa formation.

L'origine de la Lune

Bien qu'elle soit très proche, il a fallu beaucoup de temps pour percer les mystères de la Lune. Les astronomes se sont d'abord demandé si les cratères étaient d'anciens volcans lunaires ou résultaient – comme on le sait aujourd'hui – de la chute de météorites. Personne ne savait non plus comment la Lune s'est formée.

Et l'origine de la Lune reste encore mystérieuse. Certains pensent qu'il s'agit d'une partie de la Terre arrachée par la force centrifuge à l'époque où la Terre tournait très vite. D'autres, qu'il s'agit d'un corps capturé par l'attraction terrestre.

Grâce aux échantillons rapportés par les astronautes d'*Apollo 12*, qui ont marché à la surface de la Lune, nous disposons aujourd'hui d'éléments de réponse.

Quand il posa le pied sur la Lune, le 21 juillet 1969, l'astronaute Neil Armstrong dit : « C'est un petit pas pour un homme, mais un grand pas pour l'humanité. »

Comme ceux qui le suivirent plus tard, il découvrit un paysage désert et gris surmonté d'un ciel noir, « une magnifique désolation » commenta l'un d'eux.

Ils rapportèrent des échantillons de roches de six sites d'alunissage différents. Lors des trois dernières missions lunaires, les astronautes utilisèrent un véhicule électrique, le *Lunar Roving Vehicle*, pour ramasser des roches loin du site d'alunissage. Les sondes soviétiques, quant à elles, collectèrent des échantillons plus petits dans trois autres régions.

En analysant ces roches, les géologues ont pu reconstituer l'histoire de la Lune. Ils pensent que notre satellite résulte d'une catastrophe cosmique – le heurt entre une planète errante et la Terre, qui était alors très jeune.

Les débris de l'explosion, projetés dans l'espace, se seraient plus tard agglomérés pour constituer la Lune dont les cratères seraient dus au choc des petits débris restants. On sait aujourd'hui que la Lune n'a jamais eu de volcans, et que les grandes taches noires de sa surface sont dues à des épanchements de laves.

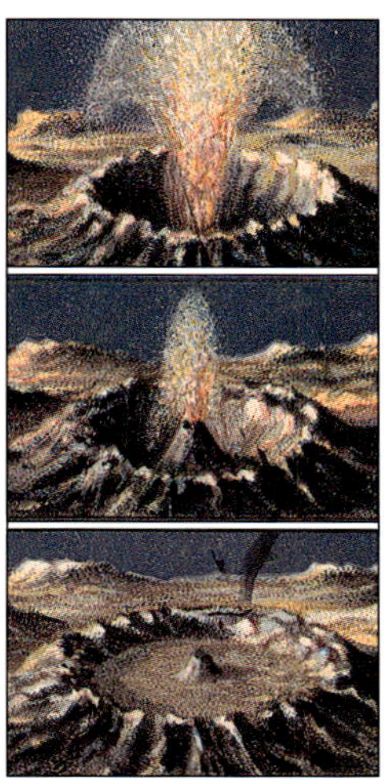

Volcans inexistants
On a longtemps cru que les cratères lunaires avaient été formés par des volcans, comme le montre cette image du XIXe siècle.

Voir la face cachée
La sonde soviétique Luna 3 fut la première à envoyer des photos de la face cachée.

Retour sur la Lune

Il est impossible de vivre sur la Lune sans protection, mais les scientifiques espèrent bien y retourner prochainement.

Ce satellite sans atmosphère est en effet un endroit idéal pour l'observation astronomique, et une excellente plate-forme de lancement pour atteindre les autres planètes.
Les futures bases lunaires seront enterrées dans le sol, afin d'être mieux protégées, et construites avec un béton fait à partir de roches lunaires.

Des robots extrairont du sous-sol les métaux précieux, comme le titane, qui pourrait être employé à la construction des vaisseaux spatiaux. La Lune deviendra alors une base de départ pour de futures explorations spatiales.

Trouver la Lune
Ce cadran lunaire vous permet de trouver facilement la Lune dans le ciel *(p. 47)*.

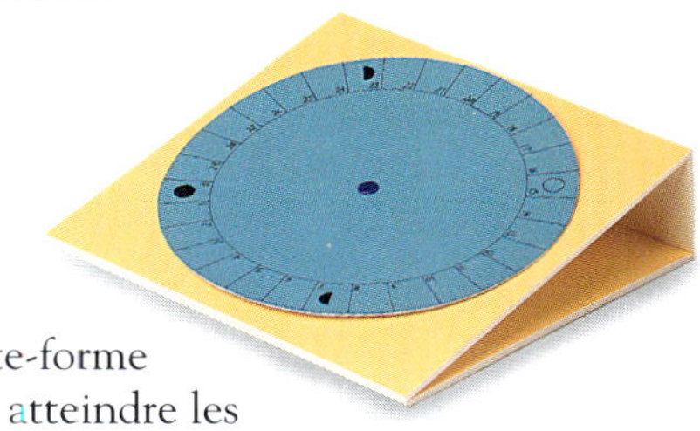

Chauffeur lunaire
Eugene Cernan, que l'on voit ici au volant du Lunar Roving Vehicle *en 1972, faisait partie de la dernière mission lunaire,* Apollo 17.

La Terre et la Lune

ALORS QU'ELLES SONT TRÈS PROCHES dans l'espace – la distance Terre-Lune n'est que de 384 000 km – la Terre et la Lune sont des astres totalement différents. La Lune n'a ni eau ni air et les températures y vont d'un extrême à l'autre. La Terre possède une atmosphère, grouille de vie, et la température y est relativement régulière. Elle est 3,7 fois plus grande que la Lune, mais surtout beaucoup plus lourde, car plus dense. Cela implique que leur structure interne est radicalement différente. Cette masse plus grande fait aussi que la force de gravité est plus grande sur Terre. Sur la Lune, les astronautes ne pèsent que le sixième du poids qu'ils pèsent sur Terre. Ils peuvent y faire des bonds extraordinaires !

Privée d'atmosphère

Depuis la Lune, on voit la Terre avec une grande clarté à cause de l'absence d'atmosphère. La Lune étant plus légère que la Terre, l'attraction gravitationnelle à sa surface est beaucoup plus faible que celle de la Terre. Elle n'a donc pu retenir les molécules de gaz de son atmosphère, qui se sont échappées dans l'espace. Sans air, la Lune est soumise à de brusques variations de température.

EXPÉRIENCE

Un modèle Terre-Lune à l'échelle

On dit couramment que la Lune tourne autour de la Terre mais en réalité, elles tournent toutes deux autour du même point. Il s'agit du « barycentre », ou centre de masse, du système Terre-Lune. La position de ce point dépendant des masses des deux corps, il se trouve quelque part à l'intérieur de la Terre, plus près du centre de la Terre que du centre de la Lune. Cette expérience vous permet de réaliser un modèle à l'échelle.

IL VOUS FAUT

- *Carton de 30 x 5 cm*
- *Règle*
- *Crayon*
- *Épingles*
- *Ciseaux*

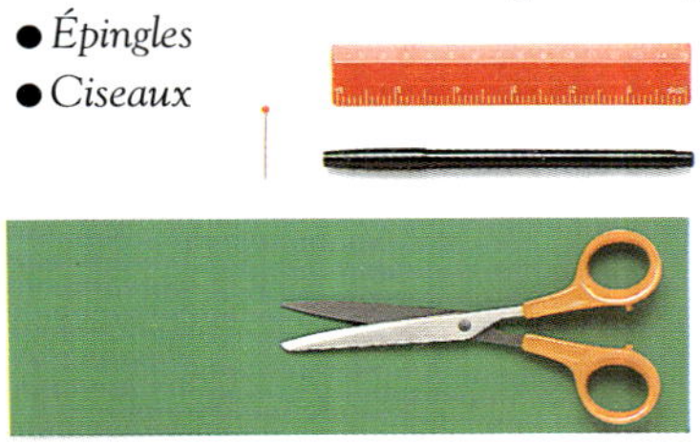

1 TRACEZ UN CERCLE de 8 mm de diamètre (la Terre) à une extrémité du carton, puis un autre de 2 mm (la Lune) à 25 cm du centre du premier.

2 PIQUEZ UNE ÉPINGLE à 3 mm du centre de la Terre dans la direction de la Lune. C'est le barycentre de la Terre et de la Lune, autour duquel les deux astres tournent.

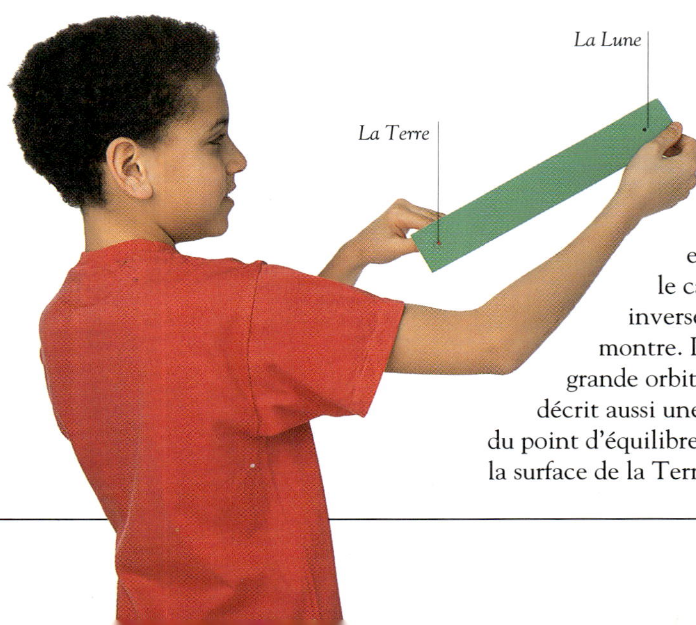

3 TENEZ l'épingle et faites tourner le carton en sens inverse des aiguilles d'une montre. La Lune a la plus grande orbite, mais la Terre décrit aussi une orbite autour du point d'équilibre, qui se trouve sous la surface de la Terre.

EXPÉRIENCE

Peser la Terre et la Lune

La Terre est 81 fois plus lourde que la Lune. Si elle avait la même composition que la Lune, elle serait donc 81 fois plus grande, comme vous le montre l'expérience ci-dessous. En fait, près de la moitié de la masse de la Terre est concentrée dans son noyau de fer, plus dense que la roche. Essayez de doter votre Terre d'un « noyau de fer » quand vous aurez fini l'expérience.

Il Vous Faut
- *Pâte à modeler*
- *Règle*
- *Balance*
- *Bille d'acier de 20 mm*

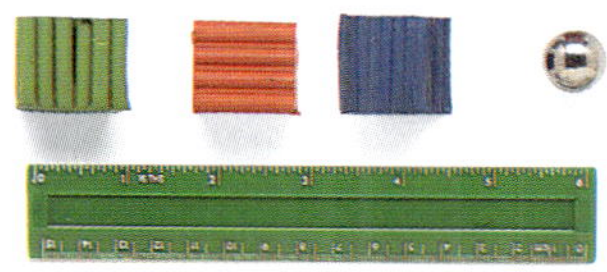

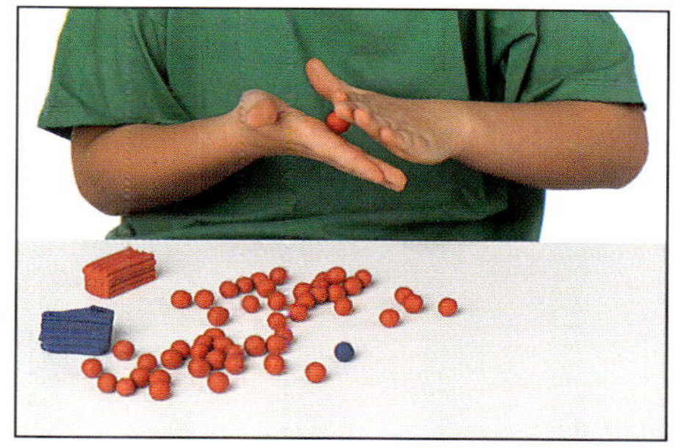

1 Faites une boule de pâte à modeler de 1 cm de diamètre : c'est la Lune. Faites-en 81 autres de la même taille. Leur masse est celle de la Terre.

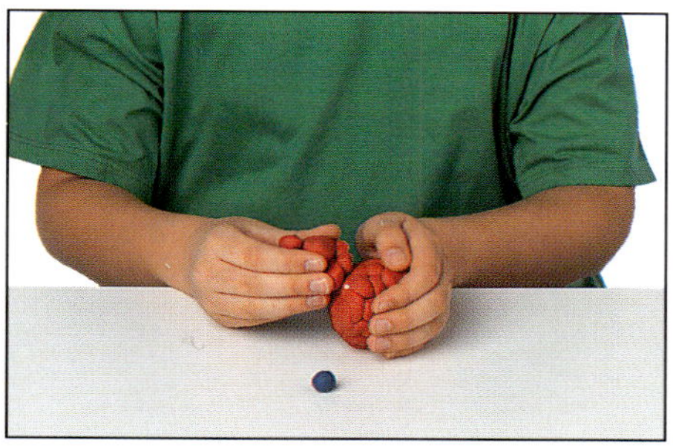

2 Réunissez les 81 boules en une seule. Comparez sa taille à celle de la Lune. La Terre est-elle aussi grande que cela ?

3 Mesurez les diamètres des deux boules et faites le rapport des deux. La Terre est combien de fois plus grande que la Lune ?

4 Faites maintenant 41 boules et réunissez-les autour de la bille d'acier. La masse est la même, mais la taille est beaucoup plus réduite.

Des structures différentes

Les astronautes n'ayant creusé qu'à quelques mètres sous la surface, ce que l'on sait de la structure interne de la Lune vient surtout de l'étude des séismes lunaires et de leur comparaison avec les séismes terrestres. Les séismes sont moins violents sur la Lune, qui est un astre géologiquement mort. En étudiant la propagation des ondes sismiques, les chercheurs ont découvert que la Lune est surtout constituée de roches, seul le noyau étant fait de roches à l'état liquide. S'il existe un noyau de fer, il doit être très petit, au contraire de celui de la Terre qui est entouré d'une épaisse couche de roches fondues et d'une mince couche de roches solides, la croûte.

L'intérieur de la Terre
Sous la croûte, qui n'a pas plus de 35 km d'épaisseur, se trouve un épais « manteau » chaud et visqueux constitué de roches fondues qui se déplacent sans cesse. Le noyau, très dense, est constitué de fer liquide.

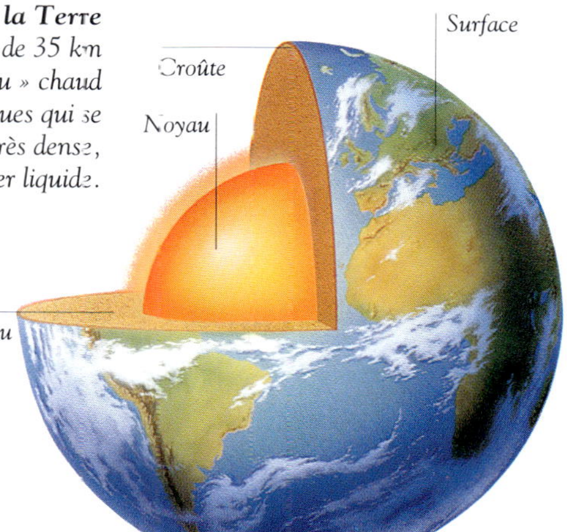

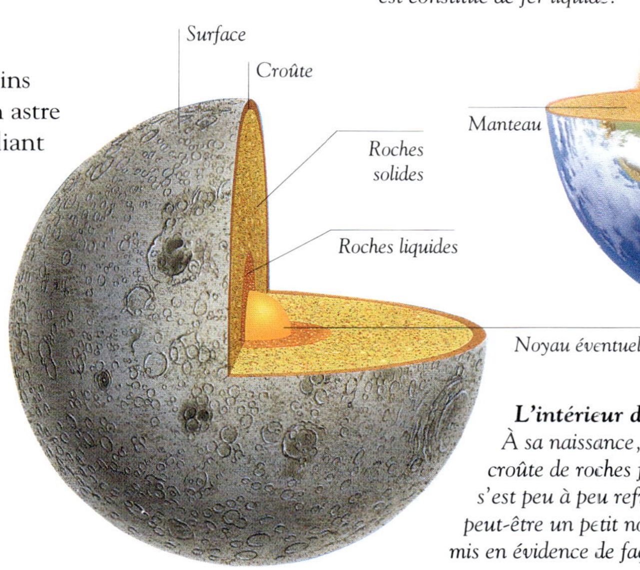

L'intérieur de la Lune
À sa naissance, la Lune était constituée d'une épaisse croûte de roches flottant sur un manteau. Ce manteau s'est peu à peu refroidi et solidifié. Au centre se trouve peut-être un petit noyau de fer, mais il n'a pas encore été mis en évidence de façon certaine.

L'orbite de la Lune

La Lune tourne autour de la Terre en environ un mois. Une preuve de son mouvement est qu'elle présente des phases, c'est-à-dire que telle ou telle partie de sa surface est éclairée. Chaque mois, du premier croissant à la pleine lune puis au dernier croissant, la Lune passe ainsi par diverses phases qui permettent d'établir un calendrier lunaire. Si vous observez bien la Lune, vous verrez qu'elle nous présente toujours la même face. Cela est dû à ce qu'elle fait exactement un tour sur elle-même quand elle fait un tour autour de la Terre. Pour voir la face cachée, il faut une sonde spatiale.

Le système Terre-Lune

La « nouvelle lune » a lieu quand la Lune se trouve entre le Soleil et la Terre : seule la face cachée est alors éclairée, la face visible restant dans l'ombre. Un croissant apparaît ensuite, quand la Lune est éclairée de côté par le Soleil. Quand elle a parcouru le quart de son orbite, on voit une moitié de la Lune, c'est le « premier quartier ». À la pleine lune, toute la face visible est éclairée, puis les phases s'inversent jusqu'au dernier quartier et à la nouvelle lune suivante.

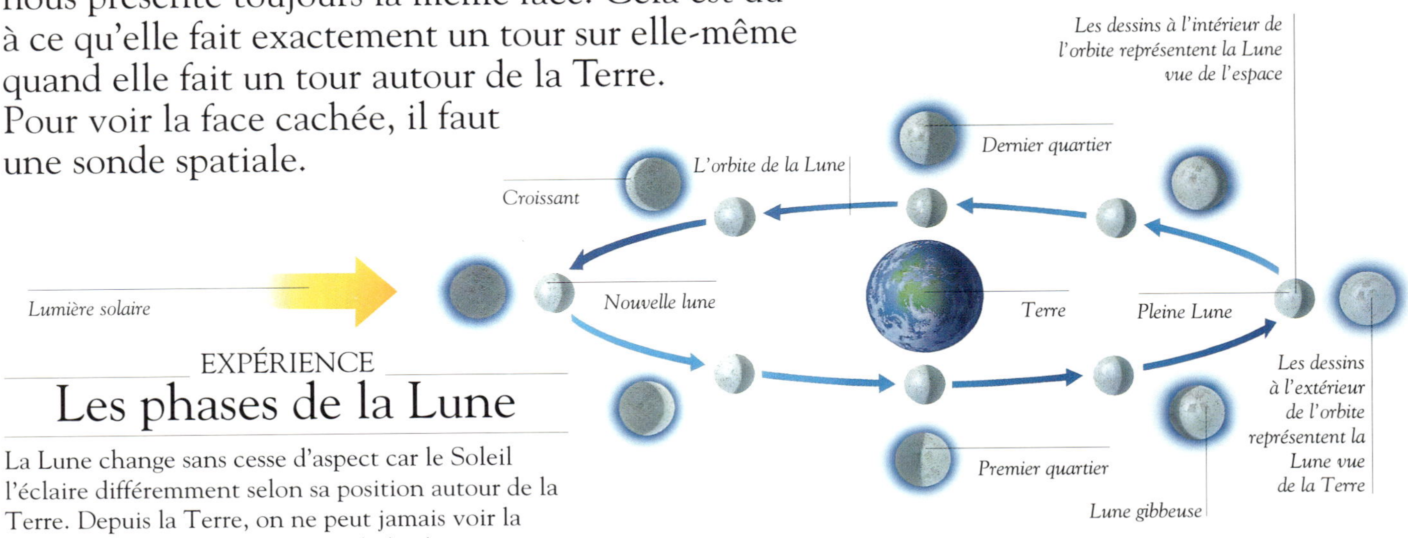

EXPÉRIENCE

Les phases de la Lune

La Lune change sans cesse d'aspect car le Soleil l'éclaire différemment selon sa position autour de la Terre. Depuis la Terre, on ne peut jamais voir la face cachée de la Lune, que le Soleil éclaire pourtant autant que la face visible. On pourrait ainsi croire que la Lune ne tourne pas, mais en fait elle effectue un tour à chaque orbite, comme le montre cette expérience. Vous allez voir la « Lune » depuis la Terre, tandis que votre ami verra le « système Terre-Lune » depuis l'espace.

Il vous faut
- *Lampe de bureau*
- *Vieille balle de tennis*
- *Crayon*
- *Feutre*

1 Enfoncez le crayon dans la balle de tennis – la « Lune ». Marquez au feutre un point noir d'un côté et une croix de l'autre.

2 Éteignez les lumières de la pièce et mettez-vous devant la lampe, en tenant la « Lune » avec le point noir face à vous. Dites à votre ami de regarder tandis que vous tournez doucement sur vous-même, en tenant la Lune face à vous. Vous voyez les phases de la Lune à mesure que vous tournez. Demandez à votre ami ce qu'il voit. La Lune tourne-t-elle ou voyez-vous toujours la même face ? Changez ensuite de positions et recommencez.

EXPÉRIENCE

Noter les phases de la Lune

En observant les phases de la Lune, vous pouvez calculer le temps qu'elle met pour faire un tour autour de la Terre. Il y a cependant un petit problème : comme en un mois la Terre se déplace autour du Soleil, la direction du Soleil change. Cela implique que la Lune doit dépasser sa position initiale pour retrouver exactement la même phase. Ainsi, le cycle des phases dure 29,5 jours alors que la Lune tourne autour de la Terre en 27,3 jours. Vous pouvez faire le diagramme des phases ci-dessous à partir d'observations à l'œil nu, mais des jumelles ou une lunette astronomique sont préférables. Cherchez dans un journal l'heure du lever de Lune. L'expérience dure un mois, mais ce n'est pas grave si vous ratez quelques nuits.

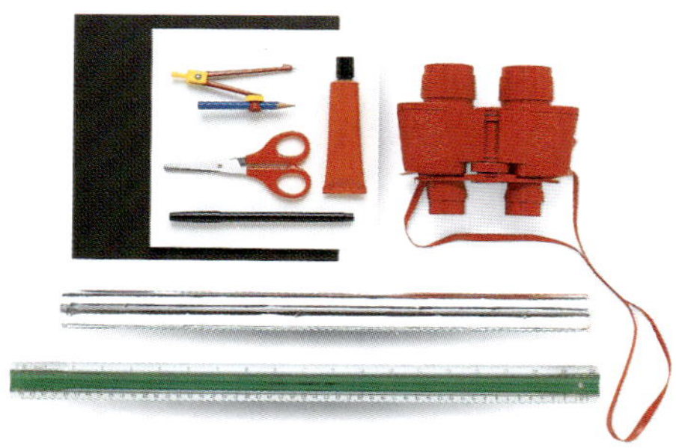

IL VOUS FAUT

● *Carton* ● *Papier noir* ● *Feuille d'aluminium* ● *Ciseaux* ● *Compas* ● *Colle* ● *Feutre* ● *Jumelles* ● *Règle*

Calendriers lunaires

L'intervalle de temps entre une nouvelle lune et la suivante est une « lunaison », ou mois lunaire. L'inconvénient des calendriers lunaires est qu'une année ne contient pas un nombre entier de mois lunaires : 12 lunaisons durent 354 jours, soit 11 de moins qu'une année. Ainsi, avec le temps, un mois lunaire qui se trouve en hiver finit par se trouver en été. Les cultures chinoise, juive et islamique utilisent pourtant des calendriers lunaires. Le faîte de ce bâtiment est orné du croissant, symbole de la lune montante.

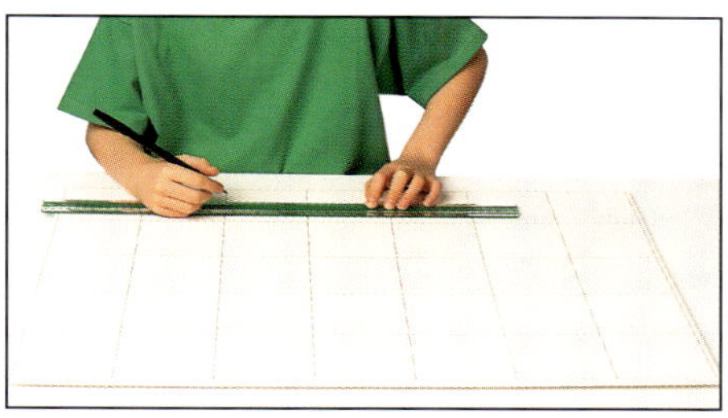

1 AVEC UN FEUTRE NOIR, faites un quadrillage de sept colonnes, une pour chaque jour de la semaine, et de cinq lignes. Numérotez chaque case de 1 à 29, comme indiqué ci-dessous.

2 TRACEZ 29 CERCLES sur le papier noir, découpez-les et collez-les dans les cases. Marquez la date dans la case 1 le jour de votre première observation, et numérotez les autres cases.

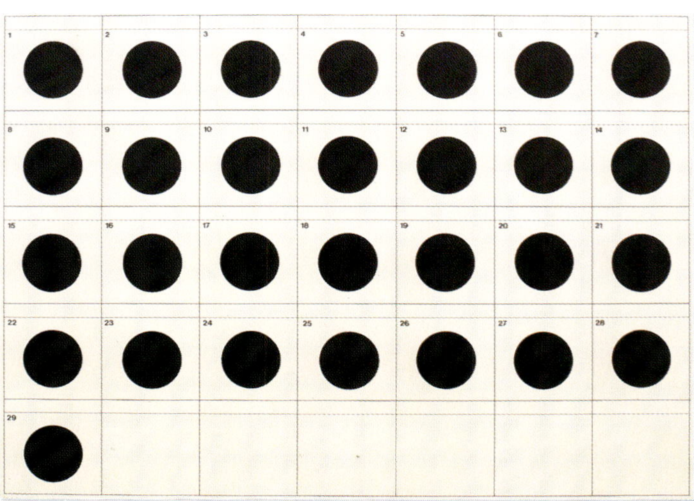

Votre calendrier lunaire

Votre diagramme avant que vous n'y notiez les phases.

3 CHAQUE NUIT, découpez dans le papier d'aluminium la forme du croissant de Lune que vous observez et collez sur le disque noir de la case correspondante. S'il y a trop de nuages, laissez la case noire et passez à la suivante. Notez les phases – premier quartier, pleine lune, etc. Combien de temps faut-il pour revenir à la phase initiale ?

Éclipses de Lune

Il se produit, à des intervalles de quelques années, un surprenant phénomène : la pleine lune est engloutie par une ombre noire puis disparaît et n'est plus visible que comme un disque rougeâtre. Une telle éclipse se produit quand la Lune passe dans l'ombre de la Terre. Ce n'est pas le cas à chaque pleine lune car l'orbite de la Lune autour de la Terre est légèrement inclinée par rapport à l'orbite de la Terre autour du Soleil : elle se trouve donc généralement au-dessus ou en dessous de l'ombre de la Terre. Les journaux et la radio avertissent des éclipses, mais il vaut mieux consulter les éphémérides. Une éclipse n'est souvent visible que d'une moitié de la Terre, et certaines seront inobservables depuis chez vous.

L'éclipse de Christophe Colomb

Les éclipses peuvent être prédites avec exactitude. En 1504, Colomb fut retenu en Jamaïque par des tribus hostiles, à la suite de meurtres perpétrés par les Espagnols. En prévoyant qu'une éclipse allait se produire le 29 février, Colomb inspira un profond respect aux Indiens, qui prirent soin de lui jusqu'à ce qu'il soit sauvé.

EXPÉRIENCE

Faire une éclipse

Les éclipses de lune ont lieu quand le Soleil, la Terre et la Lune sont parfaitement alignés. Quand l'alignement n'est pas parfait, on peut observer une éclipse partielle. En attendant que se produise une éclipse visible depuis chez vous, faites votre propre « éclipse de lune ».

Il Vous Faut

- *Lampe de bureau*
- *Carton*
- *Pâte à modeler*
- *Baguettes de bois*
- *Balle (7,5 cm de diamètre)*
- *Petite balle (3,5 cm)*

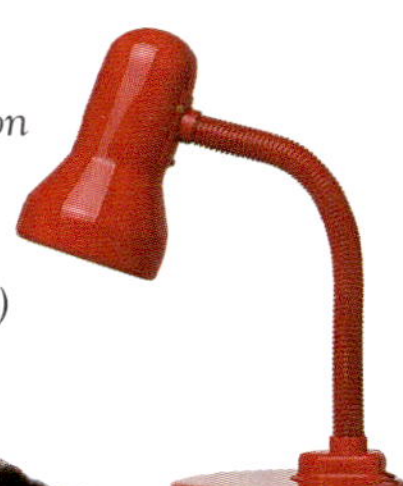

1 Enfoncez une baguette dans chaque balle. Mettez un peu de pâte à modeler aux deux extrémités du carton (60 x 10 cm) et enfoncez-y les baguettes. Les centres de la « Terre » et de la « Lune » doivent être à la même hauteur.

2 Placez la lampe (le « Soleil ») du côté de la Terre, dirigée vers elle, à 40 cm et à la même hauteur. Faites pivoter le carton pour que la Lune entre dans l'ombre de la Terre. C'est une éclipse ! Mettez la Lune plus haut. Que se passe-t-il ?

EXPÉRIENCE

Pourquoi la Lune reste-t-elle visible ?

La couleur rouge que prend la Lune lors d'une éclipse totale est due à l'atmosphère terrestre qui courbe, ou réfracte, les rayons solaires en plusieurs couleurs. Seul le rouge survit à ce passage dans l'atmosphère, de sorte que la Lune est rouge quand elle est éclipsée. Obtenez vous aussi une Lune rouge.

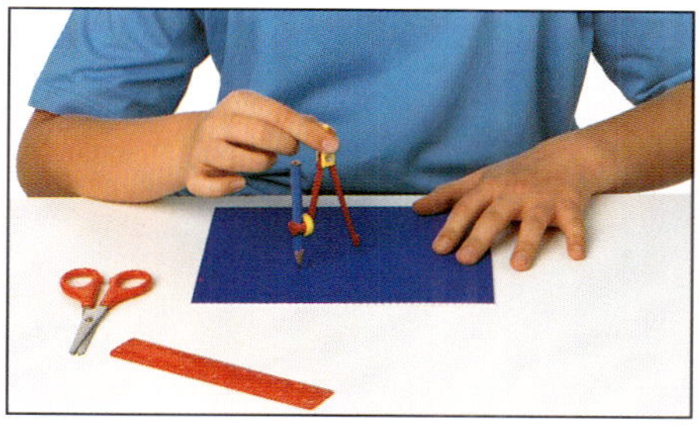

1 DÉCOUPEZ UN CERCLE de 10 cm de diamètre dans le carton. Fixez-le au bout de l'aiguille à tricoter et faites une base en pâte à modeler. C'est la Lune.

2 ÉTEIGNEZ LA LUMIÈRE et dirigez la lampe vers la Lune. Faites monter doucement un carton (la Terre) entre la lampe et la Lune jusqu'à l'éclipser.

IL VOUS FAUT

- *Bouteille plastique*
- *Carton* • *Règle*
- *Compas*
- *Ruban adhésif*
- *Ciseaux*
- *Pâte à modeler*
- *Lampe de bureau*
- *Aiguille à tricoter*

3 DANS LA BOUTEILLE, versez un bol d'eau et une cuiller à café de lait. Remettez la Terre en position et tenez la bouteille (l'atmosphère) à côté et au-dessus. Cela courbe la lumière et illumine la Terre comme lors d'une éclipse.

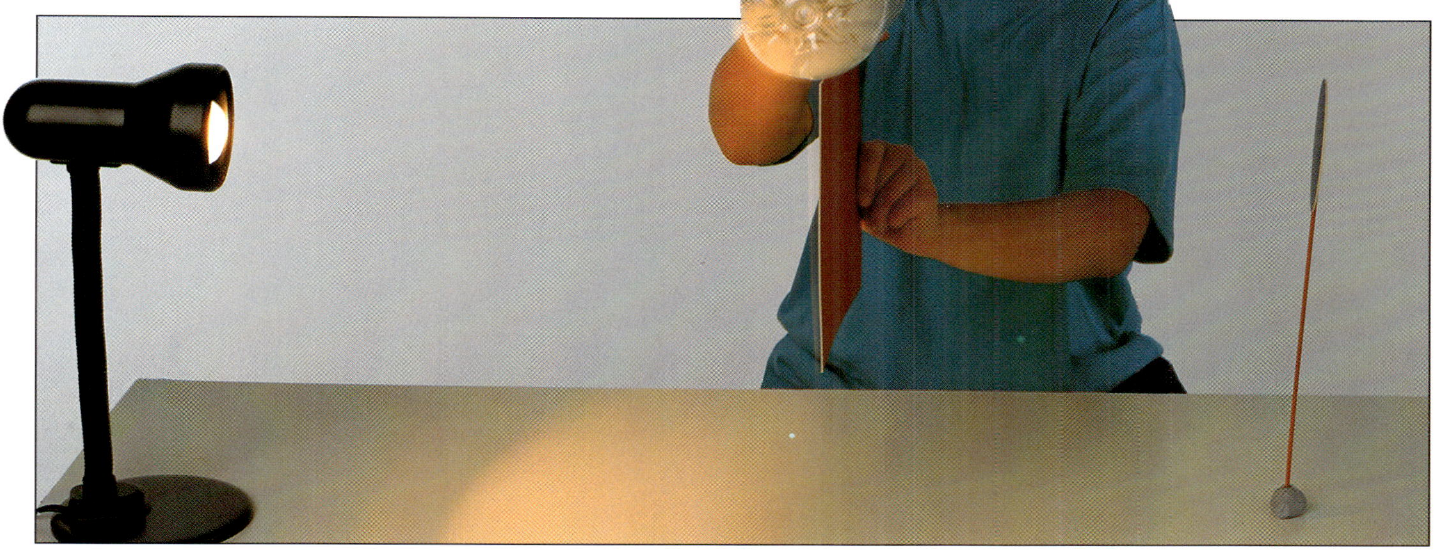

La Lune dans l'ombre

Environ une fois par an, une éclipse de Lune est visible depuis la Terre. Lors d'une éclipse totale, la Lune est dans l'ombre, la partie la plus sombre où aucun rayon solaire ne parvient. Lors d'une éclipse partielle, une partie de la Lune est dans l'ombre et l'autre dans la pénombre, zone où parviennent quelques rayons solaires.

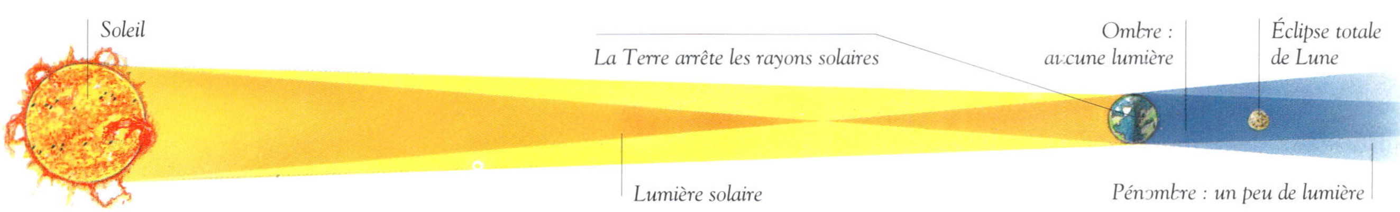

Observer la Lune

LA LUNE n'est pas seulement visible la nuit. On la voit aussi le jour, et elle est souvent plus facile à observer car on n'est pas gêné par sa luminosité. La lumière de la Lune était autrefois très utile. À certaines époques de l'année, on la mettait à profit pour chasser ou moissonner jusque tard dans la nuit. Quand elle est basse dans le ciel, la Lune apparaît parfois anormalement grande, et quand on ne voit qu'un fin croissant, on peut souvent discerner le reste du disque éclairé par une lumière grisâtre. On qualifie cette lumière de « cendrée ». Les Anglais disent que « la vieille Lune est dans les bras de la jeune Lune ».

L'homme dans la Lune

Que voit-on quand on regarde la pleine lune ? Toujours le même motif de plaines, de cratères et de « mers », puisque l'on voit toujours la même face. Avec un peu d'imagination, on peut y voir un visage (« l'homme dans la Lune »), un lapin ou encore une femme portant un collier. Le meilleur moment pour observer la Lune est quand elle est près de l'horizon. Comme on la regarde alors à travers une plus grande épaisseur d'atmosphère, le scintillement est diminué et les motifs sont plus faciles à distinguer.

EXPÉRIENCE

Clair de terre

Quand la Lune forme un croissant, on peut parfois voir le reste du disque faiblement illuminé. La source de lumière est le « clair de terre » dû à la réflexion des rayons solaires sur l'atmosphère terrestre. Plus il y a de nuages, plus cette réflexion est intense et la Lune éclairée.
Cette expérience vous permet de reproduire un clair de Terre et d'observer cette « lumière cendrée ». Regardez ce qui se passe quand on ajoute des nuages à l'atmosphère terrestre.

IL VOUS FAUT

- *Compas* • *Ciseaux* • *Carton* • *Aiguilles à tricoter* • *Ruban adhésif* • *Colle* • *Petite balle de plastique* • *Pâte à modeler* • *Lampe* • *Règle* • *Coton*

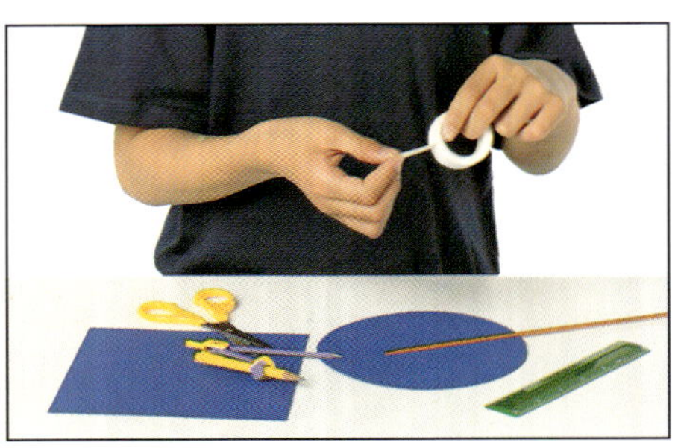

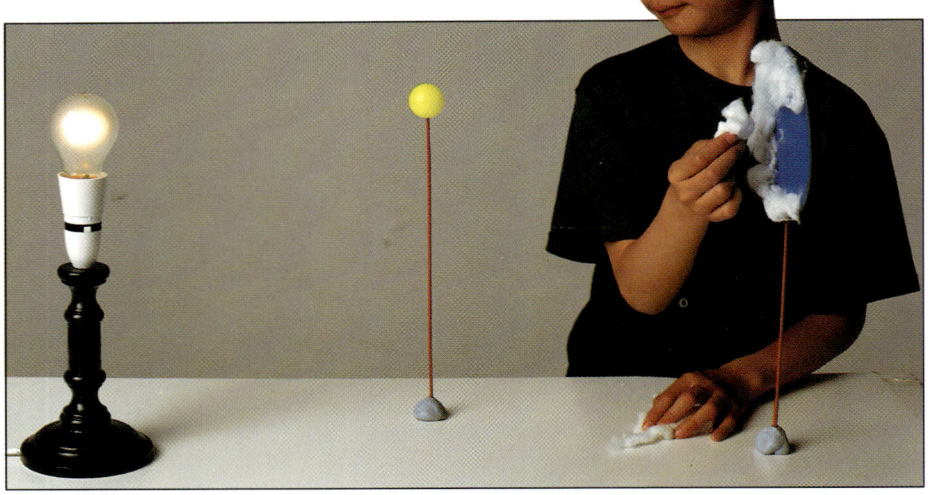

1 FIXEZ UN DISQUE de carton (la Terre) de 12 cm de diamètre sur une aiguille à tricoter. Collez la balle (la Lune) à une autre aiguille.

2 PLACEZ LA TERRE, avec un peu de pâte à modeler, à environ 60 cm de la lampe. Allumez la lampe et éteignez les lumières de la pièce. Placez la Lune entre les deux, légèrement de côté. Collez une atmosphère « cotonneuse » à la surface de la Terre. Qu'observe-t-on sur la Lune ? La lumière est-elle plus intense ?

EXPÉRIENCE

Un cadran lunaire

Même les astronomes professionnels sont parfois surpris par la Lune. Elle est visible certaines nuits, d'autres pas. Selon le jour du mois, elle apparaît dans différentes parties du ciel. Avec ce cadran lunaire, vous pourrez dire – du moins quand le Soleil brille – où se trouve la Lune. La base en forme de coin avec un angle droit est exactement la même que celle de votre cadran solaire (p. 22).

** Dans l'hémisphère Sud, remplacez « sens inverse des aiguilles d'une montre » par « sens des… » et « nord » par « sud ».*

Il Vous Faut

- *Carton* • *Compas* • *Ciseaux* • *Règle*
- *Feutre* • *Plaque de polystyrène* • *Colle*
- *Épingles à dessin*

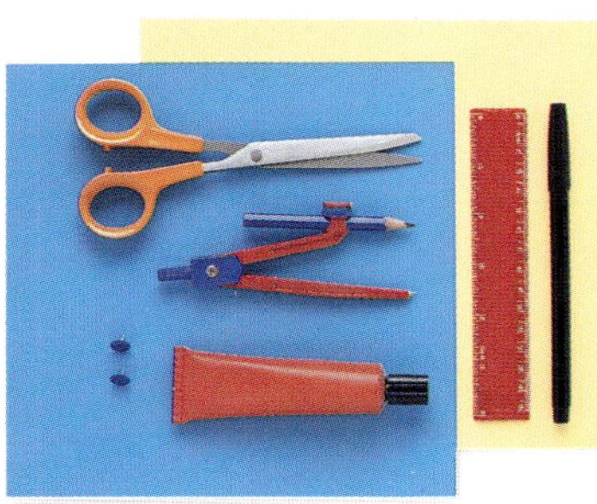

Illusion d'optique

Quand elle est basse sur l'horizon, la Lune paraît plus grande car nous pouvons la comparer à d'autres objets – arbres ou maisons. Est-ce une illusion ? La prochaine fois que vous verrez se lever la pleine lune, mesurez son diamètre avec un mètre ruban. Répétez votre mesure d'heure en heure. Sa taille change-t-elle ?

1 Tracez un cercle d'environ 20 cm de diamètre sur le carton. Découpez-le et tracez un autre cercle de 15 cm de diamètre. C'est le cadran.

2 Divisez le cercle en 30 parties égales, numérotées de 0 à 29 dans le sens inverse des aiguilles d'une montre*. Notez les phases de la Lune dans les cases 0, 7, 15 et 23.

3 Faites une base en coin avec le polystyrène. L'angle au sommet doit être droit et l'angle obtus doit être égal à votre latitude.

4 Placez le cadran sur la base et fixez-le au centre avec une épingle à dessin.

5 Cherchez la phase de la Lune sur un calendrier et faites une marque dans la case correspondante du cadran. Orientez votre appareil la partie basse vers le nord*. Faites tourner le cadran pour que la case 0 pointe vers le Soleil. La Lune se trouve dans la direction indiquée par la marque.

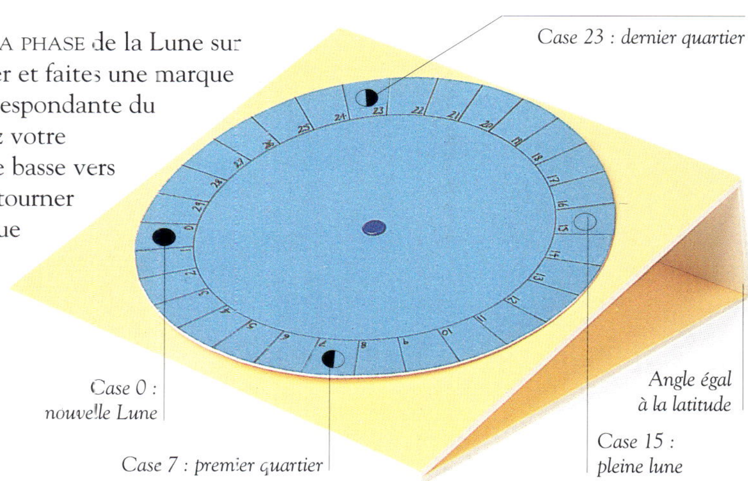

Une carte de la Lune

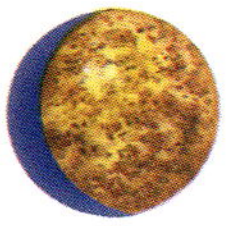

SI VOUS OBSERVEZ LA LUNE avec des jumelles ou une lunette astronomique, vous verrez un nombre incroyable de détails : montagnes, cratères, bassins et rayons traversant les paysages en ligne droite. Les premiers astronomes croyaient que les étendues sombres étaient des mers et les ont baptisées « océan des Tempêtes », « mer de la Tranquillité » ou « mer de la Sérénité ». Ce ne sont pas des mers mais on les nomme toujours ainsi. La plupart des cratères portent les noms d'hommes célèbres comme Jules César, Pythagore ou Copernic. La carte de la Lune la plus précise a été dressée à partir de photos prises par les sondes qui recherchaient des sites d'alunissage pour les missions *Apollo*.

■ De Galilée à *Lunar Orbiter*

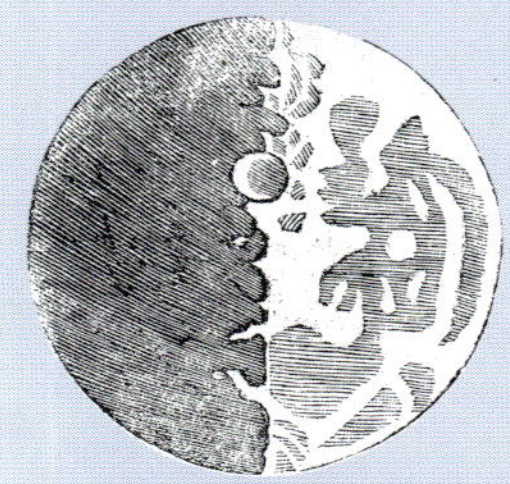

Carte de Galilée

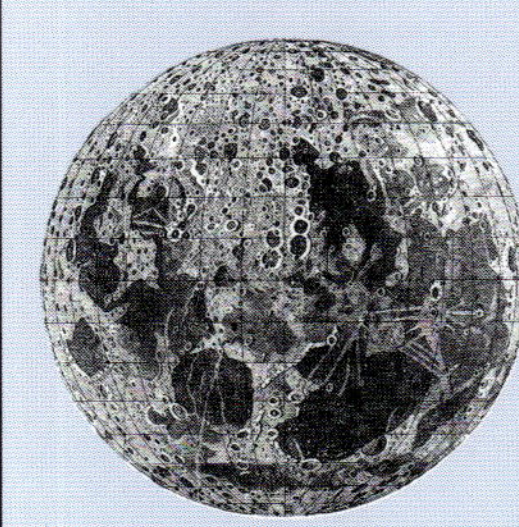

Carte de Tobias Mayer

Carte de Beer et Mädler

C'est avec une toute petite lunette que Galilée, en 1610, dessina les premières cartes de la Lune et révéla la surface criblée de cratères.
Un astronome gallois contemporain de Galilée, William Lower, compara la surface lunaire à « la croûte d'une tarte ».
Quand les télescopes s'améliorèrent, les astronomes dressèrent des cartes plus précises des « mers » et des cratères, comme celle-ci, faite par Tobias Mayer au XVIIIe siècle.
Une des meilleures cartes fut réalisée au milieu du XIXe siècle par Johann Heinrich Mädler et son collègue William Beer, mais ces cartes n'étaient que des dessins faits à la main.
Dans les années 60, la NASA envoya cinq sondes *Lunar Orbiter* en orbite autour de la Lune, en prélude aux missions *Apollo*. Elles ont pris de nombreuses photos qui ont permis de dresser des cartes très précises. Seules certaines zones proches des pôles n'ont pas été cartographiées.

EXPÉRIENCE

Une carte de la Lune

Observez la Lune à l'œil nu, avec des jumelles ou une lunette, puis dessinez ce que vous voyez. Regardez sur un calendrier la date de la pleine lune et observez tous les soirs précédant cette date. Après, la Lune se lèvera trop tard pour que vous puissiez la dessiner, mais vous pouvez peut-être l'observer durant le jour.

IL VOUS FAUT

- *Jumelles* • *Ciseaux*
- *Crayon* • *Carton* • *Papier*
- *Crayons de couleur*

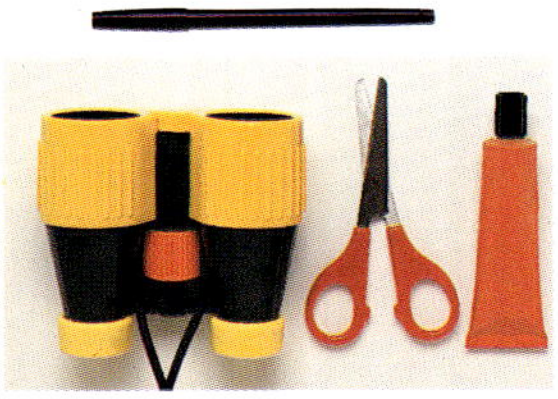

1 TRACEZ UN GRAND CERCLE de 40 cm de diamètre sur une grande feuille de carton. Vous allez pouvoir placer tout ce que vous verrez – mers et cratères – à l'intérieur de ce disque lunaire et obtenir une carte de la Lune.

2 RECOPIEZ LES MERS LUNAIRES de la page suivante, agrandies deux fois, et coloriez-les. Il est facile de les repérer sur la Lune, mais leur forme peut changer selon l'inclinaison des rayons solaires.

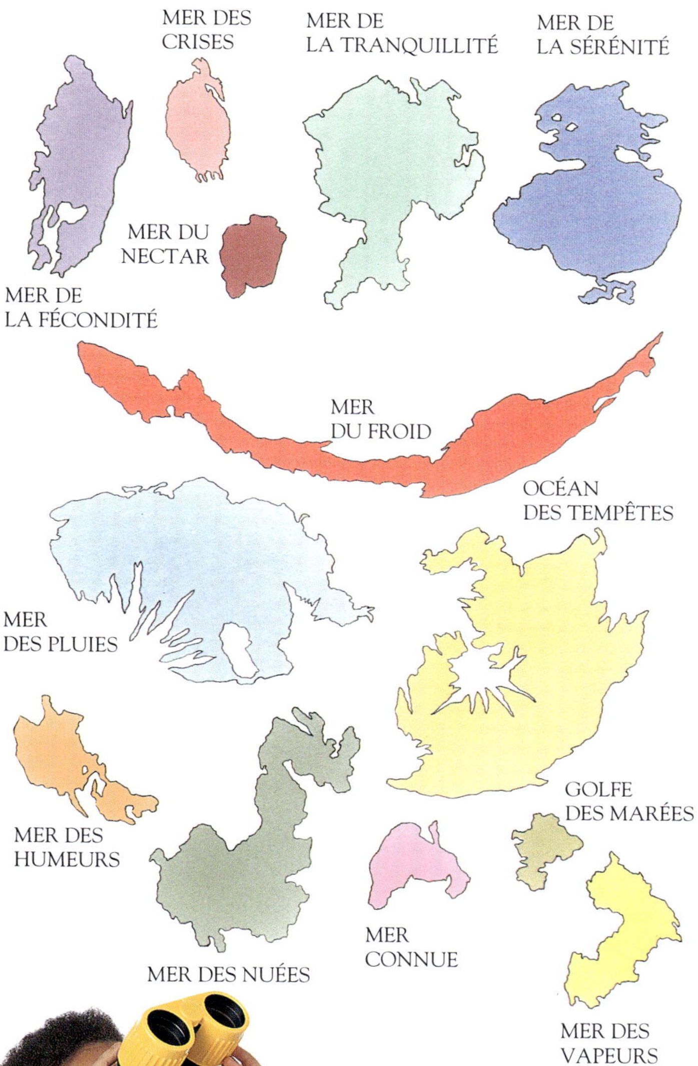

Mers lunaires
Les « mers » lunaires sont des dépressions dues au choc d'énormes météorites. Ces cratères ont été peu à peu remplis par de la lave, d'une couleur différente des roches lunaires. Copiez ces mers et placez-les sur votre carte.

3 Observez la Lune avec vos jumelles ou votre lunette astronomique. Dès que vous repérez une « mer », collez-la sur votre carte. Ajoutez tous les cratères que vous verrez. Au bout de quelques jours, vous aurez placé suffisamment de détails pour avoir une carte très convenable.

Cratères lunaires

Bien que les cratères de la Lune aient tous été formés par des bombardements de météorites, ils présentent une grande diversité. Certains grands cratères ont un fond sombre car ils ont été envahis par de la lave venant de l'intérieur de la Lune. Les plus anciens sont recouverts de plusieurs couches de lave. Beaucoup ont un piton central, formé par le soulèvement du sol après l'impact. Les cratères les plus jeunes se signalent par des rayons brillants de matériaux éjectés. On voit ici les principaux types de cratères.

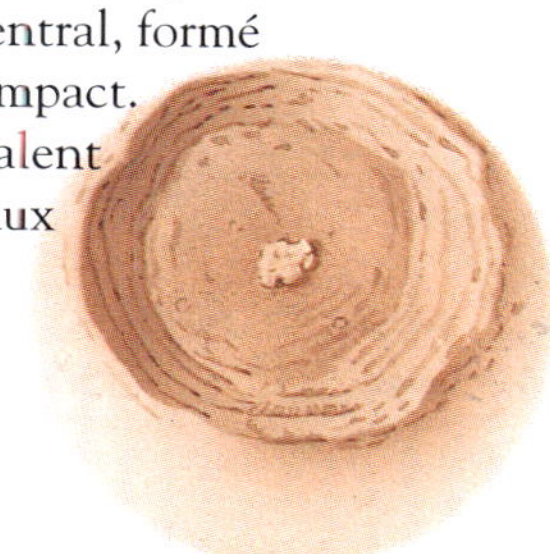

Les parois de ce cratère se sont peu à peu effondrées

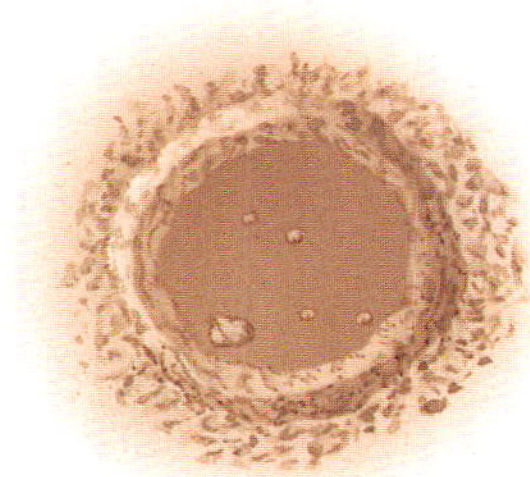

Cratère rempli par de la lave

Cratère « rayonné » récent

Cratère ancien submergé par les laves

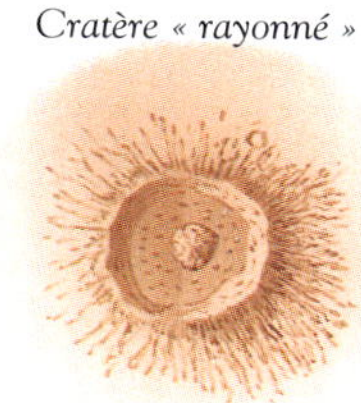

Petit cratère à piton central

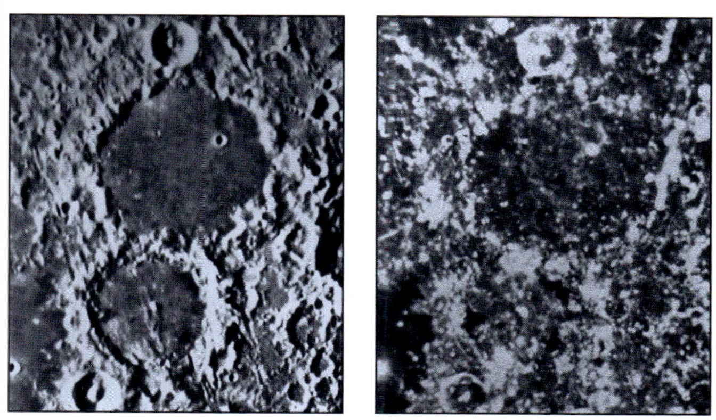

Cache-cache
L'inclinaison des rayons lumineux crée des ombres qui permettent de saisir le relief. À la pleine lune, les rayons sont verticaux et les ombres peu marquées. On voit ici les cratères Ptolémée et Alphonsus au dernier quartier (à gauche) et à la pleine lune (à droite).

La surface lunaire

LA LUNE EST TRÈS DIFFÉRENTE de la Terre. Alors que la Terre ne cesse d'évoluer, la Lune n'a pas changé depuis des milliards d'années : elle porte toujours les traces du bombardement cosmique qui a commencé lors de la formation du système solaire et s'est achevé il y a 3,8 milliards d'années. Vénus, la Terre et Mars étaient assez massives pour retenir une atmosphère et avoir une intense activité interne. La Lune, trop petite pour cela, a été en quelque sorte fossilisée dès sa naissance. Ses plus grands cratères mesurent plusieurs centaines de kilomètres et beaucoup de ses « mers » (p. 49) s'étendent sur plus de 1 000 km. Elles ont été formées par l'impact de météorites géantes qui ont provoqué la remontée, l'épanchement puis la solidification, des roches fondues venues de l'intérieur de l'astre.

EXPÉRIENCE

Mesurer les montagnes de la Lune

Avec des jumelles ou une lunette astronomique, on voit nettement les cratères et les hauts murs qui les bordent. Mais quelle est leur hauteur ? Les astronomes ont su la calculer bien avant que l'homme n'aille sur la Lune, en mesurant la longueur des ombres qu'elles projettent. Galilée, le premier à les observer à la lunette, obtint d'excellents résultats. Comme sur la Terre, en effet, les ombres sont plus longues quand le Soleil est plus bas sur l'horizon. Grâce à l'« altimètre lunaire » que vous allez construire et à une petite formule mathématique, faites comme Galilée et calculez vous-même la hauteur des montagnes lunaires.

IL VOUS FAUT
- *Fil*
- *Ruban adhésif*
- *Crayon*
- *Jumelles*
- *Règle*
- *Compas*
- *Planchette*
- *Grande balle*
- *Carton*
- *Ciseaux*
- *Mètre ruban*
- *Carnet*
- *Lampe torche*

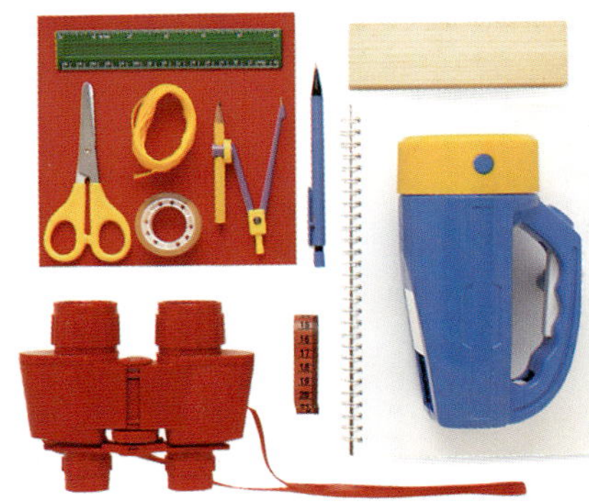

EXPÉRIENCE

Faire des cratères

Les cratères lunaires sont dus à l'impact des météorites qui ont heurté la surface à très grande vitesse et ont explosé. L'énergie libérée est telle que les matériaux se liquéfient au moment du choc et qu'un cratère est à peu près 20 fois plus grand que la météorite qui le crée. Pour vérifier cela, faites des cratères avec du plâtre !

IL VOUS FAUT
- *Plâtre à modeler*
- *Eau*
- *Grand bol*
- *Cuiller en bois*
- *Plateau*

1 METTEZ 2 TASSES de plâtre dans le bol. Ajoutez de l'eau jusqu'à obtenir une consistance visqueuse. Mettez-en un peu sur le plateau que vous poserez, par terre, sur des vieux journaux.

2 PRENEZ une grosse cuiller de plâtre et, avant qu'elle ne durcisse, projetez-la sur le plateau. Comparez la taille du superbe cratère obtenu avec celle de la boule de plâtre que vous avez projetée. Quand vous avez terminé, mettez le plâtre et les journaux dans la poubelle – surtout pas dans l'évier, qui se boucherait !

1 Avec le mètre ruban, mesurez le diamètre de la balle (« d »). Découpez un petit triangle de carton (la montagne) et fixez-le sur la balle avec le ruban adhésif.

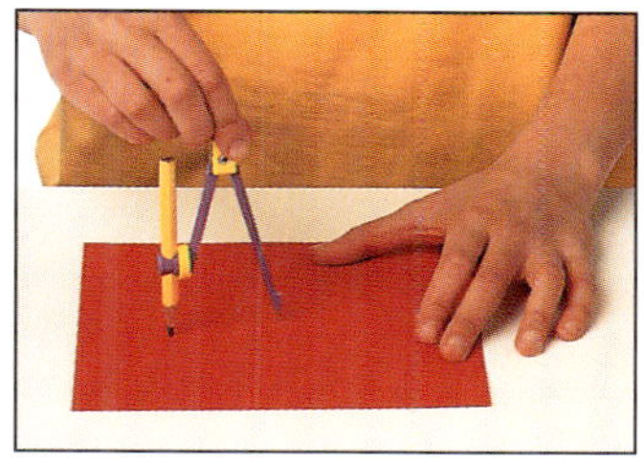

2 Pour faire votre altimètre lunaire, découpez un trou de 10 cm de diamètre dans le carton que vous collerez à la planchette pour qu'il tienne debout. Placez-le à une distance telle que la « Lune » tienne juste dedans.

3 Demandez à un ami de diriger la torche (le Soleil) sur la balle, de façon à faire une Lune au premier quartier. Fixez un fil en travers du trou de l'altimètre pour marquer l'équateur lunaire et un autre, vertical et nommé « L », marquant la limite de la zone éclairée sur la surface de la Lune.

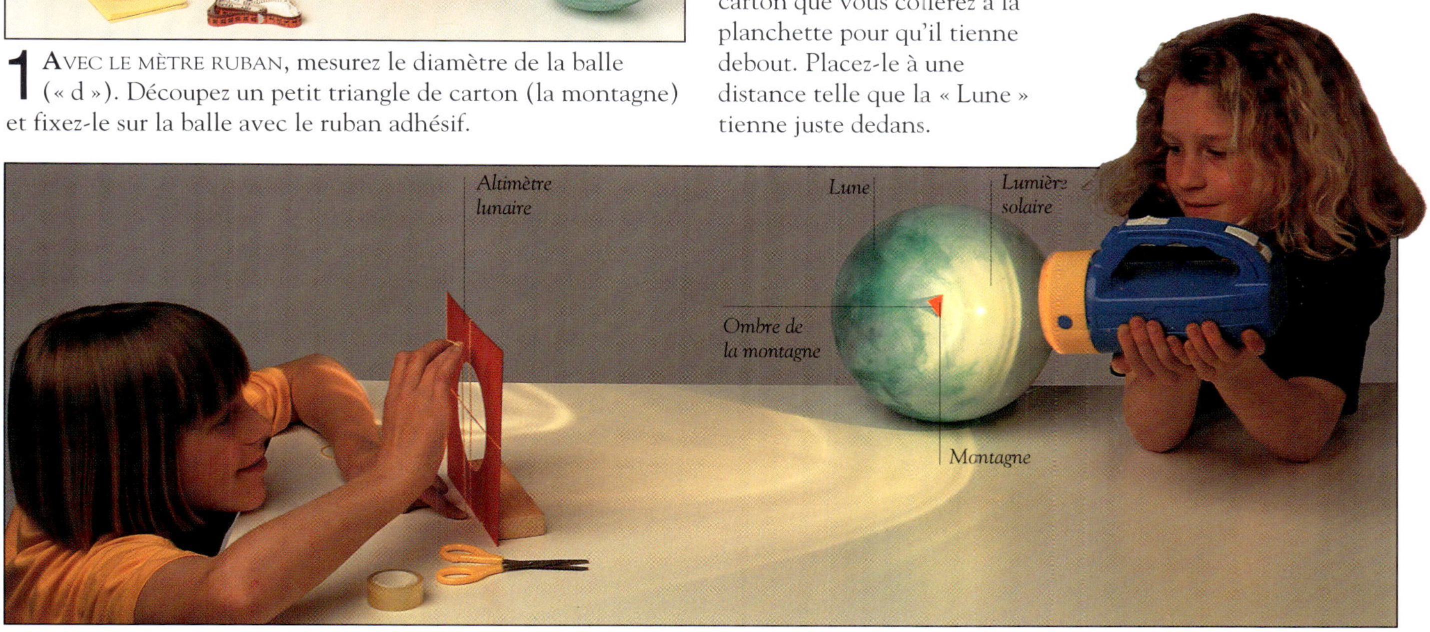

Formule magique
Placez deux autres fils verticaux, l'un marquant le sommet de la montagne (« M »), l'autre l'extrémité de l'ombre (« O »). Mesurez en millimètres les distances « l » de M à L et « o » de M à O. La hauteur (« h ») de la montagne est donnée par la formule : h = o x l x d/5 000.

D'où vient la Lune ?

On ne sait pas très bien comment la Lune s'est formée et plusieurs théories s'affrontent. Les plus vraisemblables sont celles de la capture, de la séparation et de l'origine commune avec la Terre. La théorie la mieux acceptée aujourd'hui est celle de la collision avec un astre errant, dont les débris auraient fini par former la Lune. Mais il faudra retourner sur la Lune pour savoir de façon certaine laquelle de ces trois théories est la bonne.

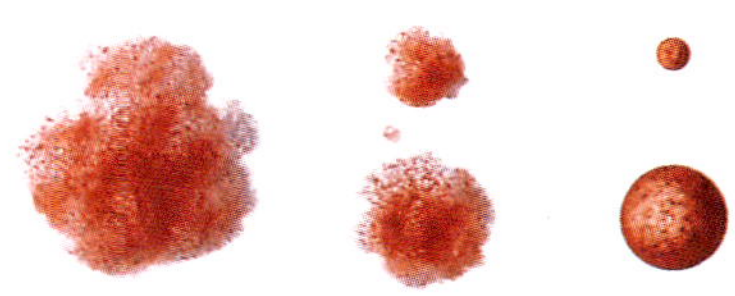

Origine commune
La Terre et la Lune se sont formées à partir d'un même nuage de débris cosmiques qui se serait effondré sur lui-même sous l'effet de la gravité.

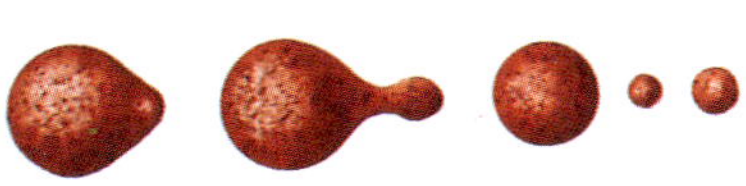

Théorie de la séparation
La Terre tourne si vite sur elle-même qu'un morceau s'en détache pour former la Lune et Mars – qui a fini par échapper à l'attraction terrestre.

Théorie de la capture
La Lune s'est formée dans une autre région du système solaire, puis a été « capturée » par l'attraction terrestre.

Collision cosmique
Un corps de la taille de Mars entre en collision avec la Terre. Les débris de la collision s'assemblent pour former la Lune.

Lune et pesanteur

LA GRAVITÉ (ou pesanteur) est la force qui fait tomber une balle sur le sol et maintient les planètes en orbite autour du Soleil ou la Lune autour de la Terre. Connaître cette force est indispensable pour calculer l'expansion de l'Univers ou la trajectoire d'une sonde spatiale. L'attraction entre la Terre et la Lune a un effet spectaculaire : les marées, qui sont causées par la combinaison de l'attraction gravitationnelle de la Lune et, à un moindre degré, de celle du Soleil. Tandis que la Terre tourne, la Lune attire les océans qui lui font face et ce gonflement se propage tout autour de la Terre. Chaque région océanique a ainsi deux marées par jour. La gravité de la Lune a aussi pour effet de ralentir la rotation terrestre : le résultat est que, dans très longtemps, un jour aura la même durée qu'un mois.

La Lune et les marées

L'attraction de la Lune s'exerce en tous les endroits de la Terre. Les océans qui font face à la Lune sont soumis à une force légèrement supérieure à laquelle ils répondent par un gonflement de la surface. À cause de la rotation de la Terre, les océans situés du côté opposé subissent aussi un gonflement. Quand le Soleil et la Lune sont alignés, les marées sont particulièrement hautes ; on les dit « de vive-eau ».

Marée basse
Quand la mer est à marée basse, c'est que l'attraction de la Lune provoque une marée haute à des milliers de kilomètres de là. Comme la Terre fait un tour en 24 heures, il y a deux marées basses par jour.

Marée haute
À marée haute, la Lune est soit au-dessus de vous, soit du côté opposé de la planète. Les plus fortes marées (de vive-eau et de morte-eau) s'observent toutes les deux semaines, quand le Soleil et la Lune sont alignés ou à angle droit l'un de l'autre.

EXPÉRIENCE

Mesurer l'accélération de la pesanteur

Dès que Isaac Newton (p. 38) comprit que la même force agissait sur une pomme qui tombe et sur la Lune, il essaya de calculer cette force. D'autres savants avaient déjà mesuré la vitesse de chute des corps, sans comprendre ce qu'était la gravitation, et avaient conclu que les corps accélèrent en tombant. Cette accélération (variation de vitesse) est la même pour tous les corps. Vous allez le vérifier en faisant tomber deux corps analogues mais de masses différentes.

La pesanteur en action
Demandez à un ami de tenir les balles aussi haut que possible, et de les lâcher exactement en même temps. Regardez bien. Les balles accélèrent-elles de la même façon ? Touchent-elles le sol en même temps ? Pour calculer l'accélération, utilisez la formule ci-dessous.

Calculer l'accélération de la pesanteur
Mesurez la hauteur « h » (en mètres) de laquelle les balles sont lâchées. Chronométrez le temps de chute trois fois de suite et faites la moyenne. Vous obtenez « t » secondes. La formule suivante va vous donner « g », l'accélération de la pesanteur : $g = 2h/t^2$. Il faut donc multiplier h par 2, puis diviser le résultat par t, et encore par t. Vous obtenez la valeur de g en mètres par seconde au carré.

IL VOUS FAUT
- *2 balles de tailles semblables mais de masses différentes*

EXPÉRIENCE

Un calendrier des marées

Si vous habitez près de la mer, vous savez que les marées ne se produisent pas à la même heure chaque jour. Si la mer est haute à 6 heures le matin, elle sera haute à 6 heures 25 le soir, et à 6 heures 50 le lendemain matin. Parce que les marées se déplacent en suivant la Lune dans sa trajectoire autour de la Terre, deux marées hautes sont séparées par un peu plus de 12 heures. Grâce à ce calendrier des marées qui indique en permanence la position de la Lune et celle du renflement des marées vous pourrez prédire exactement l'heure de la prochaine marée.

IL VOUS FAUT

- *Carton* • *Compas*
- *Peinture*
- *Pinceaux* • *Crayon*
- *Attache parisienne*
- *Ciseaux* • *Règle*

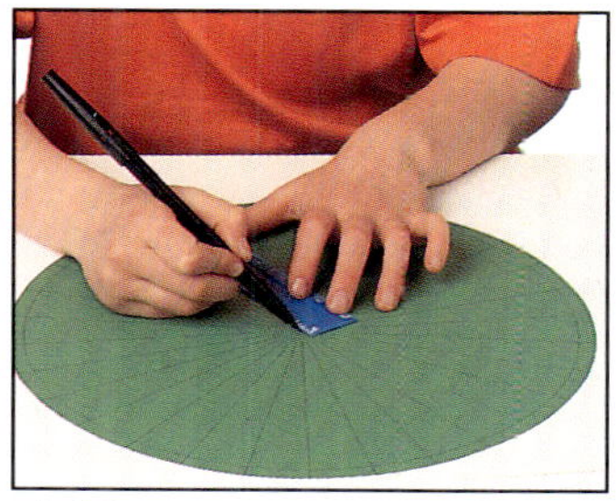

1 TRACEZ UN CERCLE de 28 cm de diamètre sur le carton. Découpez-le et divisez-le avec la règle en 30 parties égales numérotées de 1 à 30.

2 TRACEZ UN CERCLE de 5,5 cm de diamètre (la Terre). Dessinez une pointe de 14 cm de long, avec la Lune à 6 cm et le renflement des marées (voir ci-dessous).

3 DÉCOUPEZ LA POINTE et la Terre. Mettez la Terre par-dessus la pointe et fixez le centre au centre du disque gradué avec une attache parisienne. Assurez-vous que les pièces tournent librement.

4 PLACEZ LA LUNE en position « 1 ». L'attache représente le pôle Nord. Faites une marque au bord de la Terre et alignez-la avec le renflement des marées face à la Lune. Déplacez la Lune lentement dans le sens inverse des aiguilles d'une montre, et la Terre plus vite dans le même sens, de façon que la Lune se déplace d'une case quand la Terre fait un tour. À chaque tour, la Terre doit tourner d'une case supplémentaire pour retrouver une marée haute : deux marées hautes successives sont ainsi séparées de 50 mn de plus à chaque tour.

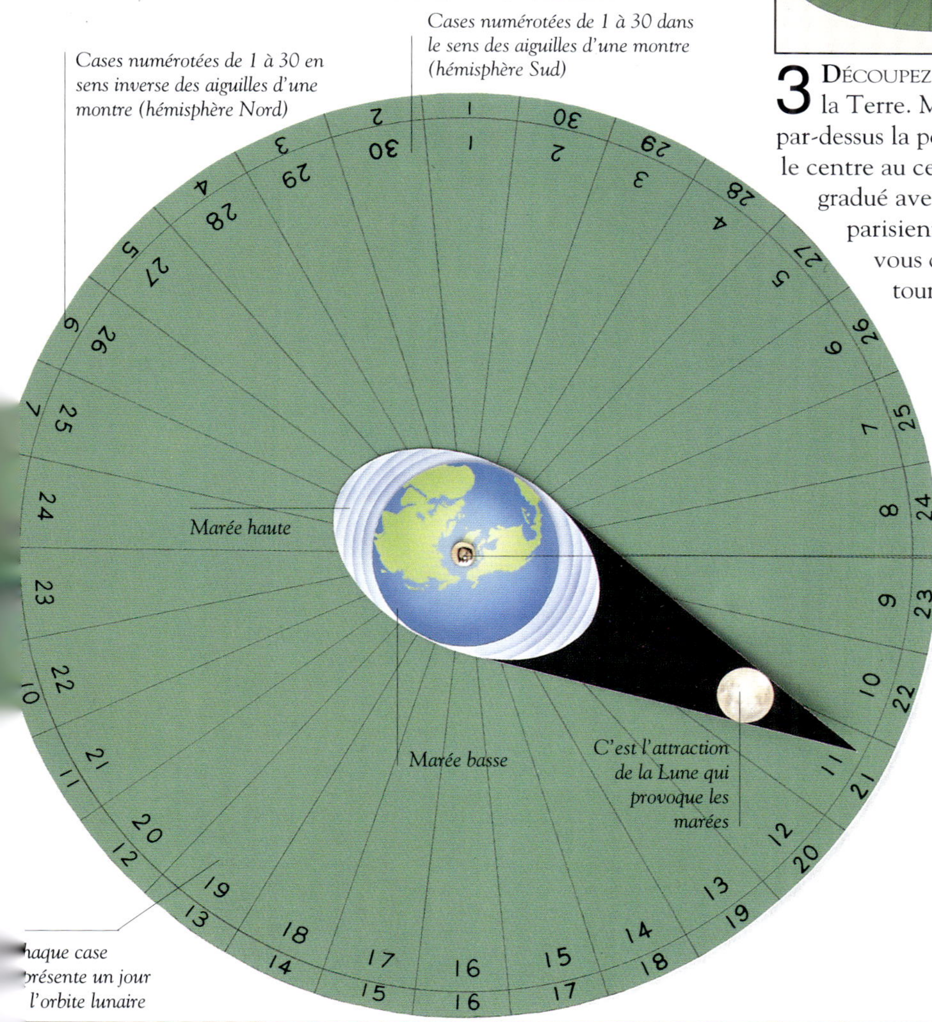

Utiliser le calendrier
Voilà à quoi doit ressembler votre calendrier terminé. Imaginez que vous soyez au point marqué sur la Terre. Où se trouvera la Lune à marée haute ? Où se trouvera-t-elle à marée basse ?

Sur la Lune

Le premier engin à atteindre la Lune fut la sonde soviétique *Luna 2*, qui s'y écrasa le 13 septembre 1959. Depuis, des douzaines de sondes ont été mises en orbite et ont aluni, avant que les missions *Apollo*, entre 1969 et 1972, ne débarquent des hommes sur la Lune. Douze astronautes américains ont alors travaillé, conduit une voiture et même joué au golf sur notre satellite. Pour procéder à leurs expériences scientifiques et ramasser des échantillons de sol, ils ont dû s'habituer à l'absence d'atmosphère, aux températures extrêmes et à la pesanteur six fois plus faible que sur la Terre. Le début du XXIe siècle verra sans doute l'installation de bases permanentes où des astronautes vivront pendant de longues périodes. Et ce n'est qu'un début. D'autres mondes seront explorés par la suite, Mars par exemple.

EXPÉRIENCE

La couleur des roches lunaires

Les roches lunaires, d'un brun-gris très sombre, ne reflètent que 7 % de la lumière. Les roches terrestres, elles, reflètent environ 30 % de la lumière qui les frappe. La Lune nous semble brillante car nous n'avons pas d'autre objet auquel la comparer. Si elle était faite de roches terrestres, elle serait plus brillante encore.

Il Vous Faut

- *Petits cailloux identiques*
- *Peinture* • *Pinceaux*
- *Lampe torche*

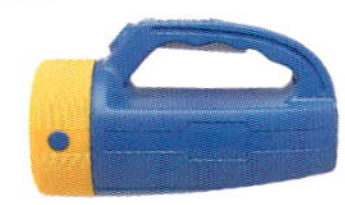

Les missions *Apollo*

Apollo 11 fut le premier vaisseau habité à alunir, le 21 juillet 1969. Neil Armstrong et Buzz Aldrin marchèrent sur la Lune tandis que Mike Collins resta en orbite. Lors des six missions *Apollo*, les astronautes mesurèrent le champ magnétique, l'activité sismique, rapportèrent 300 kg de roches lunaires et pilotèrent le *Lunar Roving Vehicle*. On voit ici John Young sauter devant le drapeau américain lors de la mission *Apollo 16*.

EXPÉRIENCE

Six fois plus léger

La masse de la Lune étant beaucoup plus faible que celle de la Terre, la pesanteur y est aussi plus faible. Tout ce qui se trouve à la surface de la Lune pèse six fois moins lourd que sur Terre.
Cette expérience va vous montrer ce qui se passerait si vous vous trouviez dans une cuisine lunaire, et les poids que vous pourriez y soulever.

Il Vous Faut

- *Des produits alimentaires liquides et solides. Demandez la permission avant de les prendre dans la cuisine.*

1 Prenez deux produits de chaque type dans leur emballage. Videz l'un des deux dans un récipient et ne laissez que le sixième de la quantité initiale dans l'emballage.

2 Soulevez en même temps le produit plein et le produit vidé pour voir la différence de poids sur la Lune. Vous y soulèveriez des poids six fois plus lourds que sur Terre !

1 DIVISEZ VOTRE TAS DE CAILLOUX en deux. L'un représente les roches terrestres, l'autre les roches lunaires. Peignez les cailloux de ce dernier tas en gris foncé.

2 DANS UNE PIÈCE SOMBRE, éclairez les deux tas avec la torche. En supposant que la torche soit le Soleil, vous pouvez constater que la Lune serait bien plus brillante qu'elle n'est si elle était constituée de roches terrestres.

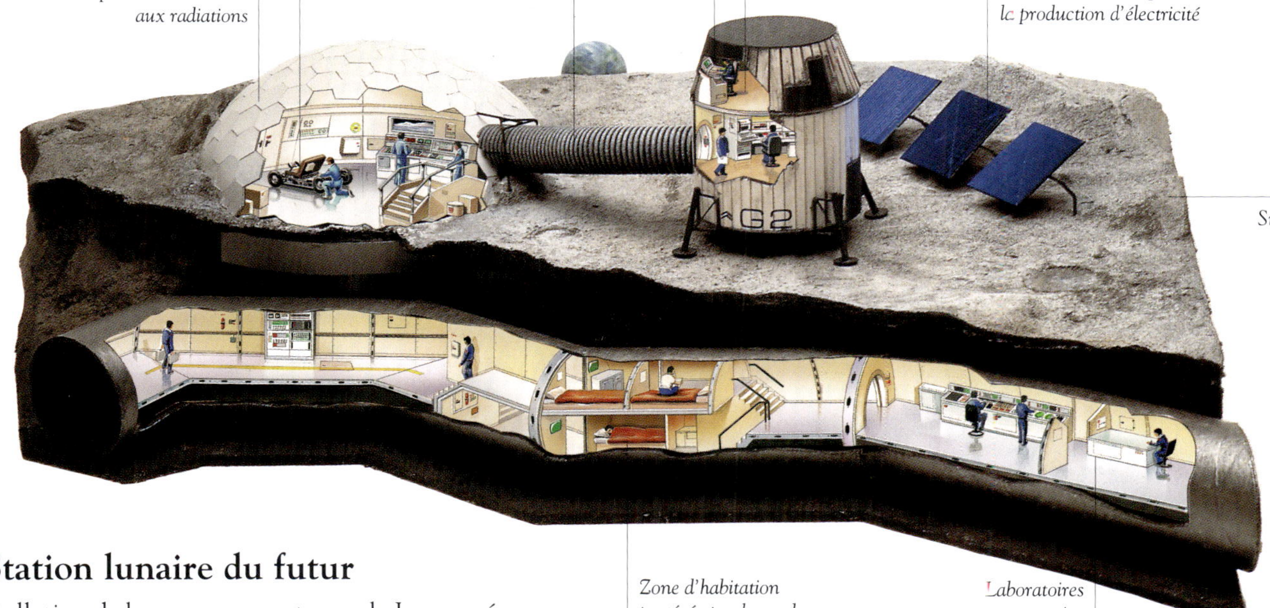

Station lunaire du futur

L'installation de bases permanentes sur la Lune, prévue pour le début du XXIe siècle, aura des buts autant scientifiques que commerciaux. Les roches lunaires sont riches en métaux – chrome, magnésium, manganèse et aluminium – utiles pour construire des vaisseaux spatiaux et la base elle-même. La faible pesanteur est idéale pour fabriquer des médicaments et des composants électroniques impossibles à obtenir sur Terre. L'absence d'atmosphère permet aux télescopes d'avoir une vue très claire sur le ciel et, sur la face cachée, les radiotélescopes seront à l'abri des signaux radio venus de la Terre. La plus grande partie de la base sera souterraine afin de protéger ses habitants des radiations solaires et des variations de température. On pourra y travailler sans combinaison spatiale avec une grande légèreté... puisque l'on y pèsera six fois moins lourd que sur Terre.

LE SYSTÈME SOLAIRE

Nos voisins de l'espace
À part Pluton, toutes les planètes du système solaire – et même une comète, que l'on voit ici frôler le Soleil – ont été visitées par des sondes spatiales comme Voyager (ci-dessus). Elles ont fait d'extraordinaires découvertes sur les planètes voisines de la nôtre

NEUF PLANÈTES, 66 satellites, des millions d'astéroïdes et des comètes tournent autour du Soleil et constituent le système solaire. Les sondes *Voyager* ont révélé la fantastique diversité des planètes – depuis les épais nuages de Vénus jusqu'aux majestueux anneaux de Saturne.

LA FAMILLE PLANÉTAIRE

LE SYSTÈME SOLAIRE EST CONSTITUÉ de corps bien différents. Une étoile ordinaire, le Soleil ; les planètes Mercure, Vénus, Terre, Mars, Jupiter, Saturne, Uranus, Neptune et Pluton ; plus de 60 satellites ; et des millions de roches et de poussières datant de la formation du Soleil et des planètes, il y a 4,6 milliards d'années.

Deux planètes
Sur cette photo, Vénus (en haut) et Mercure (le petit point en bas) encadrent la Lune peu après le coucher du Soleil. Les planètes ne sont visibles qu'à certaines périodes du mois. Pour savoir quand, consultez les éphémérides ou les magazines d'astronomie.

Le Soleil est de loin le corps le plus important de notre petit coin d'Univers, puisqu'il est presque 1 000 fois plus gros que toutes les planètes réunies. Sa masse est si grande que les réactions nucléaires qui le font briller ont pu s'amorcer (p. 99). Les planètes, elles, n'émettent pas de lumière ; elles ne font que réfléchir la lumière solaire. L'homme connaît depuis longtemps cinq planètes (« vagabonds » en grec) facilement repérables car leurs positions changent par rapport aux étoiles, ce qui implique qu'elles sont assez proches de la Terre. Il y a 1 500 ans, l'astronome grec Ptolémée enseignait que les planètes, la Lune et le Soleil tournaient autour de la Terre, le centre de l'Univers. Le moine polonais Nicolas Copernic, en 1543, montra que la Terre et les planètes tournent autour du Soleil. Le physicien italien Galilée, qui fut l'un des premiers à observer le ciel, prouva qu'il avait raison 70 ans plus tard en observant les planètes avec la lunette astronomique qui venait d'être inventée. Trois autres planètes, plus éloignées, ont été découvertes par la suite : Uranus, Neptune et Pluton. Toutes les planètes n'ont longtemps été visibles que comme de petits disques dans les télescopes. Grâce à l'exploration spatiale, on a davantage appris sur les planètes ces trente dernières années que dans les 2 000 ans précédents. Depuis 1962, les sondes spatiales ont survolé (et parfois atterri sur) toutes les planètes – sauf Pluton, que l'on projette d'explorer prochainement. Comme ce fut le cas lors des grands voyages d'exploration de la Renaissance, les sondes nous font découvrir des mondes entièrement nouveaux.

Neptune est là !
En 1845, l'Anglais Adams calcula, en même temps que le Français Le Verrier, qu'une huitième planète se trouvait au-delà d'Uranus.

Les planètes internes

Mercure, toute proche du Soleil, est couverte de cratères dus aux bombardements de météorites. Vénus est enveloppée d'une atmosphère cent fois plus épaisse que la nôtre et constituée de gaz carbonique – un gaz qui retient la chaleur. En conséquence, la température à sa surface atteint 465 °C, un record dans le système solaire. Mars, en revanche, plus éloignée du Soleil que de la Terre, subit une époque glaciaire. L'eau qui a coulé à sa surface par le passé, et peut-être rempli des océans, est présente dans le sol sous forme de glace. Mars possède une fine atmosphère, des calottes glaciaires et des marques sombres que l'on a pris jadis pour de la végétation. La sonde *Viking*, qui y a atterri en 1976, n'y a trouvé aucune trace de vie. De fait, Mars est dépourvue de la couche d'ozone qui, sur Terre, nous protège des radiations solaires nocives. Même si la vie s'y développait, elle disparaîtrait aussitôt.

Les planètes géantes

Les planètes internes sont séparées des planètes externes – ou géantes – par une zone où les astéroïdes sont abondants.

Chercheur de planètes
Clyde Tombaugh est le seul homme à avoir découvert une planète au XXe siècle. Il trouva Pluton lorsqu'il travaillait, en 1930, à l'observatoire Lowell en Arizona.

L'atmosphère de Vénus
L'effet de serre sur Vénus est amplifié par l'abondance du gaz carbonique dans l'atmosphère. Fabriquez une atmosphère vénusienne avec un pot de confiture exposé au Soleil (p. 67).

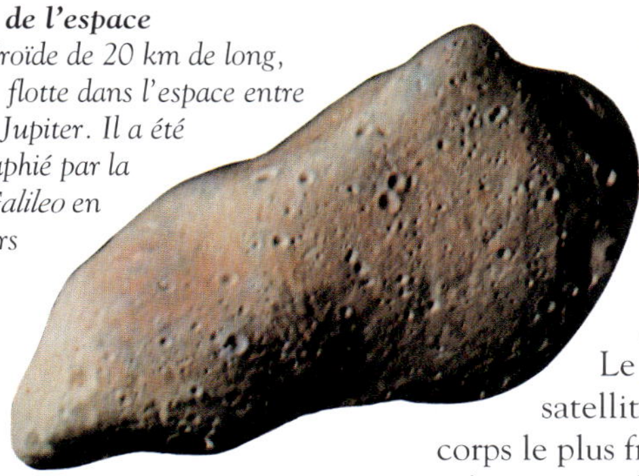

Caillou de l'espace
Cet astéroïde de 20 km de long, Gaspra, flotte dans l'espace entre Mars et Jupiter. Il a été photographié par la sonde Galileo en route vers Jupiter.

Les planètes géantes sont gazeuses et ne peuvent accueillir aucune forme de vie. Même au voisinage de Jupiter, une ceinture de radiations (due aux particules électriquement chargées émises par le Soleil et capturées par le champ magnétique de Jupiter) peut causer de grands dommages aux sondes spatiales. L'atmosphère est agitée de violents orages et l'un des satellites, Io, possède un grand nombre de volcans en activité.

Toutes les planètes géantes possèdent des anneaux, mais ceux de Saturne sont les plus spectaculaires. Ils sont constitués de cailloux et de glace en orbite autour de la planète. Parmi les satellites de Saturne, Titan a une atmosphère plus dense que celle de la Terre et il n'est pas exclu qu'on y trouve une forme de vie primitive. Au-delà de Saturne, la verte Uranus et Neptune la bleue semblent deux mondes jumeaux. Mais Neptune est plus chaude et plus active qu'Uranus.

Parmi ses nuages bleus flotte une tache sombre : un orage permanent aussi gros que la Terre. Le plus gros de ses huit satellites, Triton, est le corps le plus froid du système solaire, mais il s'y produit des phénomèmes volcaniques. Charon, le satellite de Pluton, fait plus de la moitié de la taille de « sa » planète.

Tous deux font peut-être partie d'un essaim de petits corps situés aux confins du système solaire.

Les planètes géantes sont constituées des corps chimiques les plus abondants dans l'Univers, l'hydrogène, l'hélium et l'eau. Plus près du Soleil, ces gaz ont été vaporisés pour ne laisser que des planètes rocheuses.

Débris planétaires

Le système solaire ne s'arrête pas à Pluton et Neptune. Les comètes se trouvent dans une gigantesque sphère englobant les planètes et s'étendant jusqu'à mi-distance de l'étoile la plus proche.

Messagers du ciel
Les comètes ont toujours fasciné les hommes. Celles que l'on voit sur ces images anciennes les ont aussi effrayés. On a longtemps pensé qu'elles annonçaient l'apocalypse.

Il arrive qu'un de ces « icebergs cosmiques » tombe vers le Soleil et donne un extraordinaire spectacle lorsque ses couches externes s'évaporent lors du passage près de notre étoile. On trouve d'autres débris dans la ceinture d'astéroïdes, entre Mars et Jupiter. Des astéroïdes s'en échappent parfois pour venir s'écraser sur la Terre sous forme de météorites. C'est en datant ces météorites que l'on a calculé l'âge du système solaire : 4,6 milliards d'années. À cette époque, un nuage de gaz et de poussières s'est effondré sur lui-même en donnant un disque au centre duquel s'est allumé le Soleil. Le reste du nuage s'est assemblé en astéroïdes qui, par collision, ont donné les planètes. Ces dernières sont donc des sous-produits de la formation du Soleil.

Météorite
Cette météorite, vue en coupe, est tombée il y a 20 000 ans.

Les astronomes espèrent trouver d'autres planètes autour d'autres étoiles, mais cette recherche est difficile car les planètes sont indiscernables dans l'éclat lumineux d'une étoile. Essayez de voir les papillons de nuit autour d'un lointain réverbère ! Pourtant, ils ont identifié des systèmes planétaires en formation autour d'étoiles jeunes. Il est en tout cas probable qu'il existe quantité de planètes ailleurs dans l'Univers.

Petites planètes
Ce curieux appareil, un « planétaire », montre la façon dont les planètes tournent autour du Soleil.

Jupiter dévoilée
La sonde Galileo a été conçue pour explorer Jupiter. Elle restera en orbite et larguera une petite sonde dans l'atmosphère.

L'échelle du système solaire

LES NEUF PLANÈTES du système solaire sont de tailles très diverses, la Terre se situant dans la moyenne. Nos trois voisines, Mercure, Vénus et Mars, sont des planètes rocheuses comme la Terre, mais plus petites. La plus petite de toutes, Pluton, est une boule de glace. Les quatre « géantes gazeuses » (Jupiter, Saturne, Uranus et Neptune) sont surtout constituées de gaz et d'eau. À l'origine, elles n'étaient guère plus grosses que la Terre mais leur forte gravité leur a permis d'attirer les gaz qui se trouvaient dans le grand nuage entourant le Soleil en formation. Elles sont ainsi devenues géantes par rapport aux autres planètes.

EXPÉRIENCE

La taille des planètes

Depuis la Terre, il est difficile d'apprécier la dimension des autres planètes. Savez-vous qu'il faudrait 1 300 Terres pour faire une planète comme Jupiter ? Avec quelques fruits, vous pouvez évaluer ces différences. Si vous ne trouvez pas les fruits nécessaires, utilisez d'autres objets de tailles semblables.

IL VOUS FAUT

- *Grains de poivre (Mercure, Pluton, Mars)*
- *Petits pois (Vénus, la Terre)*
- *Prunes (Uranus, Neptune)*
- *Pamplemousse (Jupiter)*
- *Grosse orange (Saturne)*

Des mondes dans vos mains
Soupesez et comparez chacun des neuf fruits-planètes de votre système solaire. Combien de Plutons faudrait-il pour faire un Jupiter ? Et combien pour faire une Terre ?

EXPÉRIENCE

Un système solaire à l'échelle

Ce modèle de système solaire va vous montrer les tailles respectives des différentes planètes. Le Soleil, centre du système solaire, ne peut être représenté à l'échelle : il faudrait un disque de 4 m de diamètre ! Souvenez-vous aussi que les couleurs réelles des planètes ne sont pas celles montrées ici.

Diamètres des « planètes »	
Mercure (rose)	*1 cm*
Vénus (orange)	*4 cm*
La Terre (bleu clair)	*4 cm*
Mars (rouge)	*2 cm*
Jupiter (jaune)	*48 cm*
Saturne (rouge vif)	*38 cm*
Uranus (bleu foncé)	*20 cm*
Neptune (vert)	*20 cm*
Pluton (violet)	*8 mm*

3 ASSEMBLEZ les deux moitiés de chaque planète. Les deux disques doivent être à angle droit.

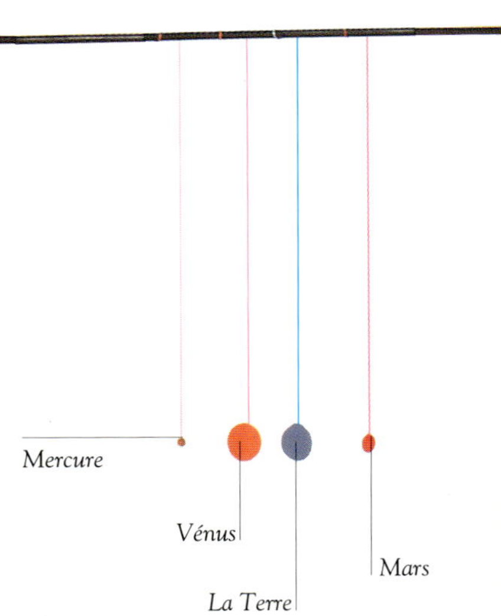

Les planètes internes
Demandez à un ami de tenir l'autre bout de la baguette. Vous pouvez maintenant comparer les tailles des planètes. Ce modèle ne montre pas les distances réelles entre les planètes. Avec des planètes de cette taille, il faudrait une baguette de plusieurs kilomètres de long !

Il Vous Faut

- *Carton* • *Règle*
- *Fil* • *Compas*
- *Crayon* • *Ciseaux*
- *Épingles à dessin*
- *Longue baguette*

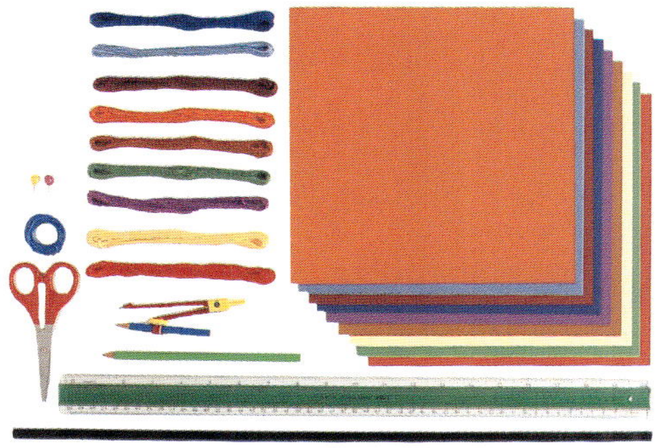

1 Tracez deux cercles pour chaque planète (voir les diamètres page précédente) avec le compas ou une ficelle.

2 Découpez les 18 cercles et coupez une moitié de diamètre de chacun d'eux, de façon à pouvoir les emboîter l'un dans l'autre.

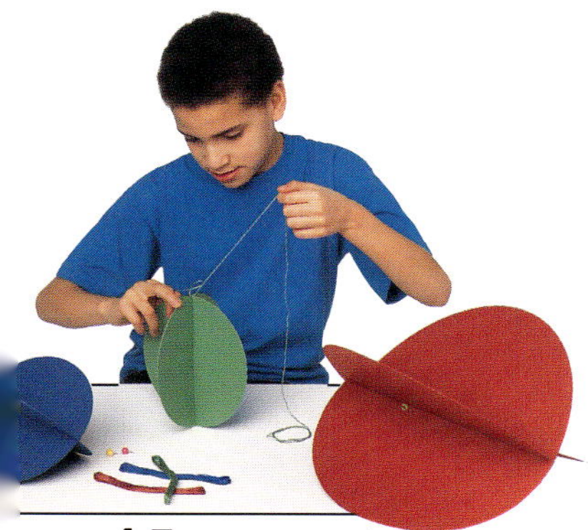

4 Faites un petit trou avec une épingle à dessin en haut de chaque planète et passez-y un bout de fil.

5 Attachez les fils à la baguette dans l'ordre ci-dessous. Laissez assez d'espace entre elles pour qu'elles ne se touchent pas.

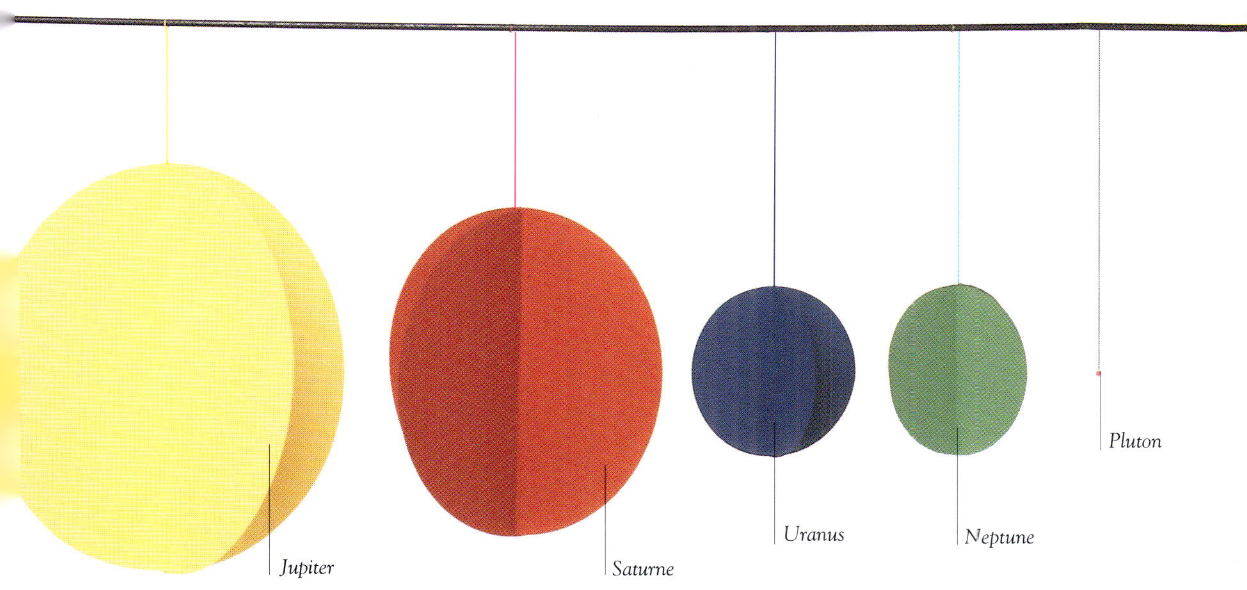

Les planètes en chiffres	*Mercure*	*Vénus*	*La Terre*	*Mars*	*Jupiter*	*Saturne*	*Uranus*	*Neptune*	*Pluton*
Distance au Soleil en millions de km	57,9	108,2	149,6	227,9	778	1 426	2 871	4 497	5 913
Masse (Terre = 1)	0,055	0,81	1	0,11	318	95	15	17	0,002
Densité (eau = 1)	5,4	5,2	5,5	3,9	1,3	0,7	1,3	1,6	2,0
Diamètre en kilomètres	4 878	12 103	12 756	6 786	142 984	120 536	51 118	49 528	2 284
Pesanteur (Terre = 1)	0,38	0,9	1	0,38	2,54	0,9	0,8	1,1	0,04

La valse des planètes

TOUTES LES PLANÈTES tournent autour du Soleil, comme la Terre. Le mot « planète » vient d'ailleurs du mot grec signifiant « vagabond » car les planètes sont toujours en mouvement et décrivent des ellipses autour du Soleil. Leur vitesse dépend de leur distance au Soleil. Comme elles se déplacent par rapport aux étoiles, il n'est pas possible de les placer sur une carte du ciel. Pour connaître leurs positions, il faut consulter les éphémérides ou les magazines d'astronomie.

Mouvement rétrograde

Il arrive que certaines planètes situées au-delà de la Terre se mettent à reculer avant de reprendre leur direction initiale. Ce mouvement « rétrograde » se produit lorsque la Terre dépasse une planète plus lente, mais cette dernière a en fait un mouvement parfaitement régulier. Cette photo à long temps de pose, prise dans un planétarium, montre la « boucle » que semble décrire, vue de la Terre, la planète Mars.

EXPÉRIENCE

Planètes en mouvement

La vitesse avec laquelle les planètes décrivent leur orbite dépend de leur distance au Soleil. Mercure, la plus proche du Soleil, est la plus rapide car elle doit lutter contre l'attraction de notre étoile. Pluton, la plus éloignée du Soleil, va beaucoup plus lentement. Pour accomplir une révolution autour du Soleil, il lui faut 248 années terrestres.

IL VOUS FAUT

- *Plaque de polystyrène*
- *Compas*
- *Crayons de couleur*
- *Papiers de couleur*
- *Piques à cocktail*
- *Ciseaux*
- *Ruban adhésif*

Durée d'une révolution

Mercure	*3 mois*
Vénus	*7 mois*
Terre	*12 mois*
Mars	*23 mois*
Jupiter	*142 mois*
Saturne	*354 mois*
Uranus	*1 008 mois*
Neptune	*1 978 mois*
Pluton	*2 976 mois*

1 AVEC LE COMPAS (ou un crayon et une ficelle fixée avec une punaise), dessinez le Soleil et 9 cercles concentriques de couleurs différentes.

2 MARQUEZ AUTANT DE POINTS sur chaque orbite qu'il y a de mois dans le tableau ci-dessus. Pour les planètes externes, faites simplement 12 points.

3 FAITES UN DRAPEAU de couleur pour chaque orbite en découpant un triangle de papier et en le fixant à une pique à cocktail.

■ DÉCOUVERTE ■

Johannes Kepler

Le mathématicien allemand Johannes Kepler (1571-1630) a découvert les trois lois qui régissent les mouvements des planètes : les orbites sont des ellipses ; une planète va plus vite lorsqu'elle est plus proche du Soleil ; la durée d'une révolution dépend de sa distance au Soleil. Un demi-siècle plus tard, Isaac Newton montrera que cela résulte de la loi d'attraction universelle.

4 Placez chaque drapeau sur un point (sur le premier point pour les cercles externes). Déplacez-les chacun d'un point, tour à tour et dans le sens inverse des aiguilles d'une montre, jusqu'à 12. Lesquels ont fait plus d'un tour ? Lequel fait exactement un tour ?

EXPÉRIENCE

Comment tournent les planètes

Vu depuis la Terre, le mouvement de certaines planètes semble parfois changer de direction – un effet appelé mouvement rétrograde (voir page précédente). Cette expérience, à faire si possible avec un ami plus grand que vous, montre ce phénomène. Vous serez la Terre et votre ami l'autre planète. Le poteau représente le Soleil. Attachez-y votre corde pour qu'elle puisse tourner librement, et celle de votre ami un peu plus haut. Maintenant, tournez tous deux dans le même sens, mais vous, deux fois plus vite que lui.

Il Vous Faut
- *Deux cordes*
- *Un poteau*

La course des planètes
Vous, la « Terre », tournez plus vite que la « planète » externe. Cette dernière a donc davantage de chemin à parcourir pour accomplir une révolution, mais elle subit une attraction plus faible de la part du Soleil et va plus lentement. Remarquez que quand vous dépassez votre ami, celui-ci, par rapport à vous, semble reculer !

Mercure

MERCURE, la planète la plus proche du Soleil, accomplit une révolution en seulement 88 jours terrestres, près de quatre fois moins de temps que la Terre. Mais en dépit de cette vitesse record, Mercure tourne si lentement sur elle-même qu'un jour y est plus long qu'une année. Mercure est la deuxième plus petite planète du système solaire. Son diamètre est le tiers de celui de la Terre ; seule Pluton est plus petite. Elle possède un noyau de fer qui génère un champ magnétique. La sonde *Mariner 10* qui l'a visitée en 1974 a trouvé une planète couverte de cratères et pratiquement dépourvue d'atmosphère – comme la Lune. La température de surface y varie entre 450 °C le jour et –170 °C la nuit.

EXPÉRIENCE

Une orbite elliptique

Toutes les planètes décrivent des orbites elliptiques autour du Soleil, mais l'orbite de Mercure est particulièrement allongée. Essayez de dessiner des ellipses plus ou moins allongées.

IL VOUS FAUT

- *Plaque de polystyrène* • *Fil de 35 cm* • *Punaises*
- *Crayon* • *Règle*

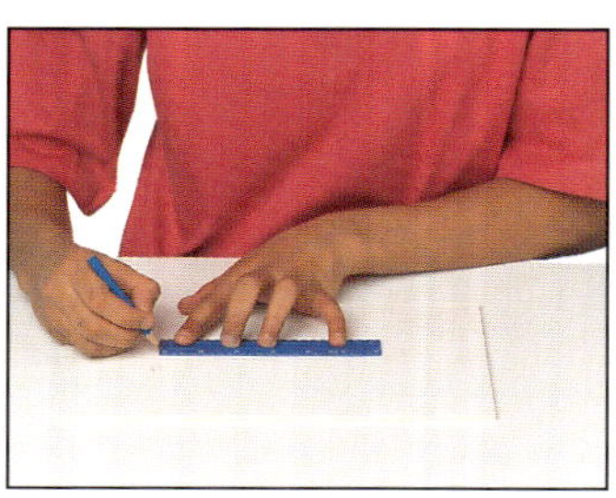

1 TRACEZ UNE LIGNE de 12 cm de long sur la plaque. Plantez une punaise à chaque extrémité. Nouez le fil pour faire une boucle.

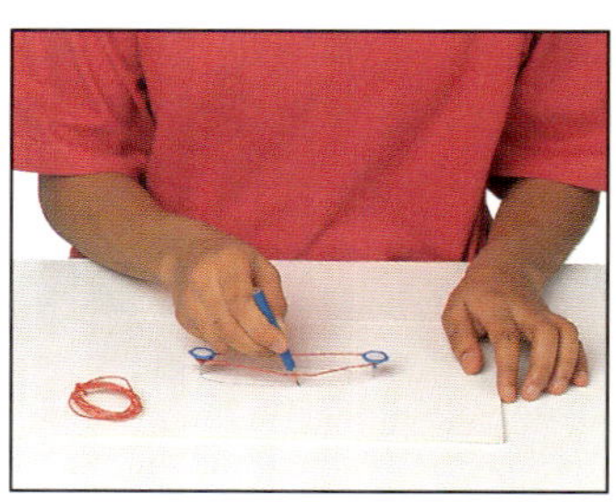

2 PASSEZ LA BOUCLE autour des punaises. Étirez le fil avec le crayon et faites le tour des deux punaises : vous avez une ellipse.

EXPÉRIENCE

Lumineux comme le Soleil vu de Mercure

Sur Mercure, très proche du Soleil, notre étoile est très brillante –, exactement neuf fois plus brillante que vue depuis la Terre. Pourtant, Mercure n'est que trois fois plus proche de la Terre et le Soleil n'y paraît que trois fois plus gros. Cela est dû à ce que l'éclat d'une source décroît comme le carré de la distance. Vous pouvez le vérifier avec deux lampes. Placez-en une à 1 m de vous, et l'autre à 3 m. Découpez deux trous de 3 cm dans deux morceaux de carton, recouvrez-les de papier calque et mettez-les devant les lampes.

IL VOUS FAUT

- *2 lampes (avec les mêmes ampoules)*
- *Papier calque* • *Ciseaux*
- *Règle*
- *Ruban adhésif*
- *Pâte à modeler*
- *2 morceaux de carton*
- *2 baguettes*

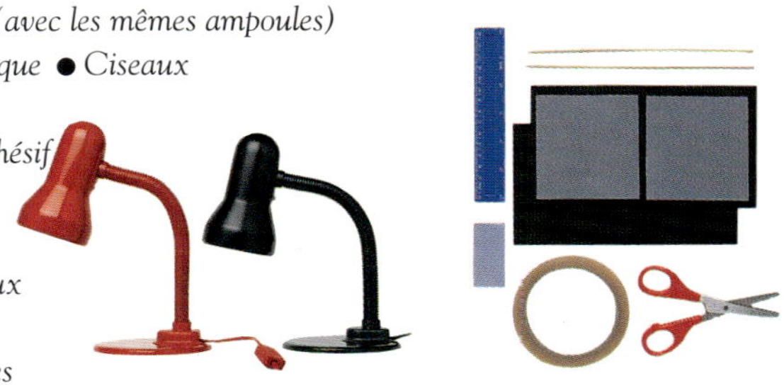

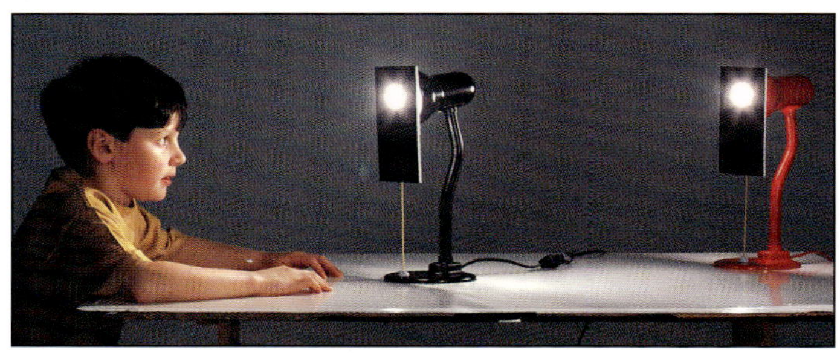

Plus près, beaucoup plus brillant
Faites tenir les cartons avec les baguettes et la pâte à modeler. Faites l'obscurité et allumez les lampes. Comparez les dimensions et les éclats.

■ DÉCOUVERTE ■

Einstein et la relativité

Au cours du XIXe siècle, les astronomes ont remarqué que l'orbite de Mercure variait légèrement avec le temps. Cela resta inexplicable jusqu'en 1915, quand Albert Einstein proposa sa théorie de la relativité générale. Pour une planète très proche du Soleil, la théorie prévoit très précisément le mouvement de l'orbite observé. Ce fut la première confirmation de la relativité générale.

EXPÉRIENCE

Pourquoi un jour sur Mercure est plus long qu'une année

Sur Mercure, le temps qui s'écoule entre midi et le midi suivant (un jour) est plus long que la durée d'une révolution autour du Soleil (un an). Cette expérience vous montre pourquoi. La balle représente Mercure et la pâte à modeler une chaîne de montagnes.

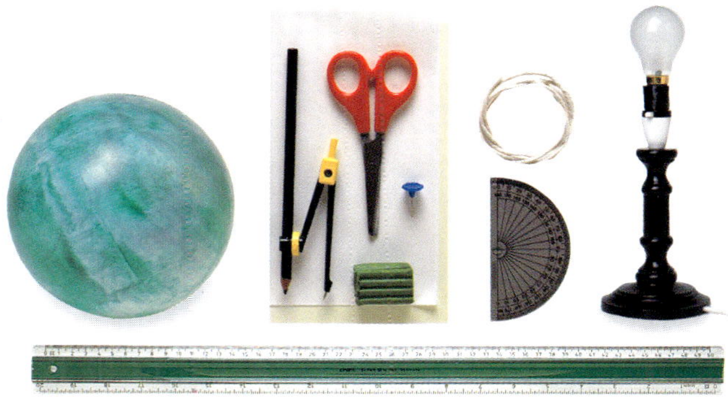

IL VOUS FAUT

● *Une lampe de 40 W* ● *Papier* ● *Carton* ● *Épingle à dessin* ● *Fil* ● *Rapporteur* ● *Règle* ● *Balle* ● *Pâte à modeler* ● *Ciseaux* ● *Crayon* ● *Compas*

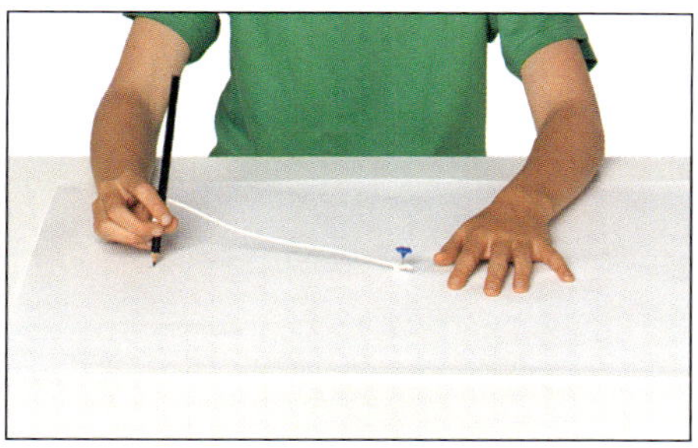

1 ATTACHEZ LE FIL au bout du crayon et fixez l'autre extrémité avec l'épingle à dessin. Tracez un cercle. Il représente l'orbite de Mercure.

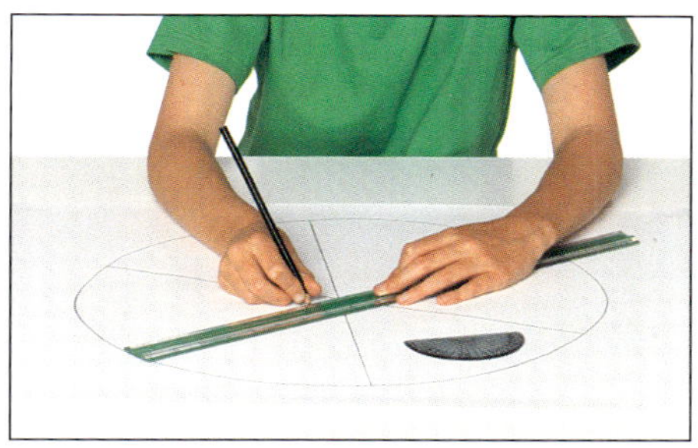

2 DIVISEZ LE CERCLE en six parties égales. Utilisez pour cela le rapporteur. Tous les angles des secteurs doivent valoir 60°.

3 COLLEZ UN LONG MORCEAU de pâte à modeler sur la balle. Puis découpez 12 disques de carton avec une bosse, représentant la balle et la pâte à modeler.

4 PLACEZ LA LAMPE au milieu du cercle et éteignez les lumières de la pièce. Placez une carte au bord du cercle, sur un des six rayons. Mettez la balle dessus, la chaîne de montagnes vers la lampe. Hachurez sur la carte la partie sombre de Mercure. Répétez cela cinq fois en tournant dans le sens inverse des aiguilles d'une montre, et en tournant à chaque fois la carte et la balle d'un quart de tour dans ce même sens.

5 VOUS AVEZ ACCOMPLI une révolution. S'est-il écoulé un jour sur Mercure ? Faites une deuxième révolution en posant les cartes sur les précédentes. Vous pouvez maintenant rallumer les lumières et observer les cartes. Est-ce que Mercure a fait un tour complet ?

Placez les cartes sur l'orbite de Mercure

Vénus

BIEN QU'ELLE AIT une taille voisine de celle de la Terre, Vénus ne ressemble guère à notre planète.

C'est une planète où règnent des conditions infernales. Son atmosphère est constituée de gaz carbonique irrespirable exerçant une pression égale à 90 fois celle de l'atmosphère terrestre. L'atmosphère vénusienne piège la chaleur solaire, ce qui élève sa température à 465 °C, une température si élevée que la surface de Vénus est rendue lumineuse. Vénus possède d'énormes volcans et des lacs de lave cachés aux télescopes optiques par d'épais nuages d'acide. Sur Vénus, vous seriez simultanément étouffé, écrasé, rôti et rongé par l'acide !

Vu au radar
Les astronautes ne pouvant aller sur Vénus, on y envoie des ondes radar. En mesurant le temps qu'elles mettent pour se réfléchir sur la surface, on peut reconstituer l'aspect de cette surface. Cette image de Maat Mons, un volcan vénusien de 8 km de hauteur, a été faite par ordinateur à partir des mesures radar de la sonde Magellan.

EXPÉRIENCE

Une carte radar

Vénus étant recouverte de nuages, la seule façon de voir le relief de sa surface est d'utiliser des ondes radio. Celles qu'émettent les radars traversent l'atmosphère et se réfléchissent sur le sol. Elles permettent aux astronomes de déterminer l'altitude et l'étendue des reliefs. Faites vous-même une carte radar d'un paysage inconnu avec un fil et une gomme qui tiendront lieu d'ondes radio.

IL VOUS FAUT
- *Jeu de construction*
- *Grande feuille de carton*
- *Règle*
- *Feutres*
- *Fil*
- *Gomme*

1 DEMANDEZ À UNE AMIE de faire un paysage avec le jeu de construction. Ne regardez pas.

2 DESSINEZ SUR LE CARTON une grille avec des carreaux de 5 cm de côté. Demandez à votre amie de placer le carton devant son paysage.

3 ATTACHEZ LA GOMME à un fil d'environ 50 cm. Sans regarder derrière le carton, abaissez la gomme jusqu'à ce qu'elle touche le paysage.

4 EN GARDANT LA MÊME LONGUEUR de fil, passez la gomme et le fil de l'autre côté du carton et marquez la position de la gomme.

Vénus voilée
Une épaisse couverture de nuages voile la surface de Vénus sur cette photo prise par la sonde Pioneer Venus Orbiter. Les nuages sont constitués d'acide sulfurique et réfléchissent si bien la lumière que Vénus est la plus brillante des planètes. L'étude de l'atmosphère de Vénus nous a appris beaucoup sur notre propre atmosphère.

EXPÉRIENCE

L'effet de serre

Montez deux thermomètres sur du carton avec de la pâte à modeler et mettez-les au soleil, l'un d'eux dans un pot de confiture tapissé de papier d'aluminium. Comparez les températures au bout d'une heure. La différence est due à l'effet de serre : le verre du pot piège la chaleur solaire comme le fait l'atmosphère de Vénus.

IL VOUS FAUT

● *2 thermomètres* ● *Carton* ● *Pâte à modeler* ● *Papier d'aluminium* ● *Pot de confiture*

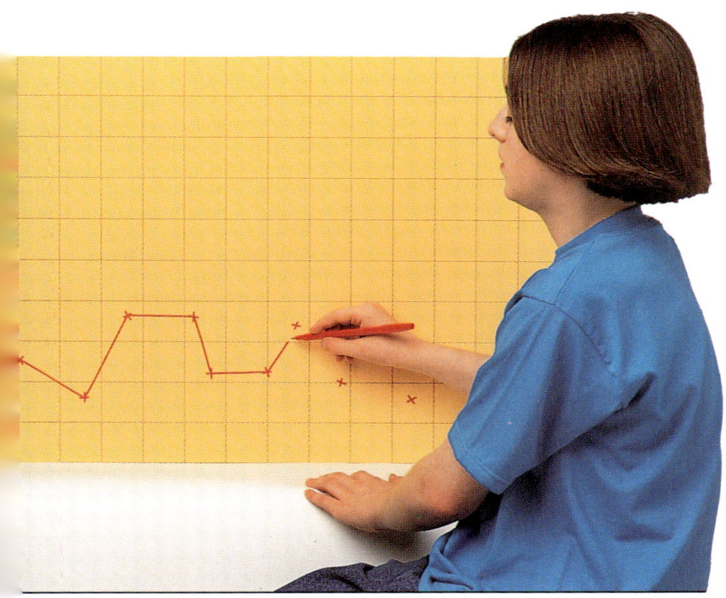

5 RECOMMENCEZ UN PEU PLUS LOIN les étapes 3 et 4 jusqu'à ce que vous ayez une dizaine de points. Reliez ces points. Sans voir le paysage, vous venez d'en créer une carte « radar ». Comparez le profil obtenu avec celui du paysage.

EXPÉRIENCE

Les phases de Vénus

Comme la Lune, Vénus présente des phases. Ce phénomène a été remarqué par Galilée, le premier à observer Vénus à la lunette. Vous pouvez les observer vous-même avec des jumelles ou une lunette astronomique, ou bien procéder à cette petite expérience.

L'aide d'un adulte est recommandée

IL VOUS FAUT

● *Plaque de polystyrène* ● *Compas* ● *Ciseaux* ● *Petite ampoule* ● *Pile* ● *2 fils et pinces « croco »* ● *Balle* ● *Pique à cocktail* ● *Tournevis*

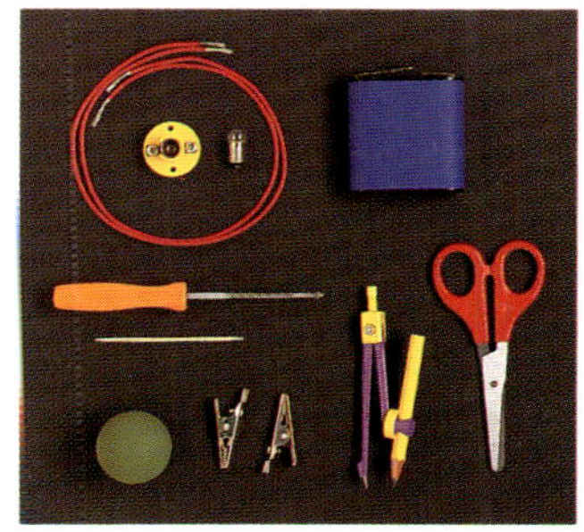

1 AVEC LE COMPAS, tracez un cercle de 15 cm de diamètre sur la plaque. Découpez-le soigneusement avec les ciseaux.

2 FAITES UN PETIT TROU au centre du disque pour y insérer l'ampoule. Branchez les fils avec les pinces « croco ».

3 FAITES UN PETIT TROU dans la balle et mettez-y la pique à cocktail. Enfoncez la pique au bord du disque pour que la balle tienne droite.

4 FAITES L'OBSCURITÉ et branchez l'ampoule. Faites tourner doucement la balle (Vénus) autour de l'ampoule (le Soleil) pour observer les phases.

Mars

ALORS QU'ELLE EST DEUX FOIS plus petite que la Terre, Mars – la planète rouge – possède un volcan trois fois plus haut que l'Everest et un gigantesque canyon qui pourrait engloutir les Alpes. Ses deux satellites sont sans doute des astéroïdes capturés (p. 152). Plus éloignée du Soleil que la Terre, Mars est une planète froide : il y gèle presque en permanence. Au XIXe siècle, les astronomes ont cru y voir des canaux (p. 71) et certains en ont conclu qu'une vie intelligente – les fameux Martiens – existait sur Mars. Mais s'il y a bien eu de l'eau sur Mars, et peut-être même des océans, cette eau est aujourd'hui gelée dans le sol rouge et ne se trouve plus à l'état liquide.

Olympus Mons
Culminant au-dessus des fins nuages martiens, Olympus Mons est bien plus grand que tous les volcans terrestres : sa base couvre une surface plus grande que l'Espagne. Cette photo a été prise par une sonde Viking.

EXPÉRIENCE

Un volcan martien

Mars possède le plus grand volcan du système solaire, Olympus Mons. Il a pu atteindre son altitude record, 26 km, et son étendue, 600 km de diamètre, car la croûte de Mars est immobile. Sur Terre, la croûte est fragmentée en « plaques tectoniques » qui se déplacent. Lorsqu'un point chaud perce une plaque pour former un volcan, le volcan se déplace et ne peut donc atteindre l'altitude d'Olympus Mons. Comparez la taille d'Olympus Mons avec celle du plus grand volcan terrestre, le Mauna Kea de l'île d'Hawaï.

IL VOUS FAUT
- *Deux cartons (bleu et orange)*
- *Crayon* ● *Papier* ● *Ciseaux*
- *Règle* ● *Pâte à modeler* ● *Plâtre mélangé avec un pigment bleu et un pigment orange* ● *Vaporisateur*
- *Eau* ● *Balance* ● *Cuiller*
- *Peinture bleue* ● *Pinceau*

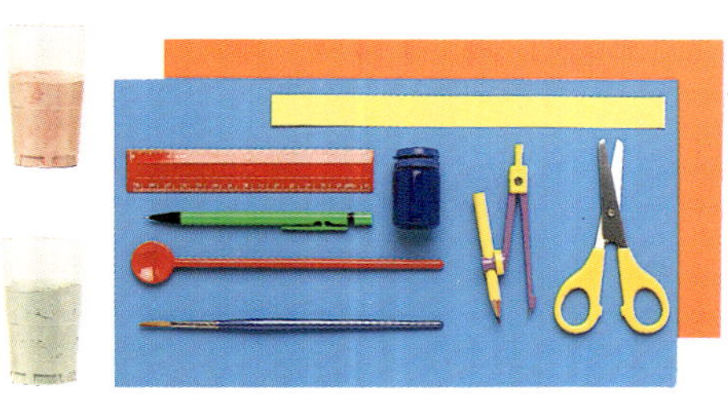

1 PESEZ LES DEUX CARTONS. Sur l'orange (Mars), tracez un cercle de 15 cm de rayon et sur le bleu (la Terre), un cercle de 5 cm.

2 POUR MARS, coupez une bande de papier de 12 mm ; pour la Terre, une de 5 mm. Faites-les tenir aux centres des cercles avec la pâte à modeler.

3 VERSEZ LES PLÂTRES colorés sur les bases en carton pour faire des volcans ayant la hauteur des petits bouts de papier et le diamètre des cercles.

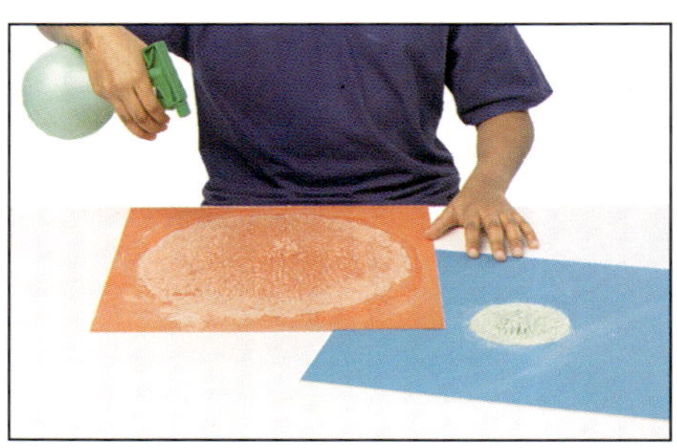

4 VAPORISEZ DE L'EAU sur chacun de vos volcans et laissez sécher. Peignez un anneau bleu autour du Mauna Kea. Attendez que le plâtre durcisse.

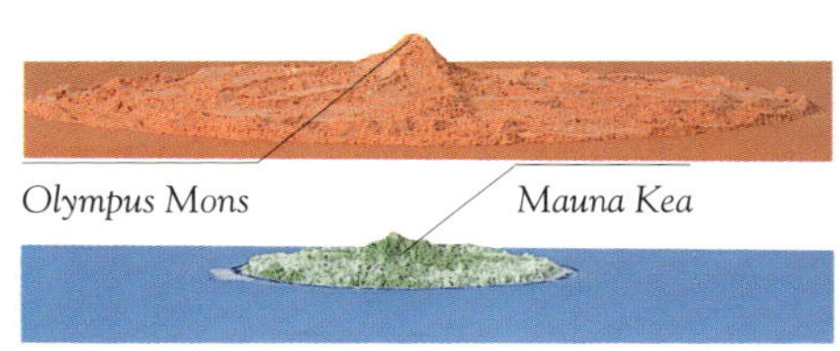

5 PESEZ LES DEUX VOLCANS et soustrayez aux valeurs obtenues le poids des cartons. Olympus Mons est combien de fois plus lourd que le Mauna Kea ? Les volcans martiens ne sont pas créés de la même façon que les volcans terrestres.

EXPÉRIENCE

Pourquoi Mars est rouge

La couleur rouge du sol martien est celle de la rouille. L'eau a peu à peu oxydé le fer qui s'y trouvait. Cette couleur, ainsi que les lits de rivières asséchées qu'on y voit, sont la preuve qu'il y a eu de l'eau sur Mars.

Il Vous Faut

- *Plat à tarte* ● *Sable* ● *Paille de fer* ● *Ciseaux*
- *Gants de caoutchouc* ● *Carafe d'eau*

L'aide d'un adulte est recommandée

1 Remplissez le plat de sable jusqu'à mi-hauteur. Avec les gants, déchirez la paille de fer en petits morceaux.

2 Versez assez d'eau pour couvrir le mélange de sable et de paille de fer. Laissez reposer dans un endroit sûr.

3 Observez le plat chaque jour. Si l'eau s'évapore, ajoutez-en un peu. La couleur change-t-elle ? Combien de temps faut-il pour que le plat soit aussi rouge que la planète Mars ?

EXPÉRIENCE

Les canaux de Mars

Au siècle dernier, les astronomes virent dans leurs télescopes un réseau de lignes sur Mars. Certains pensèrent qu'il s'agissait de canaux destinés à irriguer la planète. Ces « canaux » se révélèrent être des illusions d'optique. Voici pourquoi.

Il Vous Faut

- *Papier rouge* ● *Peinture noire* ● *Pinceau*
- *Jumelles* ● *Ciseaux* ● *Compas* ● *Ruban adhésif*

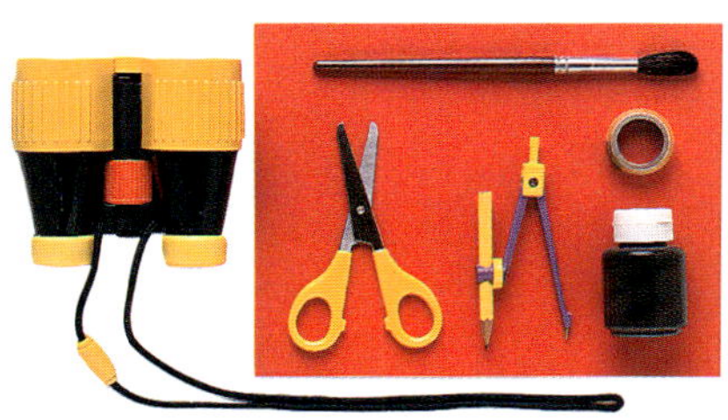

1 Avec le pinceau, projetez de la peinture noire sur le papier. Quand la peinture est sèche, tracez un cercle de 15 cm de diamètre et découpez-le. C'est la planète Mars.

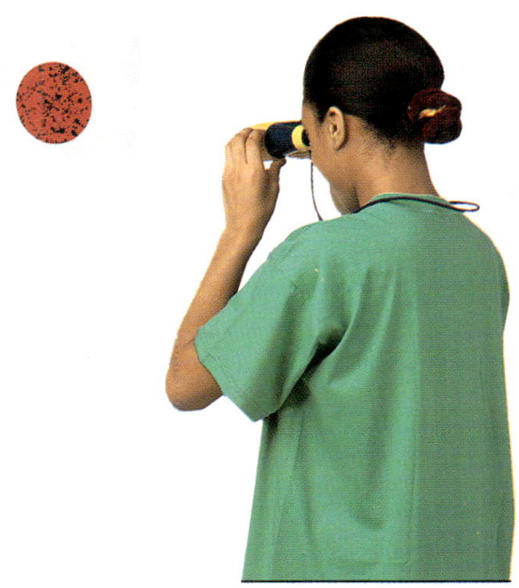

2 Fixez « Mars » sur un mur à environ 3 m. Regardez-la aux jumelles, sans mettre au point pour simuler le trouble dû à l'atmosphère terrestre. Que voyez-vous ?

L'exploration de Mars

DE TOUTES LES PLANÈTES du système solaire, Mars est celle qui ressemble le plus à la Terre. Bien qu'elle soit plus petite et plus froide, elle possède une fine atmosphère protectrice, ainsi que des calottes glaciaires et des saisons semblables aux nôtres. Mais y a-t-il de la vie sur Mars ? Si l'on ne croit plus aux « Martiens », l'existence de plantes primitives reste une possibilité. Les premières sondes spatiales qui survolèrent Mars virent des lits de rivières asséchées, ce qui prouvait qu'il y avait eu de l'eau – essentielle à la vie – à la surface. En 1976, les sondes *Viking* se posèrent sur la planète rouge...

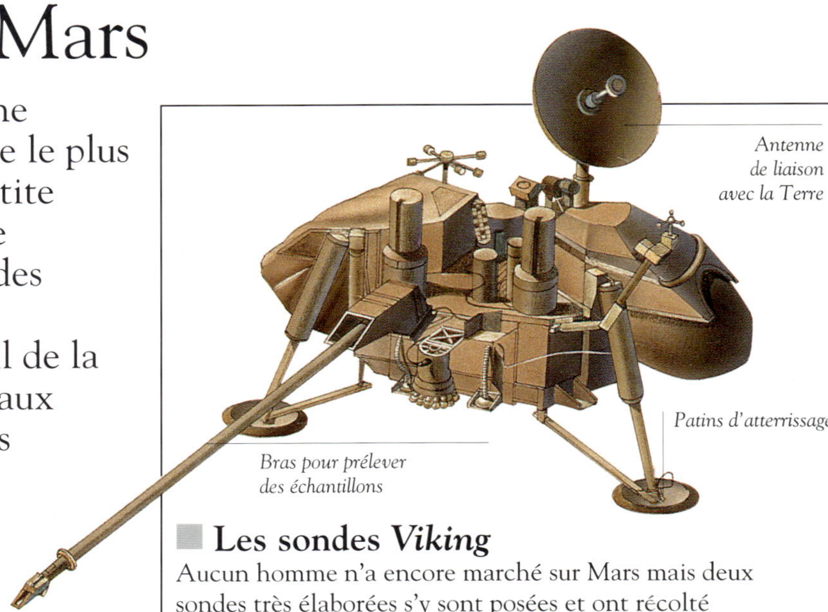

Les sondes *Viking*

Aucun homme n'a encore marché sur Mars mais deux sondes très élaborées s'y sont posées et ont récolté de nombreuses informations. Les sondes *Viking* étaient capables de « toucher », de « sentir », de « voir » et de « goûter » le sol martien. On espérait qu'elles trouveraient des plantes microscopiques ; elles ne trouvèrent qu'un sol aride et trop réactif chimiquement pour abriter la vie.

EXPÉRIENCE

Trouver de la vie

Cette expérience reproduit les tests effectués par les sondes *Viking* sur le sol martien. Le principe consiste à injecter des éléments nutritifs et à observer ce qui se passe. Les produits chimiques du sol réagissent vite, mais pas longtemps. Les cellules vivantes, en revanche, réagissent lentement et sur une longue durée.

IL VOUS FAUT

- *3 pots de confiture* • *Sable propre* • *Cuiller*
- *2 cuillerées de sel* • *2 cuillerées de levure*
- *2 cuillerées de levure chimique* • *3 étiquettes de couleur* • *Grande carafe d'eau*
- *1/2 tasse de sucre* • *2 tasses d'eau chaude*

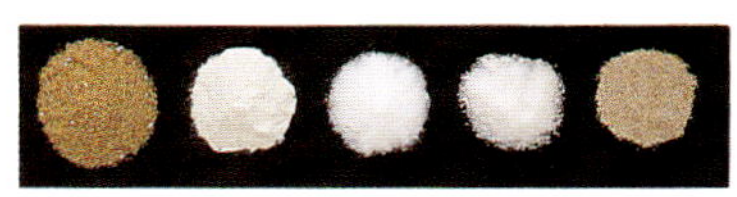

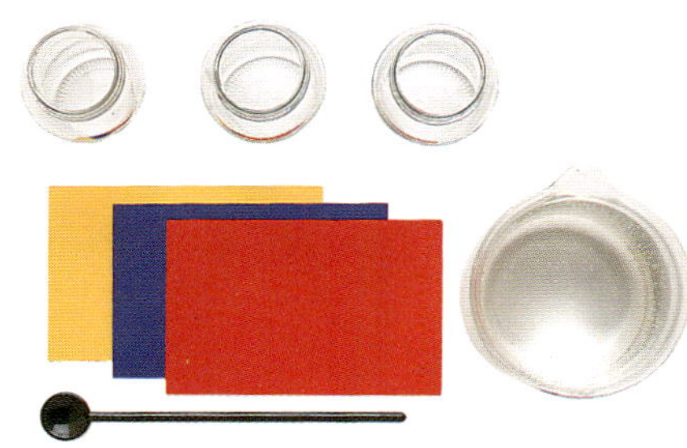

1 REMPLISSEZ LES POTS avec un tiers de sable et collez les étiquettes. Mélangez le sel dans le pot rouge, la levure chimique dans le jaune et la levure dans le bleu.

2 METTEZ LES POTS au réfrigérateur toute la nuit : il fait froid, sur Mars. Mélangez le sucre et l'eau chaude dans la grande carafe.

3 LE JOUR SUIVANT, versez des quantités égales d'eau sucrée (les éléments nutritifs) dans chaque pot. Mettez-les dans un endroit sûr et observez.

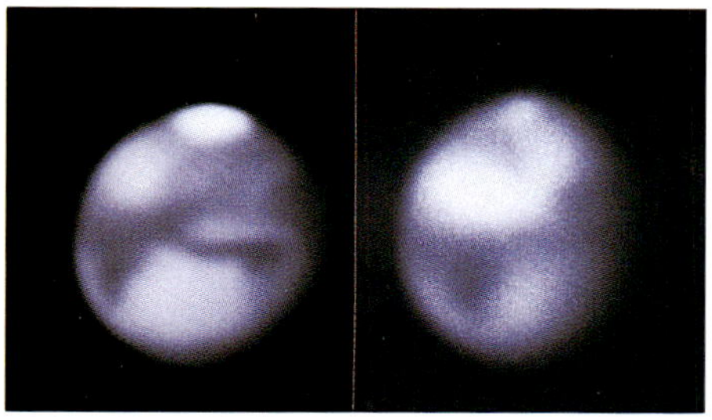

Orage martien
Sur ces deux images, Mars n'a pas le même aspect. Celle de droite montre l'aspect habituel de Mars vue depuis la Terre. Celle de gauche a été prise lors d'un violent orage de poussière qui s'est produit en 1971 et a duré cinq mois. Ce changement d'aspect de la planète rouge est longtemps resté inexpliqué. Certains pensaient qu'il était dû à la croissance saisonnière de la végétation, mais les télescopes et les sondes Viking ont montré qu'elles résultent des turbulences de l'atmosphère. Les orages martiens ne sont en rien comparables aux orages terrestres.

EXPÉRIENCE

Tempête de poussière

Quand les poussières sont soufflées sur le sol martien, elles en recouvrent et découvrent certaines parties, changeant l'aspect de la planète. Pour le vérifier, mélangez des quantités égales de plâtre et de poudre de chocolat avec un peu d'eau. Répartissez la pâte obtenue sur un plateau pour faire le sol martien et laissez sécher. Saupoudrez ensuite de sucre en poudre. Soufflez sur le plateau : certaines régions se découvrent. Soufflez maintenant de l'autre côté. C'est exactement ce qui se passe quand les vents changent de direction sur Mars.

IL VOUS FAUT
- *Plateau* - *Plâtre à modeler* - *Chocolat en poudre* - *Eau* - *Sucre en poudre* - *Cuiller*

4 LE TEST DONNE DES RÉSULTATS en moins d'une heure. L'un des pots ne réagit pas du tout. Les deux autres réagissent, mais différemment : l'un très vite, l'autre plus lentement. Selon vous, lequel contient de la matière vivante ?

Le sol du pot bleu continue à réagir

Réaction rapide dans le pot jaune

Pas de réaction dans le pot rouge

Jupiter

JUPITER est la plus grande planète du système solaire ; elle est si grande qu'elle pourrait contenir toutes les autres planètes à la fois. À cause de sa taille, elle est facilement visible depuis la Terre. Elle est surtout constituée d'hydrogène et d'hélium liquéfiés, et donc dépourvue de sol. Dans son atmosphère se trouve un énorme orage permanent – la grande tache rouge – ayant trois fois la taille de la Terre. Les quatre plus gros de ses seize satellites sont plus grands que la planète Pluton.

■ Observer Jupiter

Jupiter et ses satellites les plus gros sont faciles à voir avec des jumelles ou une lunette astronomique. Cette photo a été prise avec un petit télescope. Pour bien observer Jupiter, il faut employer un pied ou maintenir votre instrument très stable en calant bien vos coudes. Vous verrez des points lumineux de part et d'autre de la planète. Ce sont les quatre gros satellites, Io, Europe, Ganymède et Callisto, dont la position change de jour en jour. Vous verrez aussi les bandes de nuages dans l'atmosphère de Jupiter.

EXPÉRIENCE

Renflement équatorial

Jupiter n'est pas sphérique, mais très nettement renflée à l'équateur, ce qui est visible même avec des jumelles. Ce renflement équatorial est dû à la force centrifuge engendrée par la rotation très rapide, comme vous le montre cette expérience. Jupiter est la planète qui tourne le plus vite : elle fait un tour en dix heures.

IL VOUS FAUT

- *Baguette de bois* • *Caoutchouc*
- *Pâte à modeler* • *Paille* • *Papier de couleur*
- *Ruban adhésif* • *Ciseaux* • *Règle*

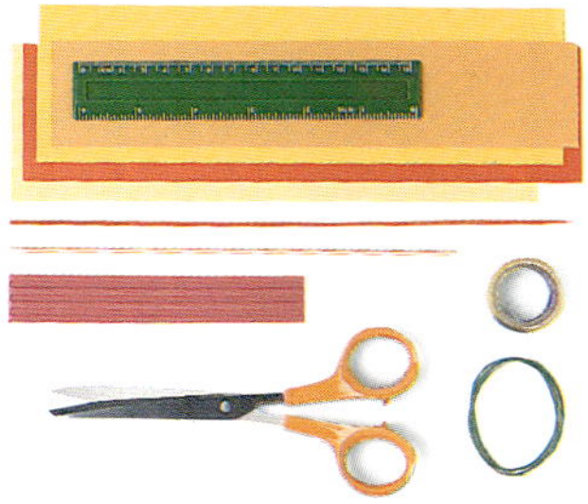

1 DÉCOUPEZ 20 à 30 bandes de papier coloré de 5 x 300 mm. Coupez deux morceaux de paille de 2,5 cm de longueur.

2 GLISSEZ CHACUN DES MORCEAUX à une extrémité de la baguette. Avec le ruban adhésif, fixez les bandes de papier aux deux morceaux de paille.

3 RECOUVREZ LE RUBAN avec deux bandes de papier. L'ensemble doit glisser librement. Mettez un bout de pâte à modeler à une extrémité.

4 FIXEZ LE CAOUTCHOUC à l'autre bout de la baguette avec de la pâte à modeler et attachez l'extrémité libre à un crayon.

EXPÉRIENCE

Le champ magnétique de Jupiter

Toutes les planètes sont immergées dans le champ magnétique du Soleil, mais certaines possèdent leur propre champ magnétique. Celui de Jupiter forme une « bulle » invisible autour de la planète, mais les sondes spatiales ont pu le déceler, comme vous allez déceler le champ magnétique d'un clou.

Il Vous Faut

- *Boîte à chaussures*
- *Clou* ● *Aimant*
- *Crayon* ● *Feutre*
- *Boussole*
- *Pâte à modeler*

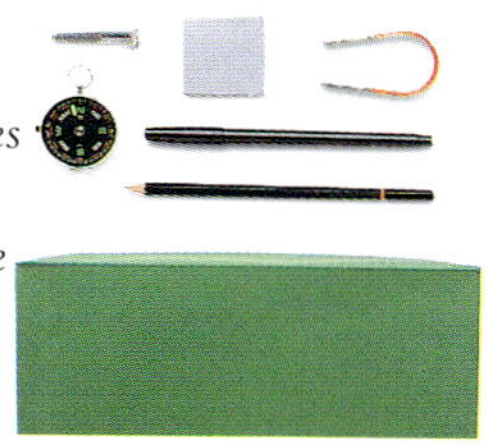

1 Percez un trou sur un côté de la boîte et enfoncez-y le crayon. Frottez le clou avec l'aimant et fixez-le au bout du crayon avec la pâte à modeler.

2 Approchez la boussole du clou jusqu'à ce que l'aiguille bouge. Marquez avec le feutre. Recommencez en approchant de différentes directions.

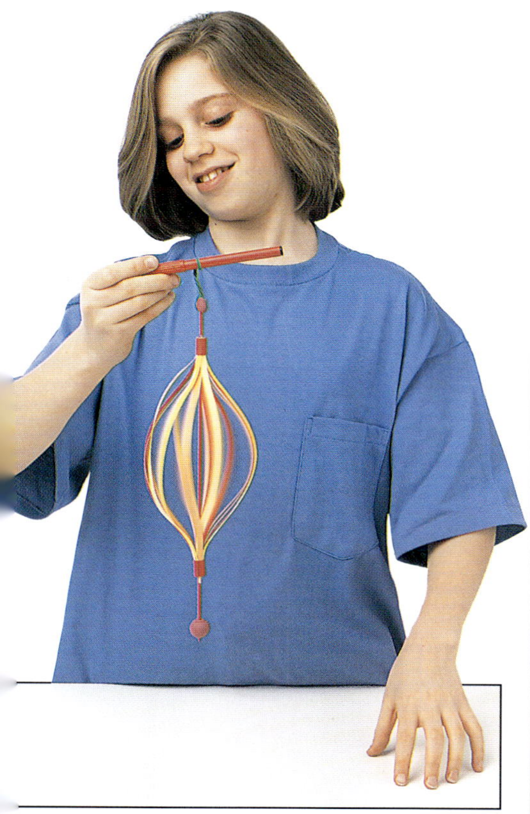

5 Tenez « Jupiter » par le crayon et faites tourner pour enrouler le caoutchouc sans écraser les bandes de papier. Lâchez et observez le renflement équatorial de votre planète – d'autant plus prononcé que la rotation est rapide.

EXPÉRIENCE

La grande tache rouge

Jupiter a des vents violents et d'énormes orages. Les taches que l'on voit à sa surface sont des tourbillons créés par les mouvements de l'atmosphère. Leur taille, leur forme et leur couleur changent, et ils tournent parfois plus vite que la planète elle-même. La grande tache rouge était rouge brique lors de sa découverte en 1664 ; elle est plus pâle aujourd'hui et ne cesse d'évoluer. Faites vous-même un orage jupitérien dans un saladier, avec du lait et des colorants alimentaires.

Il Vous Faut

- *Saladier*
- *Lait entier*
- *Colorants alimentaires (un rouge et un jaune)*
- *Liquide-vaisselle*

1 Versez une tasse de lait dans le saladier. Ajoutez une goutte de chacun des colorants. Faites tourner le saladier (pas trop vite) pour mettre le lait en mouvement.

2 Ajoutez une goutte de liquide-vaisselle sur chaque goutte de colorant. Continuez à faire tourner le saladier doucement... et observez de superbes orages !

Saturne

SATURNE EST CÉLÈBRE pour ses superbes anneaux. Lorsqu'il les observa en 1610, Galilée crut voir deux satellites de part et d'autre de la planète. De fait, les anneaux s'étendent très loin dans l'espace. Si la Terre avait des anneaux analogues, ils iraient jusqu'à la Lune. Ils sont cependant très fins, leur épaisseur étant d'environ 1 km. Comme sa voisine Jupiter (p. 72-73), Saturne est surtout constituée d'hydrogène et d'hélium. 18 satellites sont connus aujourd'hui, mais les sondes *Voyager* en ont aperçu d'autres. La plupart ne sont que des boules de glace, mais Titan, le plus grand, possède une atmosphère dense où flottent d'épais nuages orange.

Les anneaux de Saturne
Ce gros plan des anneaux de Saturne a été pris en 1980 par une sonde Voyager. Il y a des milliers d'anneaux séparés, constitués de millions de petits fragments, certains gros comme un cube de glace, d'autres comme une petite voiture.

EXPÉRIENCE

Quand Saturne change de forme

Comme l'axe de rotation de Saturne est incliné de 27° par rapport à la verticale, son aspect ne cesse de changer à mesure qu'elle tourne – en 29,5 années terrestres (une année sur Saturne) – autour du Soleil. Deux fois au cours de chaque révolution, on voit les anneaux de face, et deux fois par la tranche : la planète semble alors dépourvue d'anneaux. Cette expérience vous montre pourquoi.

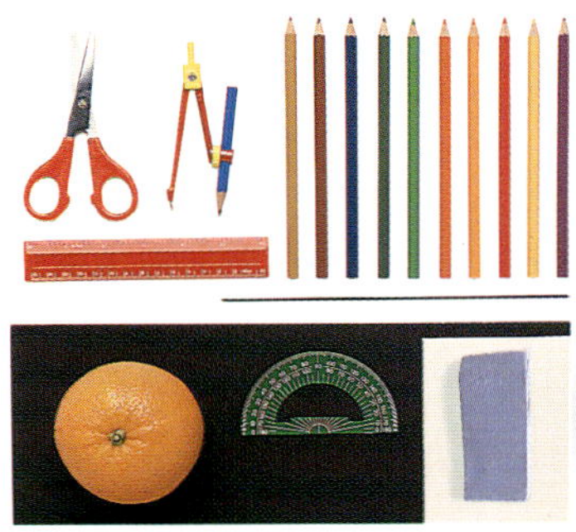

IL VOUS FAUT
- *Grosse orange*
- *Plaque de polystyrène*
- *Compas* ● *Ciseaux*
- *Carton* ● *Crayons de couleur* ● *Pâte à modeler* ● *Baguette de bois* ● *Règle*
- *Rapporteur*

1 TRACEZ SUR LA PLAQUE de polystyrène un cercle de 30 cm de diamètre avec le compas, et découpez-le. C'est la base du dispositif.

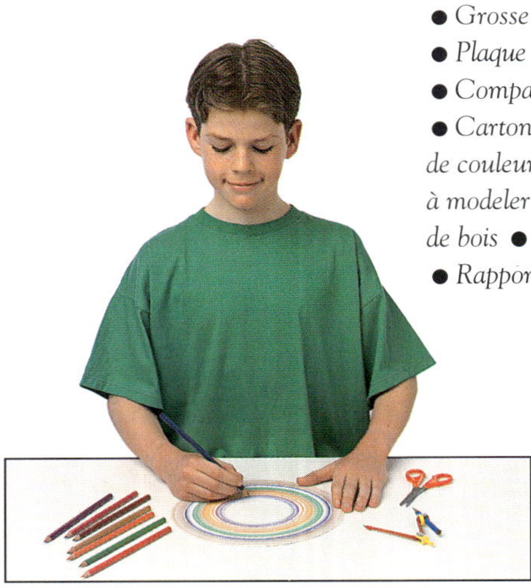

2 TRACEZ UN CERCLE de 15 cm de diamètre sur le carton et, au milieu, un cercle de la taille de l'orange. Découpez et coloriez ; ce sont les anneaux.

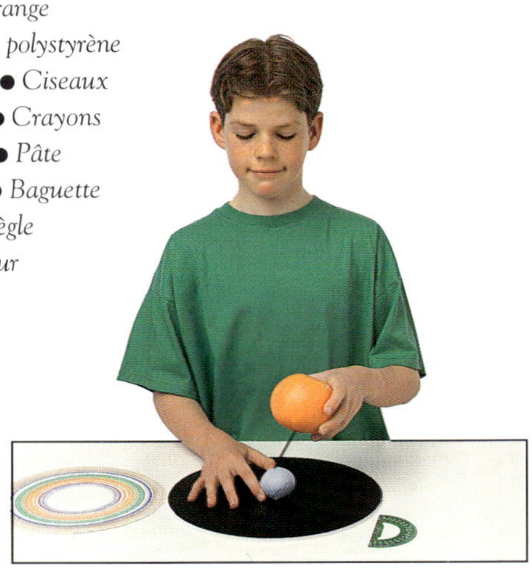

3 PIQUEZ L'ORANGE (Saturne) avec la baguette et faites-la tenir au centre de la base en piquant l'autre extrémité dans de la pâte à modeler.

4 INCLINEZ LA BAGUETTE qui doit faire un angle de 27° avec la verticale et placez les anneaux. Faites tourner la base et observez le changement d'aspect.

EXPÉRIENCE

La structure des anneaux

Saturne possède trois grands anneaux distincts, constitués de milliards de morceaux de glace. Chacun de ces anneaux est fait de milliers d'anneaux plus petits et les deux anneaux externes sont séparés par un grand espace vide, la division de Cassini. De telles divisions sont dues à l'action gravitationnelle de petits satellites qui dévient les morceaux de glace. Avec un peu de talc, une carte de visite et un bâtonnet, vous allez comprendre l'action des satellites sur les anneaux de Saturne.

Il Vous Faut

● *Plat à gâteau tournant* ● *Carte de visite* ● *Compas* ● *Ciseaux* ● *Talc* ● *Crayon* ● *Pique à cocktail*

1 Découpez un disque de carton pour couvrir le plat à gâteau et saupoudrez-le de talc. Faites tourner le plat et, avec la carte, faites un sillon à l'extérieur du disque. Cela simule l'action du satellite Atlas.

2 Faites maintenant de petits anneaux en abaissant sur le talc une pique à cocktail. Faites une « division de Cassini » avec un crayon, aux deux tiers du rayon à partir du centre. Le système d'anneaux est complet.

Christiaan Huygens

C'est vers 1650 que le mathématicien, physicien et astronome hollandais Christiaan Huygens (1629-1695) construisit un puissant télescope grâce auquel il distingua les anneaux de Saturne et comprit pourquoi la planète semble changer de forme. Il écrivit que la planète « est entourée d'un anneau fin et plat qui ne la touche nulle part ». Il découvrit aussi le plus gros des satellites, Titan, et la nébuleuse d'Orion. Une sonde spatiale européenne destinée à explorer Saturne a été baptisée *Huygens* en son honneur. Dans le domaine de la physique, il fit d'importantes recherches sur la nature de la lumière et inventa l'horloge à balancier, la première horloge vraiment précise.

EXPÉRIENCE

Saturne flotte !

Parce qu'elle est surtout composée de gaz, Saturne a une très faible densité, la plus faible de toutes les planètes. S'il existait quelque part dans l'univers un océan assez grand pour y mettre Saturne, on la verrait flotter, alors que toutes les autres planètes couleraient. Saturne a en effet une densité de 0,7, inférieure à celle de l'eau qui vaut 1. Procédez vous-même – à une échelle beaucoup plus réduite – à cette expérience.

Il Vous Faut

● *Saladier* ● *Eau* ● *Bille* ● *Balle en plastique*

1 Remplissez le saladier à moitié et placez la balle (« Saturne ») sur l'eau.

2 Mettez maintenant la bille (« la Terre ») dans l'eau. Que lui arrive-t-il ?

Uranus

LA SEPTIÈME PLANÈTE du système solaire, Uranus, est une planète gelée. Surtout composée d'eau, elle n'a pas de surface solide et seulement quelques nuages. Sa particularité est d'être couchée sur le côté, ses 10 petits anneaux sombres et ses 15 satellites gravitant presque à la verticale au-dessus de l'équateur. Chaque pôle est exposé au Soleil pendant 42 années terrestres, puis plongé dans l'obscurité pendant les 42 années suivantes. Bien qu'elle fasse partie des planètes géantes, Uranus est difficile à voir depuis la Terre sans télescope. Elle fut découverte en 1781 par un astronome amateur, William Herschel, mais on n'en sut pas grand-chose avant que *Voyager 2* ne la survole en 1986. La sonde découvrit 10 nouveaux satellites, prit des photos détaillées des 5 plus grands et observa que les anneaux sont beaucoup plus brillants quand le Soleil les éclaire en contre-jour.

Miranda

Ce petit satellite d'Uranus est un des plus curieux corps du système solaire : sa surface est marquée de pointes et d'ovales et l'on y voit une falaise plus haute que l'Everest. À l'échelle de la Terre, cette falaise atteindrait l'orbite de la navette spatiale ! Certains astronomes pensent que Miranda a été brisée par une météorite puis s'est peu à peu réassemblée. Selon une autre théorie, Miranda contenait d'énormes blocs de glace qui, en fondant, auraient donné les formes ovales visibles à sa surface.

EXPÉRIENCE

La planète couchée

L'axe de rotation d'Uranus est incliné de 98° par rapport à la verticale. Les saisons sont donc interminables : sur les 84 ans que dure une révolution, chaque hémisphère connaît 42 ans d'éclairement, suivis de 42 ans d'obscurité. Ce modèle d'Uranus va vous montrer pourquoi.

IL VOUS FAUT

- *Plaque de polystyrène* ● *Compas* ● *Ciseaux*
- *Gros fil de fer* ● *Rapporteur* ● *Orange*
- *Ampoule et fils* ● *Pile*
- *Tournevis*

L'aide d'un adulte est recommandée

1 TRACEZ UN GRAND CERCLE sur la plaque et découpez-le. Pliez un fil de fer de 20 cm de longueur à 98°. Vérifiez l'angle avec le rapporteur.

2 ENFONCEZ L'AMPOULE dans un trou au centre du disque ; branchez-la sur la pile. Piquez le fil de fer dans l'orange et l'autre bout à l'extérieur du disque.

3 ALLUMEZ L'AMPOULE (le « Soleil ») et faites tourner « Uranus » en gardant son axe de rotation toujours dans la même direction.

EXPÉRIENCE

La découverte des anneaux d'Uranus

Les anneaux d'Uranus sont invisibles depuis la Terre, car très sombres. Ils furent découverts en 1977 à l'occasion du passage d'Uranus devant une étoile. La lumière subit des variations d'intensité qui ne pouvaient être expliquées que par la présence d'anneaux.

Il Vous Faut

- *13 crayons*
- *Plaque de polystyrène*
- *Peinture noire*
- *Pinceau*
- *Lampe torche*
- *Règle*
- *Feutre*

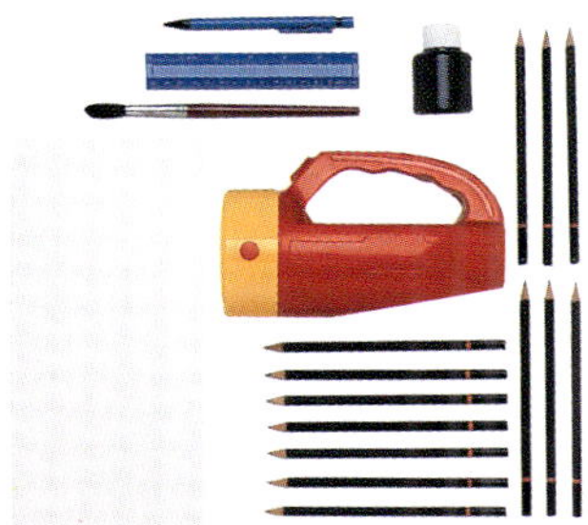

1 PEIGNEZ LA PLAQUE et les crayons en noir pour qu'ils soient invisibles dans l'obscurité.

2 PLANTEZ LES CRAYONS dans la plaque : ce sont les anneaux d'Uranus. Placez la torche (l'« étoile ») à environ 1 m des « anneaux ».

3 DANS L'OBSCURITÉ, allumez la torche et déplacez les anneaux de droite à gauche. Remarquez les variations de l'intensité de la lumière. En astronomie, le passage d'un corps devant un autre s'appelle une « occultation ».

■ DÉCOUVERTE ■

William Herschel

Musicien professionnel et compositeur, William Herschel (1738-1822) découvrit en 1781 une petite étoile verte avec le télescope qu'il avait construit lui-même. Il crut d'abord que c'était une comète, mais c'était bien une planète, qui fut baptisée plus tard Uranus. Le roi d'Angleterre George III créa un poste spécialement pour Herschel qui put dès lors pratiquer l'astronomie jusqu'à la fin de sa vie. Il identifia des milliers d'étoiles doubles et de nébuleuses – nuages de gaz cosmiques – et s'intéressa à la forme de notre galaxie, la Voie lactée.

EXPÉRIENCE

Anneaux en contre-jour

Les anneaux d'Uranus sont composés de petits grains de poussière qui diffusent la lumière à l'opposé du Soleil au lieu de la réfléchir. Ils sont donc mieux visibles s'ils sont éclairés par-derrière. Vérifiez-le en demandant à un adulte d'allumer une bougie, de l'éteindre, et de faire pénétrer la fumée dans une bouteille.

Il Vous Faut

- *Bouteille transparente*
- *Bougie*
- *Lampe torche*

L'aide d'un adulte est recommandée

Voir la fumée

Dirigez la lampe vers la bouteille. Voyez-vous les particules de fumée ? Éclairez la bouteille par-derrière. Que se passe-t-il ?

Neptune

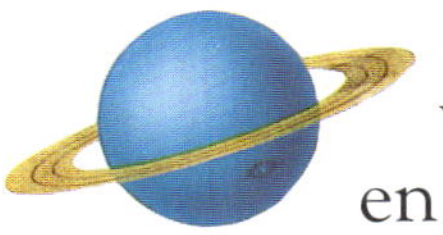

DÉCOUVERTE à la suite d'une véritable enquête policière en 1846, Neptune est si éloignée du Soleil qu'il faut un assez gros télescope pour bien distinguer son petit disque bleu-vert. Les astronomes pensaient qu'elle était très semblable à Uranus jusqu'à ce que *Voyager 2* la survole en 1989 et observe une planète bien plus active que sa voisine. Les nuages sont poussés par des vents violents qui atteignent près de 2 000 km/h dans la grande tache sombre – un énorme système orageux. La planète est entourée de quatre anneaux et de huit satellites dont le plus gros, Triton, est le corps le plus froid du système solaire.

EXPÉRIENCE

La grande tache sombre et le scooter

Les photos de Neptune montrent une tache ovale (la grande tache sombre) et un petit point blanc (le scooter). La tache sombre fait le tour de la planète en 18 heures et le scooter en 16 heures. Mais ce dernier est en réalité fixe par rapport à la surface. Entraînée par les forts vents soufflant en sens inverse du sens de rotation de Neptune, la tache sombre est la seule à se déplacer.

IL VOUS FAUT

- *Plat à gâteau tournant*
- *Carton*
- *Pâte à modeler*
- *Ruban adhésif*
- *Compas*
- *Ciseaux*
- *Pendule*

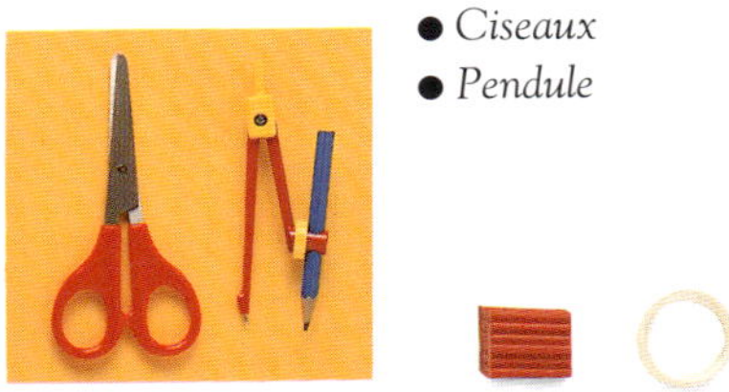

1 PLACEZ LA PENDULE, qui doit avoir une aiguille des secondes, sur le plat, face vers le haut : ce sera Neptune. Pour l'empêcher de glisser, posez-la sur un peu de pâte à modeler.

2 DÉCOUPEZ UN DISQUE de carton un peu plus petit que l'aiguille des minutes qui représente la grande tache sombre. Collez-le avec le ruban adhésif sur la pendule.

3 METTEZ UN PEU DE PÂTE À MODELER (représentant le scooter) au bord du disque de carton. Il est immobile tandis que la tache sombre est poussée par les vents de Neptune.

4 FAITES TOURNER le plat dans le sens inverse des aiguilles d'une montre, à raison d'un tour toutes les 10 secondes, après avoir marqué la position de départ du plat avec de la pâte à modeler. Le scooter tourne-t-il plus vite que la grande tache sombre ?

EXPÉRIENCE

Découvrez Neptune

Neptune ne fut pas découverte avec un télescope, comme Uranus et Pluton, mais par le calcul. Au XIXe siècle, les astronomes s'aperçurent en effet que l'orbite d'Uranus n'était pas tout à fait elliptique, comme si une autre planète située plus loin exerçait une force d'attraction. Une fois découverte, cette planète a été baptisée Neptune.

En utilisant le magnétisme au lieu de la gravitation, vous allez vous-même grâce à cette expérience voir l'effet de la planète Neptune sur l'orbite d'Uranus.

Il Vous Faut

- *Carton de 30 x 30 cm* ● *Trombone*
- *Attache parisienne* ● *Aimant droit*
- *Ruban adhésif* ● *Ciseaux*

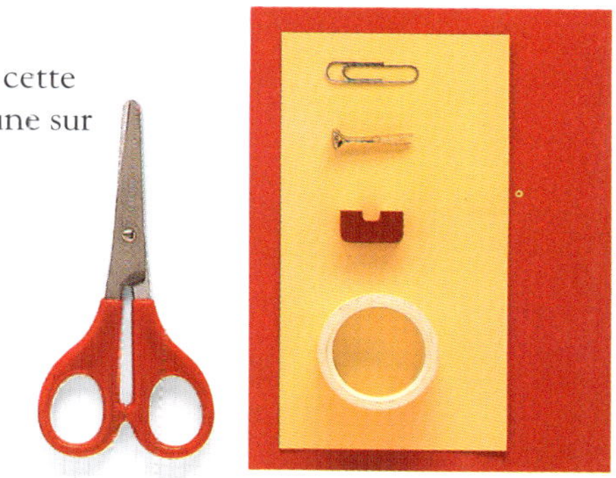

1 Découpez une bande de carton de 150 x 25 mm, pliez-la en deux, et chaque moitié encore en deux. Cela permettra au carton de s'étirer sous l'action de l'aimant.

2 Fixez une extrémité de la bande au centre du grand carton avec l'attache parisienne. Assurez-vous que l'ensemble tourne librement autour de l'attache parisienne.

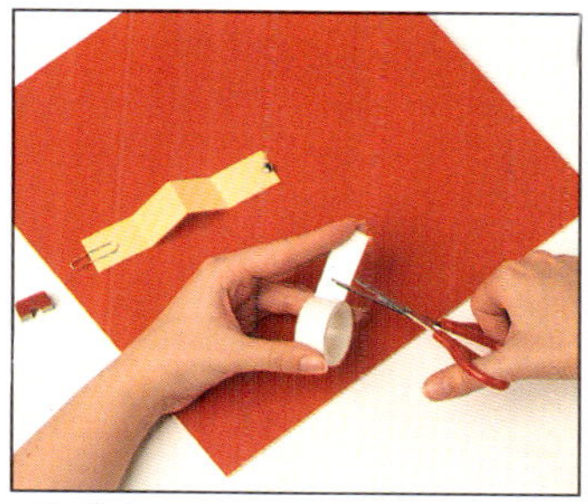

3 Mettez le trombone (Uranus) à l'extrémité libre et collez l'aimant (Neptune) avec le ruban adhésif sous le grand carton, à l'extérieur de l'orbite d'Uranus.

4 Maintenant, faites tourner doucement la bande de carton. L'orbite d'Uranus se déforme quand la planète passe près de Neptune, représentée par l'aimant caché.

EXPÉRIENCE

L'atmosphère glacée de Triton

Triton, le plus gros satellite de Neptune, est si froid que son atmosphère (composée d'azote) se change en glace sans passer à l'état liquide. Observez cet effet avec de la vapeur d'eau.

L'aide d'un adulte est recommandée

Il Vous Faut

- *Pâte à modeler* ● *Ficelle*
- *Casserole* ● *Eau* ● *Baguette*

1 Faites une boule de pâte à modeler : c'est Triton. Attachez-lui une ficelle et liez l'autre bout à la baguette. Mettez l'ensemble plusieurs heures au congélateur. Il fait encore beaucoup plus froid que cela sur Triton !

2 Demandez à un adulte de faire bouillir de l'eau, sortez « Triton » du congélateur et tenez-la quelques secondes dans la vapeur. La vapeur se condense et forme une mince couche de glace à la surface.

Pluton et la planète X

LA PLUS PETITE DES PLANÈTES, Pluton, fut découverte en 1930 par un jeune astronome américain, Clyde Tombaugh, qui cherchait depuis un an une planète au-delà de Neptune. Le calcul avait en effet montré que les orbites d'Uranus et de Neptune n'étaient pas très régulières, mais Pluton s'avéra trop petite pour exercer une attraction sur ces planètes géantes.
En 1978, on lui découvrit un satellite d'une taille exceptionnelle, baptisé Charon, et il existe peut-être une autre planète encore plus éloignée du Soleil, la planète X.

Planète errante

L'orbite très elliptique et inclinée de Pluton est très différente de celle des autres planètes. Elle croise l'orbite de Neptune, de sorte que Pluton est parfois plus proche du Soleil que Neptune (c'est le cas de 1979 à 1999). Il n'y a aucun risque de collision : les deux planètes ne sont jamais proches l'une de l'autre car l'année sur Pluton est 1,5 fois plus longue que l'année sur Neptune.

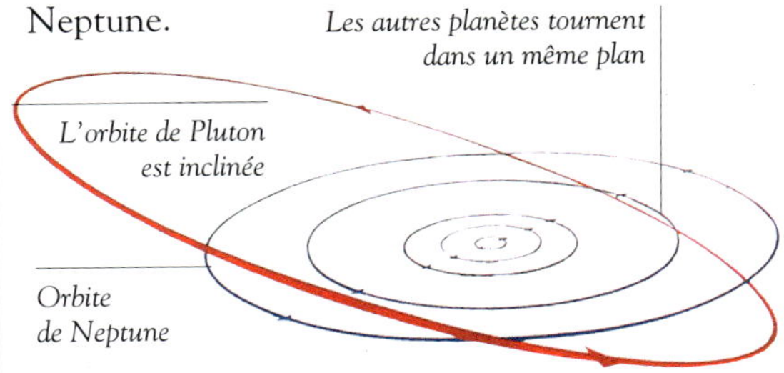

EXPÉRIENCE

Un comparateur à clignotement

Clyde Tombaugh découvrit Pluton grâce à un comparateur à clignotement. Cet instrument permet de comparer deux photos de la même partie du ciel prises à des moments différents. La moindre différence entre les photos est ainsi évidente, même s'il y a des milliers d'étoiles sur la photo.
Les deux photos sont observées à travers le même oculaire, et éclairées l'une après l'autre à intervalles d'une seconde. Toutes les étoiles semblent clignoter, mais une éventuelle planète saute d'avant en arrière. Construisez vous-même votre comparateur et découvrez une planète comme le fit Clyde Tombaugh.

L'aide d'un adulte est recommandée

IL VOUS FAUT

- *Boîte (de mouchoirs ou de lessive)* ● *2 petites plaques de plexiglas* ● *Papier calque* ● *Feutre* ● *Ruban adhésif* ● *2 lampes torches* ● *Règle* ● *Crayon* ● *Rapporteur* ● *Colle* ● *Ciseaux*

1 DÉCOUPEZ DEUX FENTES à 45° sur les côtés de la boîte et percez trois trous dans les côtés (voir le dessin en bas à gauche).

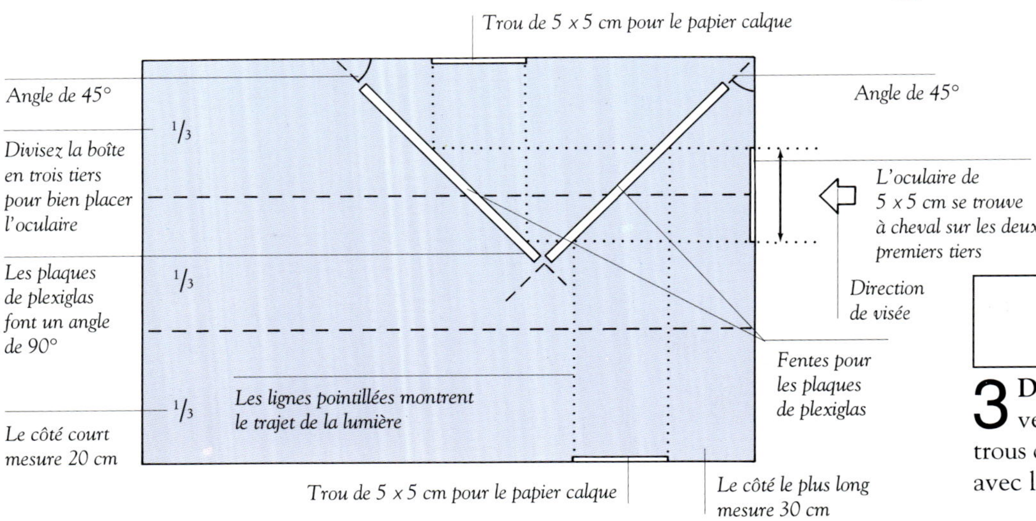

3 DÉCOUPEZ LES CARRÉS que vous venez de dessiner. Collez-les aux trous de la boîte (voir dessin à gauche) avec les dessins à l'extérieur.

EXPÉRIENCE

Planète double

Une planète et son satellite tournent autour de leur barycentre (p. 152). Charon, le satellite de Pluton, étant dix fois plus léger que sa planète, le barycentre se trouve à l'extérieur de Pluton. Trouvez ce point grâce à cette expérience.

Il Vous Faut

- *Pâte à modeler* • *Baguette de bois*
- *Paille* • *Fil*

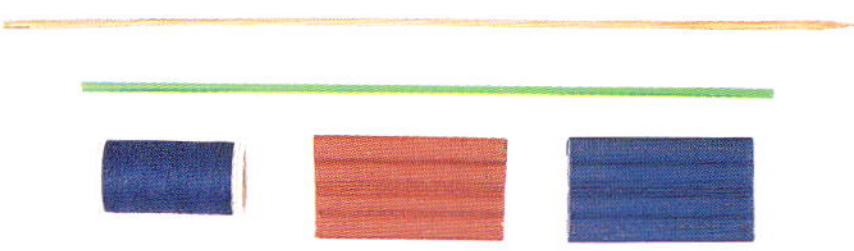

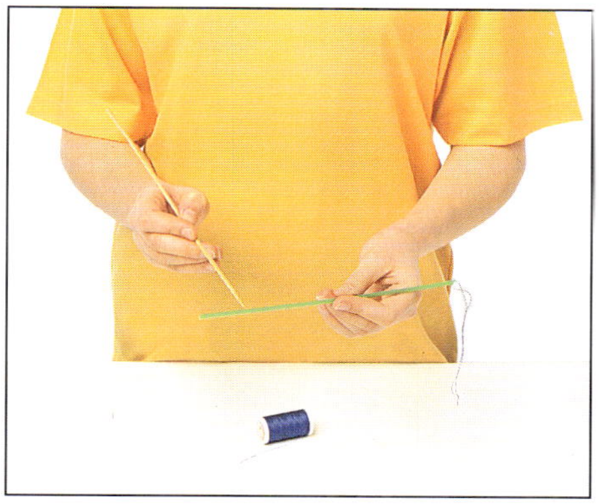

1 Attachez le fil à une extrémité de la paille. Il vous servira à tenir l'ensemble. Percez l'autre extrémité de la paille avec la baguette et enfoncez-la jusqu'à la moitié.

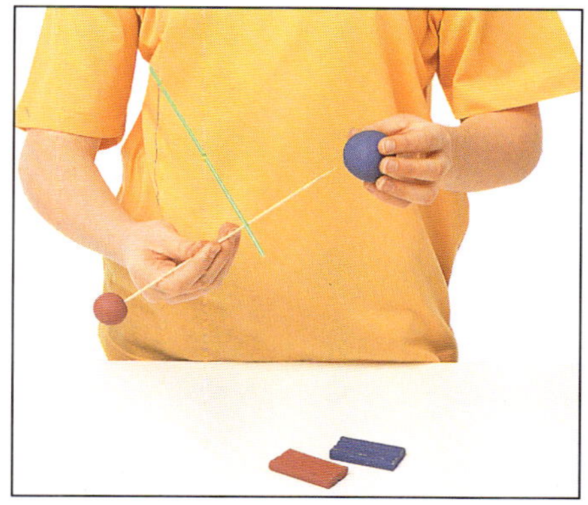

2 Mettez deux boules de pâte à modeler – une de 5 cm de diamètre pour Pluton et une de 2,5 cm pour Charon – aux bouts de la baguette. Tenez par le fil et cherchez la position d'équilibre.

2 Tracez deux carrés de 5 x 5 cm sur le papier calque. Dessinez des étoiles et une croix sur l'un, les mêmes étoiles sur l'autre mais la croix légèrement déplacée.

4 Demandez à un adulte de couvrir les bords du plexiglas avec du ruban adhésif. Insérez les plaques dans les fentes de la boîte.

La planète X

Il y a peut-être une planète inconnue au-delà de Pluton. Les déformations des orbites d'Uranus et de Neptune observées dans les années 1900 pourraient lui être attribuées, mais comme elles ont disparu depuis, l'orbite de la planète X doit être très elliptique et très inclinée. Beaucoup d'astronomes, cependant, pensent que les mesures faites à l'époque ne sont pas fiables et doutent de plus en plus de l'existence de la planète X.

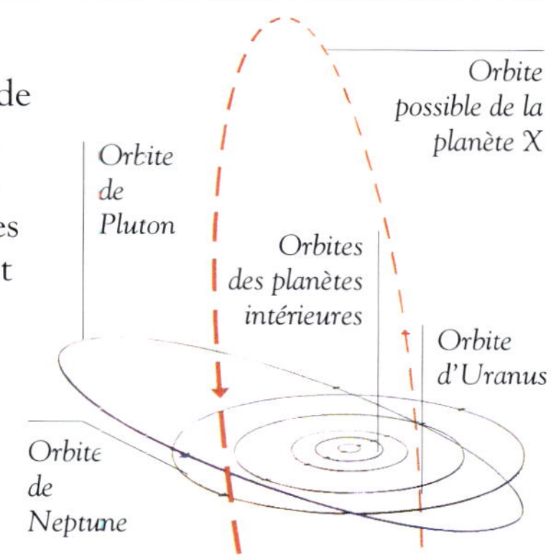

5 Éclairez avec les lampes chacune des fenêtres de papier calque. Regardez dans l'oculaire et réglez pour que les étoiles se superposent exactement. Demandez maintenant à un ami de faire clignoter les lampes. Voyez-vous le mouvement de la croix ?

Pour superposer les étoiles, ajustez la position des plaques de plexiglas.

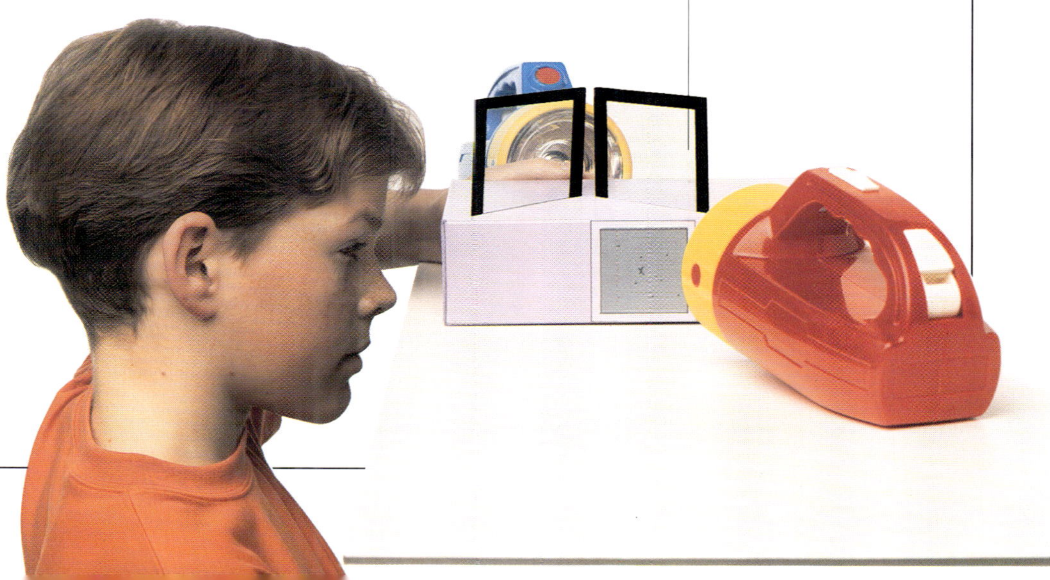

Sondes interplanétaires

PRESQUE TOUT CE QUE NOUS SAVONS sur les planètes a été transmis par des sondes robotisées. Elles ont survolé toutes les planètes sauf Pluton et y ont parfois atterri. Certaines ont même frôlé une comète. Bien qu'elles soient toutes différentes, elles possèdent toujours une antenne parabolique pour émettre et recevoir des signaux radio. Elles peuvent être propulsées par l'énergie solaire ou l'énergie nucléaire.

EXPÉRIENCE

Faites votre sonde *Galileo*

La sonde *Galileo* a été lancée par la NASA à destination de Jupiter. Elle est équipée de détecteurs, d'antennes, de caméras, de tuyères et d'un « module atmosphérique » qui sera largué dans l'atmosphère de Jupiter en 1995.

IL VOUS FAUT

- *Papier épais*
- *Baguettes de bois*
- *Boules de polystyrène*
- *Colle*
- *Ciseaux*
- *Règle*
- *Compas*
- *Peinture métallisée*

Préparation
Découpez les formes dessinées à gauche aux dimensions indiquées.

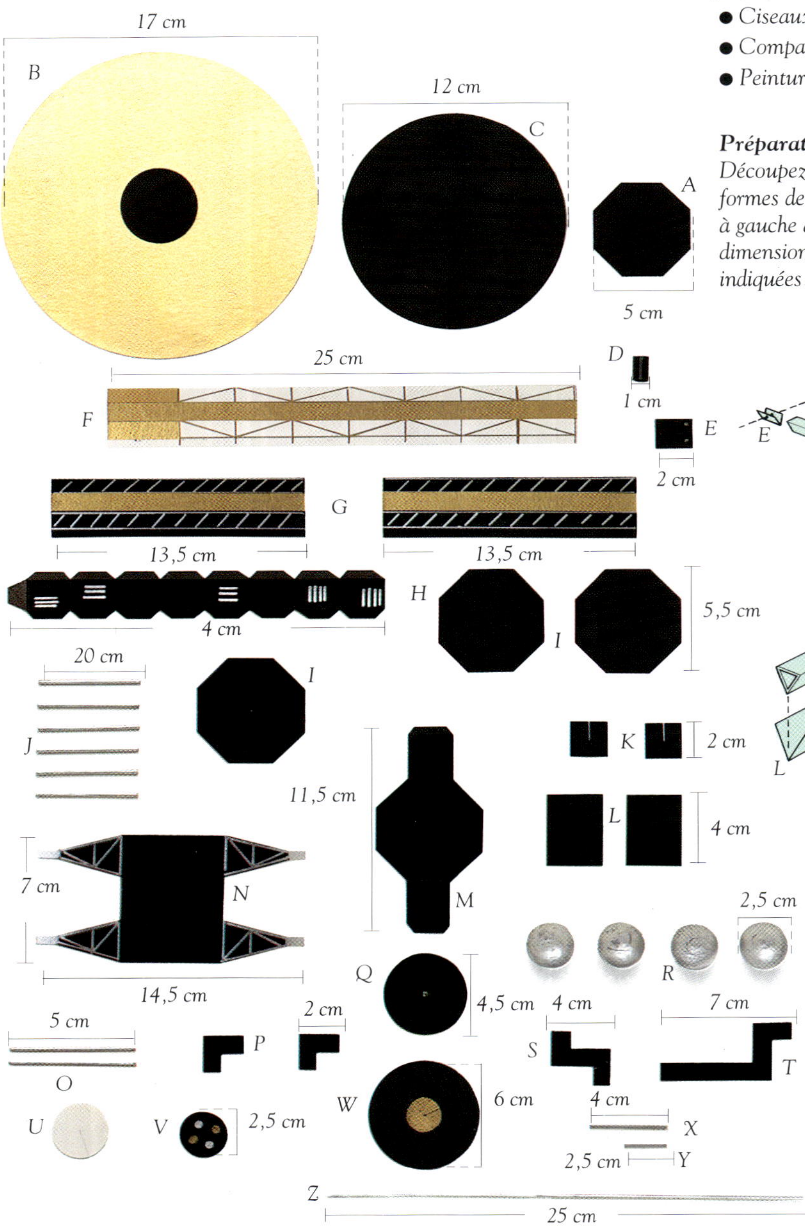

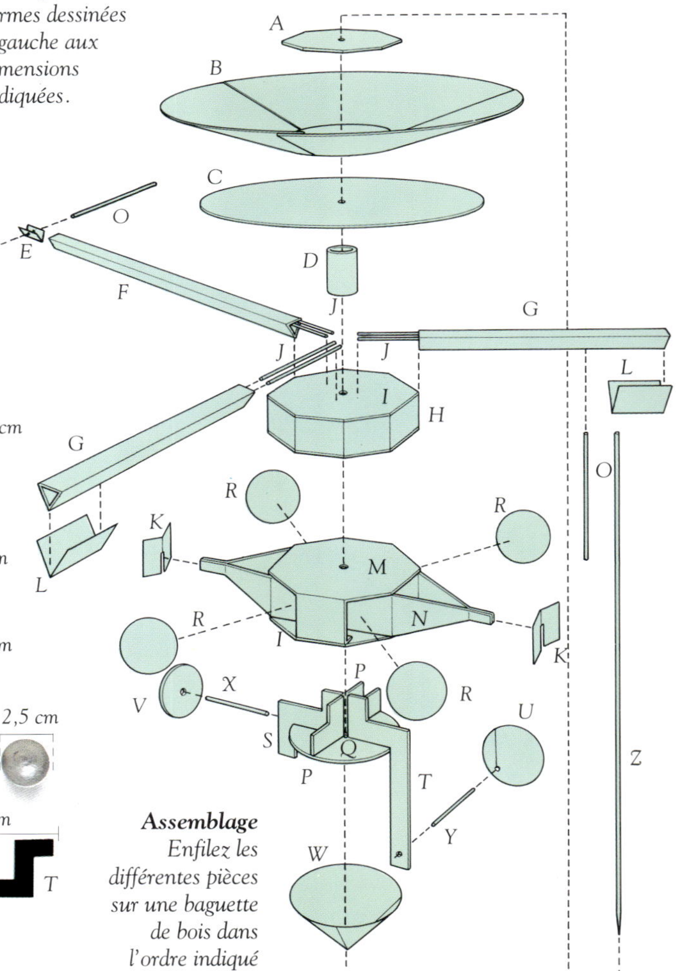

Assemblage
Enfilez les différentes pièces sur une baguette de bois dans l'ordre indiqué ci-dessus.

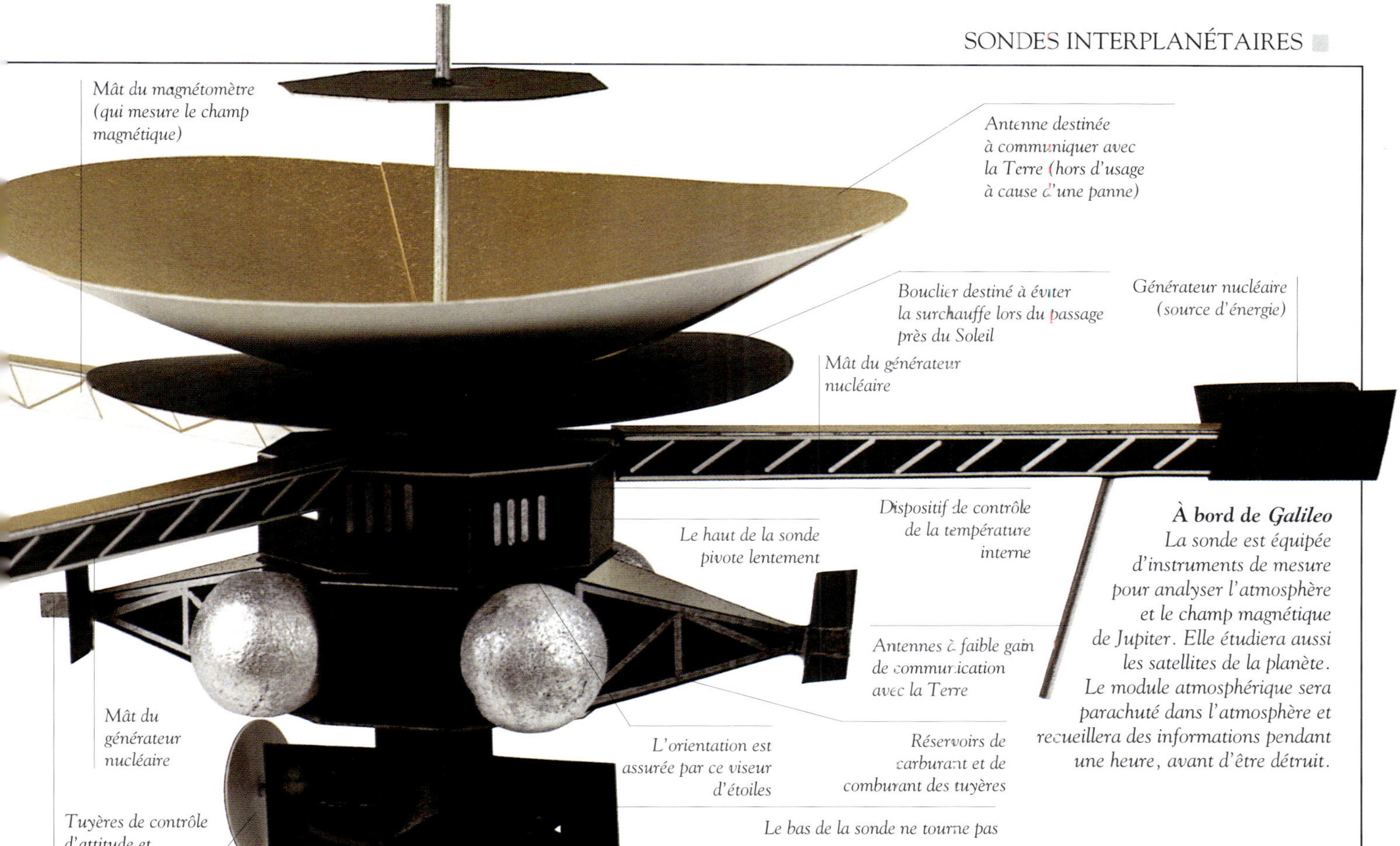

À bord de *Galileo*
La sonde est équipée d'instruments de mesure pour analyser l'atmosphère et le champ magnétique de Jupiter. Elle étudiera aussi les satellites de la planète. Le module atmosphérique sera parachuté dans l'atmosphère et recueillera des informations pendant une heure, avant d'être détruit.

Construction
Découpez chacune des pièces, peignez-les avec la peinture métallisée et pliez ou courbez-les comme indiqué avant de les assembler. Les étapes 1 à 6 ci-dessous montrent comment assembler les pièces plus compliquées.

1 POUR LES FORMES coniques (B, W, U), coupez trois rayons des disques. Faites se chevaucher les bords et collez.

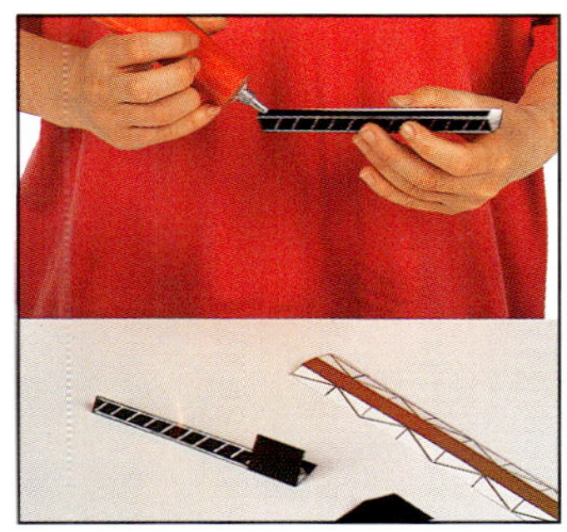

2 PLIEZ LES TROIS MÂTS (F, G et G) pour leur donner une section triangulaire et collez le rabat.

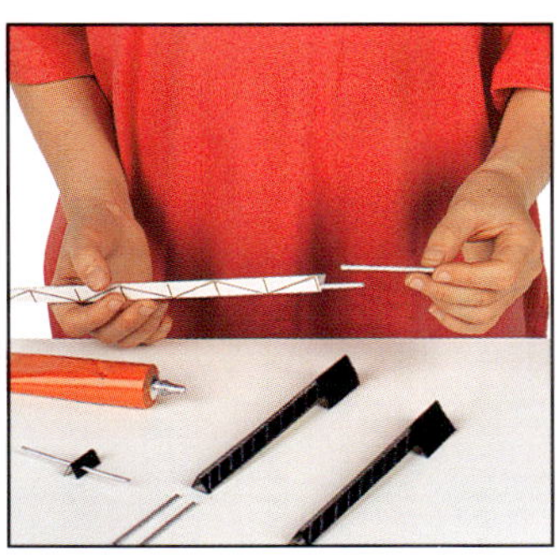

3 PLIEZ DEUX RECTANGLES (L) et collez-les au bout de chaque mât G. Collez deux baguettes (J) à l'autre bout de chaque mât.

4 PLIEZ LES RABATS de la pièce H et collez-les aux deux octogones (I). Cette boîte forme le corps de la sonde.

5 COLLEZ L'OCTOGONE M à la plate-forme de propulsion N. Collez les quatre réservoirs de combustible comme indiqué.

6 POUR ASSEMBLER la sonde atmosphérique, collez U et V à de petites baguettes et glissez-les dans T et S. W se place sous la sonde.

Les comètes

LES COMÈTES, CES « BOULES DE NEIGE SALE », datent de la formation du système solaire, il y a environ 5 milliards d'années. L'attraction d'une étoile passant à proximité déloge parfois une comète de son essaim situé dans le nuage de Oort (p. 154) ou l'anneau de Kuiper (p. 153). Elle « tombe » alors dans le système solaire et reste en orbite autour du Soleil, dont la chaleur provoque peu à peu l'évaporation d'une partie de la glace qui la constitue. À cause de cette évaporation, qui crée une impressionnante queue de gaz luminescents, la durée de vie des comètes n'excède sans doute pas quelques siècles ou quelques millénaires. Les comètes accélèrent à proximité du Soleil, où la gravitation est la plus forte, et ralentissent ensuite

Observer les comètes

Les comètes sont généralement très éloignées du Soleil – et très peu visibles – lorsqu'elles sont découvertes. Une comète est baptisée du nom de son découvreur et certains astronomes se consacrent à cette recherche. Quand elles approchent du Soleil, les comètes ont une chevelure et une queue brillantes. Pour en découvrir une, observez dans l'ouest après le coucher du Soleil ou dans l'est juste avant le crépuscule.

EXPÉRIENCE

L'orbite d'une comète

La plupart des comètes décrivent des ellipses très allongées qui les amènent à proximité du Soleil, puis les en éloignent beaucoup. Au plus loin du Soleil, la force de gravitation est extrêmement faible. Au plus près, elle est très forte et la comète doit accélérer afin de la vaincre. Reproduisez cette accélération des comètes grâce à cette expérience.

■ DÉCOUVERTE ■

Edmond Halley

Astronome et physicien, Edmond Halley a donné son nom à la plus célèbre des comètes. Il prédit en 1705 que la comète qui avait été observée en 1682 repasserait en 1758... et « sa » comète fut au rendez-vous. Le passage le plus récent date de 1986 et le prochain aura lieu en 2062. Mais comme la Terre sera alors assez éloignée, le spectacle sera plus beau en 2134. Un peu de patience !

1 CREUSEZ DANS LA PLAQUE un chemin elliptique avec le manche d'une cuiller. C'est l'orbite de la comète. Vous pouvez peindre la plaque si vous voulez.

IL VOUS FAUT
- *Plaque de polystyrène*
- *Cuiller*
- *Peinture*
- *Pinceau*
- *Billes*

2 Marquez la position du Soleil et inclinez légèrement la plaque, le Soleil vers le bas. Lâchez une bille (la comète) sur son orbite. Va-t-elle toujours à la même vitesse ? Observez son accélération près du Soleil.

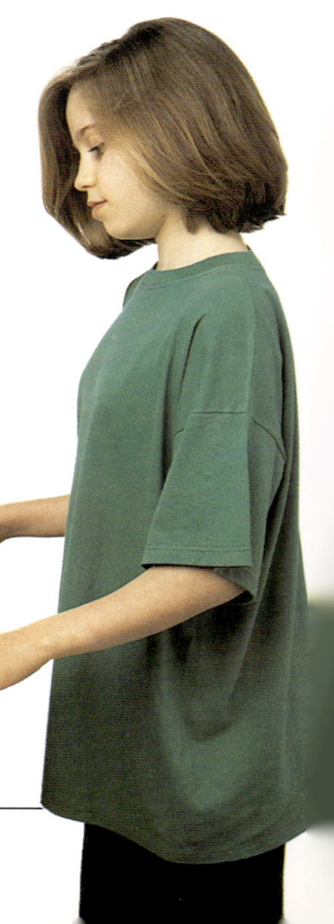

EXPÉRIENCE

Une queue de comète

Soufflée par le vent solaire – flux de particules chargées éjectées par notre étoile –, la queue d'une comète est toujours dirigée à l'opposé du Soleil. Ainsi, une comète qui s'éloigne du Soleil semble aller à reculons. Observez cet effet avec un sèche-cheveux.

IL VOUS FAUT

- *Sèche-cheveux* ● *Papier* ● *Balle de ping-pong* ● *Ruban adhésif* ● *Baguette* ● *Ciseaux*

1 DÉCOUPEZ 15 BANDES de papier de 5 x 200 mm. Posez-les côte à côte sur une table et mettez du ruban adhésif à une de leurs extrémités.

2 COLLEZ CETTE QUEUE de comète autour de la balle de ping-pong. Enfoncez-y ensuite la baguette pour que les bandes lui soient perpendiculaires.

3 DIRIGEZ LE SÈCHE-CHEVEUX vers la comète : la queue réagit au « vent solaire ». Demandez à un ami de tourner autour de vous en tenant la comète tandis que vous dirigez toujours le sèche-cheveux vers elle. La queue change-t-elle de direction ?

EXPÉRIENCE

Comète-esquimau

Quand la sonde européenne *Giotto*, en 1986, photographia le noyau de la comète de Halley, elle découvrit que le noyau glacé était recouvert d'un matériau extrêmement sombre – un véritable esquimau au chocolat cosmique !

Au début du XXIe siècle, la sonde *Rosetta* atterrira sur une comète pour en prélever un échantillon.

Faites cette expérience en avant-première avec un esquimau.

IL VOUS FAUT

- *Bol* ● *Eau chaude* ● *Paille* ● *Esquimau vanille-chocolat*

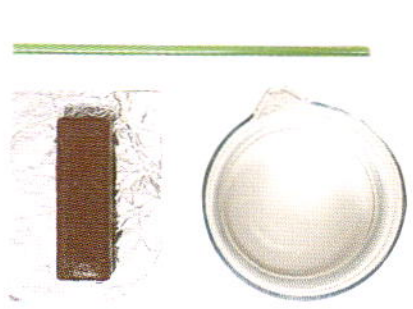

1 SORTEZ L'ESQUIMAU du réfrigérateur un quart d'heure avant l'expérience. Faites tremper la paille dans l'eau chaude pendant 5 minutes.

2 PERCEZ L'ESQUIMAU avec la paille. Enfoncez, tournez et retirez la paille. *Rosetta* procédera exactement ainsi pour prélever un échantillon.

Étoiles filantes

PAR UNE NUIT BIEN CLAIRE, on voit parfois des pluies d'étoiles filantes. Une « étoile filante », ou météorite, n'a rien à voir avec une étoile. Il s'agit en fait d'un grain de poussière qui brûle en tombant à grande vitesse dans l'atmosphère. Ces grains – généralement de la taille d'un grain de sable – sont des restes de comètes. À certaines époques de l'année, la Terre traverse des nuages de poussières cométaires et nous voyons une pluie de météorites semblant provenir d'un point bien déterminé du ciel. La plupart des météorites brûlent à haute altitude (100 km) mais certaines, plus grosses, arrivent jusqu'au sol et peuvent causer de gros dégâts. On connaît des cratères de météorites de plusieurs kilomètres de diamètre.

Un éclair dans le ciel
Une météorite, en une fraction de seconde, tombe au-dessus de l'horizon du Grand Nord canadien. La couleur du ciel est due à une aurore boréale, et le résultat de l'interaction entre l'atmosphère et le vent solaire.

PLUIES DE MÉTÉORITES **Nom**	*Date du maximum d'activité*	***Nombre maximal par heure***
Quadrantides	*3–4 janvier*	50
Lyrides	*22 avril*	10
Eta Aquarides	*5 mai*	10
Delta Aquarides	*31 juillet*	25
Perséides	*12 août*	50
Orionides	*21 octobre*	20
Taurides	*8 novembre*	10
Léonides	*17 novembre*	10
Géminides	*14 décembre*	50
Ursides	*22 décembre*	15

D'où viennent les météorites ?
Les gros blocs rocheux que l'on retrouve parfois sur Terre viennent de la ceinture d'astéroïdes, zone située entre Mars et Jupiter contenant des millions de débris rocheux. Cette météorite ferreuse de 55 tonnes, tombée en Namibie il y a des milliers d'années, est la plus grosse météorite connue.

Impact de météorite

Chute
Un astéroïde traverse l'atmosphère. L'éclat de cette « boule de feu » est semblable à celui de la pleine lune et elle provoque un bang sonique.

Impact
La météorite se désintègre souvent en touchant le sol, sauf si elle est très dure. Il en reste alors des fragments.

Onde de choc
Les ondes de choc de l'impact se propagent à grande distance dans la croûte terrestre.

Explosion
La météorite explose, formant un cratère aux bords relevés. On retrouve parfois des fragments de météorite au centre du cratère.

Chaud devant !

Quand une météorite tombe dans l'atmosphère, sa vitesse est telle que le frottement contre les molécules d'air provoque une chaleur intense. La météorite brûle et l'air devient luminescent, ce qui se traduit par la trace lumineuse que nous observons.

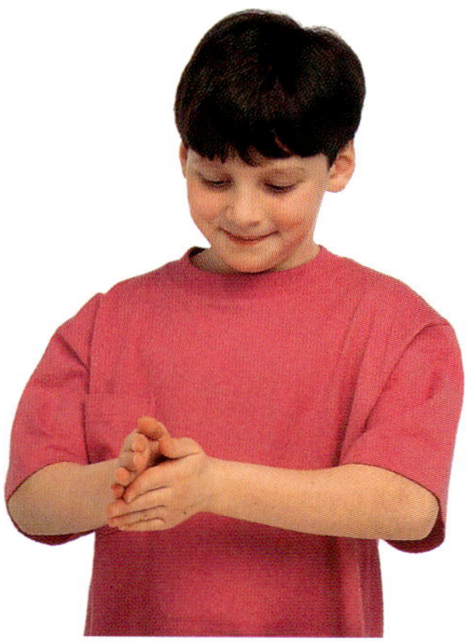

Frottement
Si vous frottez rapidement vos mains l'une contre l'autre, vous verrez que l'énergie du frottement se transforme en chaleur. De même, le frottement d'une météorite dans l'atmosphère échauffe la météorite jusqu'à la faire brûler.

Lumière zodiacale

La poussière cométaire, qui provoque les pluies d'étoiles filantes lorsque la Terre la traverse, est présente partout dans le système solaire. À condition que les conditions soient favorables – absence de pollution lumineuse (p. 30-31) par exemple –, ce nuage de poussière est visible à certaines époques de l'année. Vous pourrez voir la « lumière zodiacale » qu'il donne – un cône faiblement lumineux – en regardant vers l'ouest au printemps, juste après le coucher du Soleil.

EXPÉRIENCE

Pourquoi les météorites semblent venir d'un même point

Les météorites suivent des trajectoires parallèles, mais semblent provenir d'un même point appelé « radiant ». Les pluies de météorites portent ainsi le nom de la constellation où se trouve leur radiant. Des spaghettis vont vous montrer ce phénomène.

Il Vous Faut
- *Spaghettis*
- *Pâte à modeler*
- *Assiette*

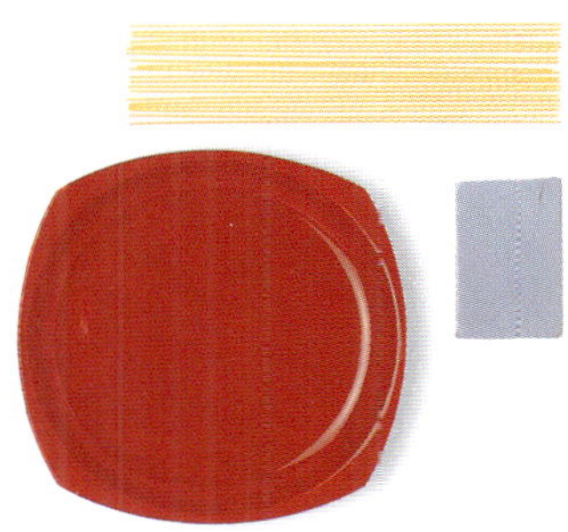

1 Mettez une couche de pâte à modeler dans l'assiette. Plantez l'un après l'autre les spaghettis dans la couche de pâte à modeler, en faisant attention de ne pas les casser.

2 Les spaghettis doivent être bien verticaux et parallèles. Ce sont les trajectoires des grains de poussière qui constituent les étoiles filantes.

3 Regardez les trajectoires du dessus : vous avez l'impression que les « trajectoires » viennent toutes du centre de l'assiette. C'est exactement ce qui se produit avec les étoiles filantes.

LE SOLEIL

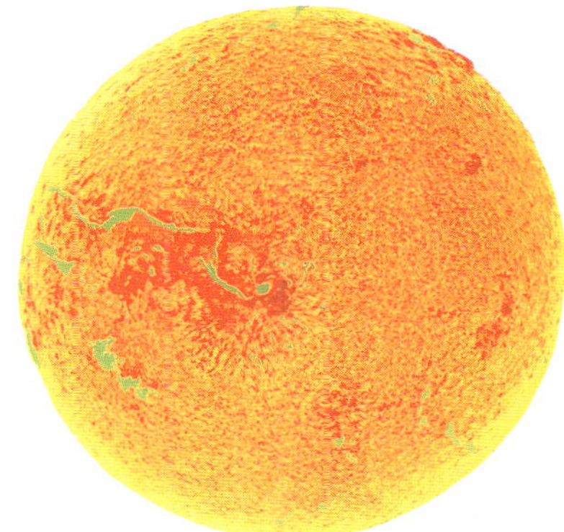

Gaz en fusion
Notre étoile, le Soleil, est une énorme sphère de gaz brûlants. Les taches sombres visibles à sa surface (ci-dessus) sont dues à de puissants champs magnétiques et les gigantesques protubérances (à gauche) s'élèvent à des milliers de kilomètres de la surface.

UN MILLION DE FOIS plus grand que la Terre, le Soleil est en fait une gigantesque bombe H qui alimente les planètes en énergie. Apparue il y a environ 5 milliards d'années, notre étoile a suffisamment de combustible pour brûler pendant 5 autres milliards d'années.

NOTRE ÉTOILE

GIGANTESQUE SPHÈRE D'HYDROGÈNE EN FUSION, le Soleil pourrait contenir un million de fois la Terre. Sa surface brillante, bien plus chaude que l'intérieur d'un haut fourneau, émet chaleur et lumière en direction de la Terre. Sans la chaleur du Soleil, la Terre serait à la température de l'espace, soit –270 °C.

Le Soleil n'est pas une étoile particulièrement brillante. Deneb, dans la constellation du Cygne, est des milliers de fois plus brillante, mais se trouve des millions de fois plus loin. L'étoile la plus proche de nous, Proxima du Centaure, est en revanche des milliers de fois moins brillante. Si la Terre était en orbite autour de Deneb, elle brûlerait aussitôt ; autour de Proxima du Centaure, elle serait congelée.

Ciel préhistorique
L'homme observe le ciel depuis des millénaires. À Stonehenge, en Angleterre, un cercle de mégalithes est orienté dans la direction des solstices (p. 155), ce qui témoigne de l'importance du ciel dans les anciennes civilisations. Des groupes de passionnés continuent chaque année de se rassembler dans cet observatoire préhistorique.

Étudier le Soleil

Le Soleil est l'étoile la plus facile à observer et son étude permet de comprendre le fonctionnement des autres étoiles. La plupart des étoiles n'apparaissent que comme des points dans les plus puissants télescopes, mais les astronomes ont pu montrer que les plus proches ont comme le Soleil, une forme sphérique. La proximité du Soleil peut aussi être un danger. L'intensité de son rayonnement peut occasionner des brûlures (les coups de soleil) et même rendre aveugle : il ne faut jamais regarder le Soleil en face car la rétine serait immédiatement détruite.

Dans les observatoires solaires, l'image du Soleil est projetée sur un écran. Certains télescopes sont équipés de filtres qui atténuent le rayonnement un million de fois et permettent l'observation ou la photograhie.
Chez vous, la façon la plus sûre d'observer le Soleil est de projeter son image sur un écran.

Cela vous permettra en particulier de voir sans risque les taches solaires de sa surface.

Ces taches sont dues au champ magnétique qui bloquent à certains endroits le flux de chaleur provenant du cœur de l'étoile. Cela donne des zones froides, plus sombres que le reste de la surface.

Les astronomes n'ont jamais pu observer de taches sur d'autres étoiles, mais ils sont persuadés que toutes les étoiles en possèdent car leur éclat varie lorsqu'elles tournent. L'explication la plus simple de cette variation d'éclat est qu'elle est due à des taches solaires.

Au-dessus des taches solaires, des boucles de champ magnétique s'élèvent dans l'atmosphère, la chromosphère, dont elles contrôlent totalement le « climat ». Ces boucles piègent les gaz brûlants dans de gigantesques protubérances qui peuvent être cent fois plus grandes que la Terre. Quand deux boucles se touchent, il se produit une sorte de monstreux court-circuit : il en résulte une éruption solaire plus puissante que des millions de bombes atomiques.

Protubérances
D'énormes protubérances s'élèvent de la surface du Soleil. La chaleur qu'elles dégagent fournit l'énergie nécessaire à la vie terrestre.

Éclipses de Soleil

Lors d'une éclipse de Soleil, quand la Lune passe devant le disque solaire, il est possible de voir la couronne solaire, c'est-à-dire l'ensemble de son atmosphère qui s'étend très loin dans l'espace. Les éclipses de Soleil n'étant visibles que depuis des endroits bien précis de la Terre, les astronomes du siècle dernier ont souvent dû faire de grands voyages pour étudier la couronne solaire. En étudiant le spectre de la couronne, ils observèrent des raies d'émission (p. 153) très brillantes dues à la présence d'un élément chimique nouveau, l'hélium. Les astronomes crurent d'abord que

Télescope solaire
Cet étrange bâtiment construit en Arizona est le télescope solaire McMath. Un miroir situé au sommet réfléchit la lumière dans le tunnel oblique de 152 m de longueur. Dans un laboratoire souterrain, les astronomes peuvent ainsi étudier le disque solaire.

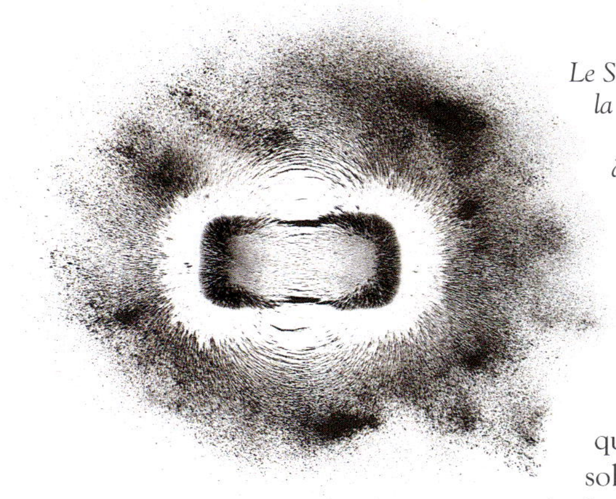

Champ magnétique solaire
Le Soleil produit de la chaleur et de la lumière, mais aussi un intense champ magnétique semblable à celui qui oriente ces grains de limaille de fer. Ses variations produisent parfois de gigantesques éruptions.

d'autres raies signalaient un autre élément inconnu, qu'ils baptisèrent « coronium », mais ils s'aperçurent qu'il s'agissait de fer porté à des températures de l'ordre du million de degrés. Ils montrèrent ainsi que la couronne est bien plus chaude que la surface du Soleil, dont la température n'est que de 5 500 °C.

Aujourd'hui des télescopes spéciaux, les coronographes, permettent d'étudier l'atmosphère en continu tandis que des satellites captent les rayons X émis par les gaz chauds de la couronne. On sait ainsi que le sommet de la couronne éjecte des gaz brûlants qui se disséminent dans tout le système solaire.

Ce « vent solaire » atteint aussi la Terre, et certaines de ses particules, déviées par le champ magnétique terrestre, interagissent avec l'atmosphère pour donner les aurores polaires. L'intensité du vent solaire ainsi que le nombre de taches solaires varient selon un cycle de onze ans. La couronne est spécialement active, et le vent solaire à son maximum, quand les taches solaires sont très nombreuses. Les scientifiques essaient depuis longtemps de trouver un lien entre l'activité solaire et le climat terrestre, mais on ne dispose aujourd'hui d'aucune preuve certaine.

Des rayonnements semblables à ceux émis par le Soleil ont été captés par les télescopes et les satellites, en provenance d'autres étoiles. Ces rayonnements variant selon les années, ces étoiles doivent aussi connaître des cycles d'activité magnétique.

L'intérieur du Soleil

En étudiant le spectre de la lumière solaire, les astronomes peuvent pénétrer à l'intérieur du Soleil et étudier son fonctionnement. Chaque couleur du spectre correspond en effet à une longueur d'onde bien précise de la lumière, et le spectre solaire est interrompu par des bandes sombres, produites chacune par un type particulier d'atomes absorbant certaines longueurs d'onde de la lumière. On peut ainsi, à distance, savoir de quels éléments chimiques est composé le Soleil. Il s'agit essentiellement d'hydrogène et d'hélium, les éléments les plus abondants dans l'Univers. S'ils sont rares sur Terre, c'est que la gravité de notre planète est insuffisante pour les retenir. Ils sont en revanche présents sur les plus grosses planètes, Jupiter et Saturne en particulier.

« Monsieur hélium »
Norman Lockyer (1836-1920) découvrit l'hélium en 1868 en observant le spectre solaire. Il y observa des raies qui n'appartenaient à aucun élément connu et baptisa sa découverte « hélium », de Hélios, « Soleil » en grec. Lockyer étudia aussi les protubérances et les taches solaires.

La température au centre du Soleil est d'environ 14 millions de degrés, température suffisante pour que les noyaux d'hydrogène fusionnent comme dans une bombe H et donnent de l'hélium. Heureusement pour nous, la bombe solaire subit une réaction contrôlée et très lente, grâce au poids des couches supérieures du Soleil.

Le Soleil est une étoile très ordinaire, mais il a la particularité de posséder des planètes. Jusqu'à présent, les télescopes n'ont jamais pu voir de planètes autour d'autres étoiles.
Mais il est vrai que cela est spécialement difficile : si nous vivions près d'une autre étoile comme Proxima du Centaure, même la plus grosse des planètes du système solaire, Jupiter, nous serait cachée par l'intense lumière solaire.

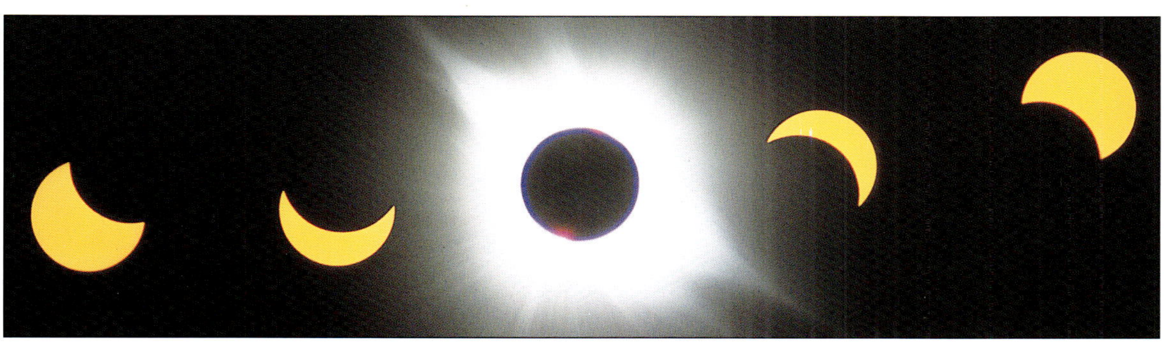

Éclipse de Soleil
Cette séquence de photos montre une éclipse totale de Soleil. Pendant quelques minutes, la Lune recouvre complètement le disque solaire et seule la couronne solaire est visible. Cette zone, habituellement cachée, est à plus d'un million de degrés.

L'énergie du Soleil

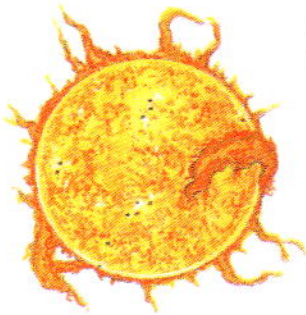

SUR TERRE, la seule énergie qui ne vienne pas du Soleil est l'énergie nucléaire. Toutes les autres dérivent de l'énergie solaire. Nous brûlons des combustibles fossiles – gaz naturel, charbon et pétrole – qui proviennent de plantes et d'animaux ayant absorbé de l'énergie solaire il y a des millions d'années. Ces combustibles actionnent les turbines qui produisent de l'électricité. L'énergie des vents et des vagues vient de l'action du Soleil sur l'atmosphère. Mais la quantité d'énergie que nous envoie le Soleil, même si nous sentons bien qu'elle est considérable, est difficile à apprécier directement. Les expériences de ces deux pages vous donnent une idée de la luminosité et de la chaleur du Soleil.

Soleil fossile

Les combustibles fossiles, profondément enfouis dans le sol, emmagasinent l'énergie solaire pendant des millions d'années. Le charbon est constitué de plantes qui ont poussé. Ces plantes ont poussé grâce à l'énergie solaire, qui leur a permis d'absorber le gaz carbonique de l'air et de produire leur nourriture il y a 350 millions d'années. Le pétrole et le gaz naturel viennent de plantes microscopiques et des petits animaux qui s'en nourrissaient. Ces restes organiques, enfouis sous terre et soumis à de fortes pressions, forment aujourd'hui des gisements souterrains accessibles par forage.

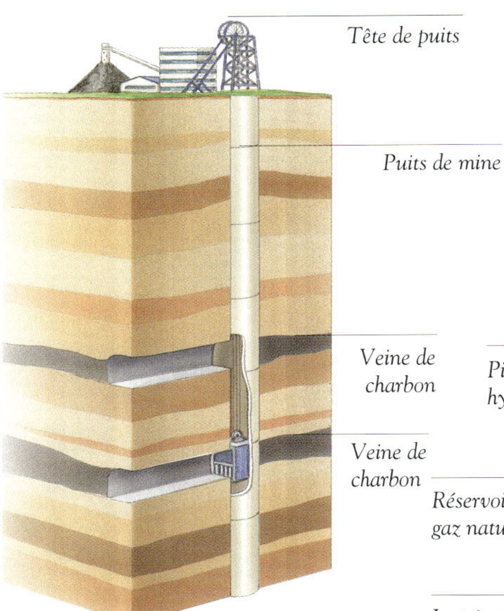

Mine de charbon
Le charbon vient des plantes qui constituaient les forêts et les marais il y a des millions d'années. Sous l'action de la pression et de la température, les débris végétaux se sont transformés en charbon.

Pétrole et gaz naturel
Le gaz naturel et le pétrole, qui proviennent d'organismes marins enterrés sous des couches de sédiments, se trouvent souvent dans les mêmes gisements, des « pièges » à hydrocarbures formés de roches imperméables.

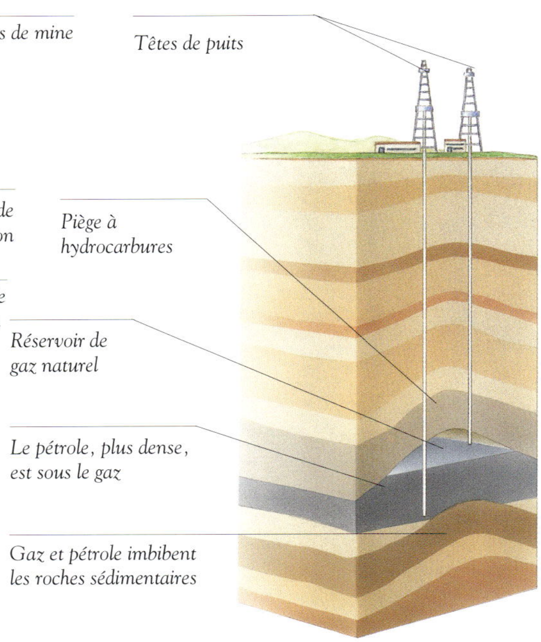

EXPÉRIENCE

La chaleur du Soleil

Le Soleil émet à peu près la moitié de son énergie sous forme de lumière et la moitié sous forme de chaleur. Chaque mètre carré de la surface terrestre reçoit autant d'énergie qu'en donnerait un petit radiateur électrique. Une simple loupe va vous montrer que cette chaleur est considérable.

NE JAMAIS regarder le Soleil en face.

L'aide d'un adulte est recommandée

IL VOUS FAUT
- *Loupe*
- *Glace au chocolat (esquimau)*
- *Plat*

Chocolat chaud
Mettez-vous dans un endroit bien exposé au Soleil. Placez la glace dans le plat et faites converger sur elle les rayons du Soleil avec la loupe. Que se passe-t-il ? Les rayons du Soleil, transportent-ils de l'énergie ?

EXPÉRIENCE

Brillant comme le Soleil

Le Soleil produit tant de lumière qu'il est difficile de se faire une idée de sa luminosité. Cette expérience vous permet de comparer sa luminosité à celle d'une ampoule ordinaire. Placez-vous dans une pièce bien éclairée par le Soleil, de préférence sur une table munie d'une lampe de bureau.

Il Vous Faut

- *Lampe et ampoule de 60 W*
- *Carton blanc*
- *Compas*
- *Crayon*
- *Règle*
- *Carnet de notes*

Électricité solaire

Les grands miroirs d'une centrale solaire du Nouveau-Mexique, aux États-Unis, concentrent l'énergie solaire. La chaleur produite fait bouillir de l'eau ; la vapeur entraîne des turbines et produit de l'électricité.

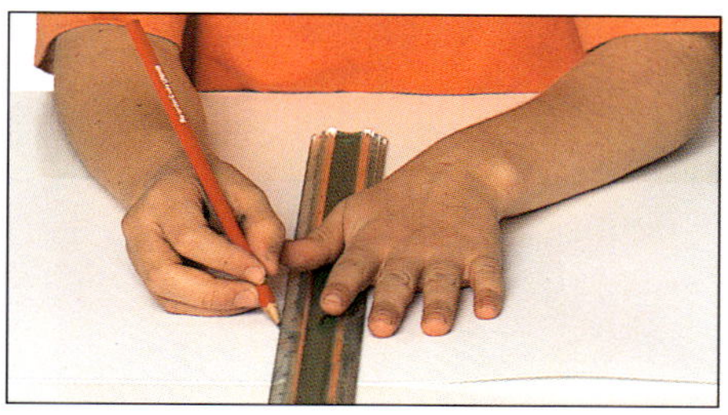

1 Tracez un trait au milieu de la feuille de carton. Notez une moitié « Soleil », l'autre « lampe ».

2 Placez le carton de façon qu'une moitié soit au Soleil. Éclairez l'autre avec la lampe pour que les luminosités soient identiques. Tracez le cercle de lumière de la lampe.

Cette moitié du carton est éclairée par le Soleil

Cette moitié est dans l'ombre, éclairée par la lampe

3 Mesurez le diamètre du cercle et tracez un cercle identique dans la moitié « Soleil ». Dans ce cercle, le Soleil produit un éclairement équivalent à celui d'une lampe de 60 W.

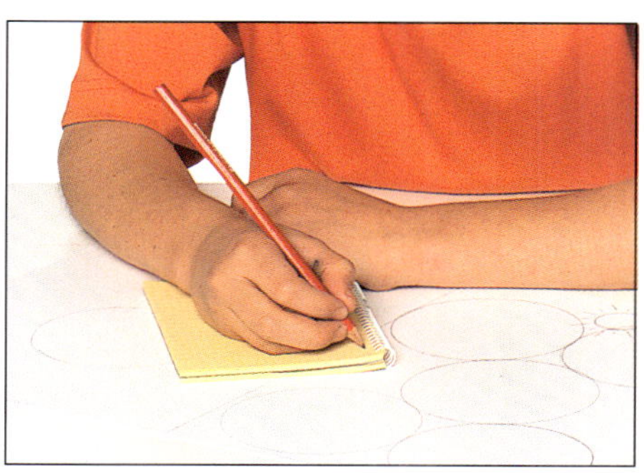

4 Tracez d'autres cercles afin de remplir toute la moitié « Soleil ». Combien y en a-t-il ? Sur le carton, le Soleil envoie une énergie équivalente à autant de lampes de 60 W qu'il y a de cercles.

Combien de lampes de 60 W ?

Voici comment calculer le nombre de lampes de 60 W qui éclaireraient autant que le Soleil :

a) Imaginez une sphère centrée sur le Soleil et touchant la Terre. Imaginez que vous couvriez cette sphère de cercles. Leur nombre serait celui des lampes nécessaires pour donner la lumière du Soleil.

b) Mesurez le rayon de votre cercle en cm. Multipliez ce nombre par lui-même, puis multipliez le résultat par 3,14 (« pi »). Vous obtenez l'aire du cercle, « A ».

c) La surface de la sphère imaginaire est 2 800 millions de millions de millions de millions de centimètres carrés. Divisez ce nombre par « A ».

Une étoile en gros plan

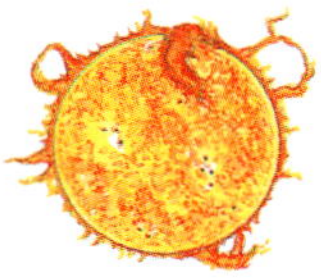

À L'ÉCHELLE DE L'UNIVERS, le Soleil se trouve juste à côté de nous. L'étoile la plus proche du système solaire est située 270 000 fois plus loin, ce qui explique pourquoi les étoiles n'apparaissent que comme des points, même dans les plus puissants télescopes. Il est cependant possible, avec les instruments adéquats, de voir des détails sur le disque solaire. Vous ne verrez pas une surface solide, comme celle de la Lune, mais la couche supérieure d'une énorme boule de gaz. Le Soleil est si chaud qu'un liquide ou un solide y seraient aussitôt vaporisés. Vous y verrez des taches sombres, zones relativement froides de la surface, se déplacer à mesure que le Soleil tourne sur lui-même.

Un projecteur très simple

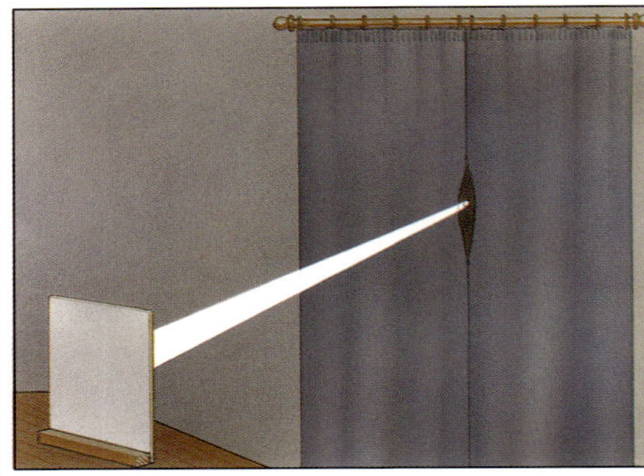

Il faut projeter l'image du Soleil pour l'observer en toute sécurité. Faites un trou de 2 mm dans un carton que vous collerez sur une fenêtre munie d'épais rideaux. Si la pièce est bien sombre, vous obtiendrez une image du Soleil en plaçant un carton blanc sur le trajet du rayon lumineux.

EXPÉRIENCE

Un projecteur solaire

Parce que le Soleil tourne sur lui-même, les taches solaires de sa surface tournent aussi. En les observant plusieurs jours de suite, vous allez ainsi étudier la rotation du Soleil. La plupart des taches solaires persistent plusieurs jours. La surface du Soleil étant fluide, les taches situées à l'équateur tournent plus rapidement que les taches situées près des pôles. Votre projecteur solaire va vous montrer tout cela.

NE JAMAIS regarder le Soleil en face

Il vous faut

- *Carton*
- *Ciseaux*
- *Ruban adhésif*
- *Jumelles*
- *Papier calque*
- *Feutre*

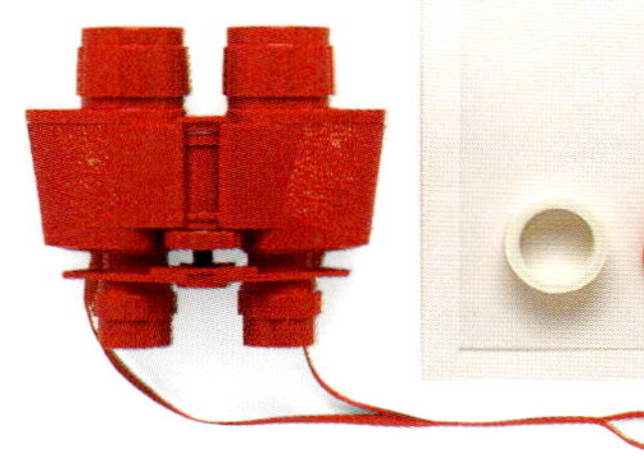

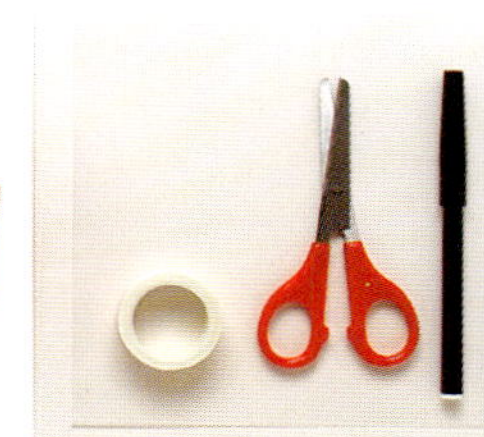

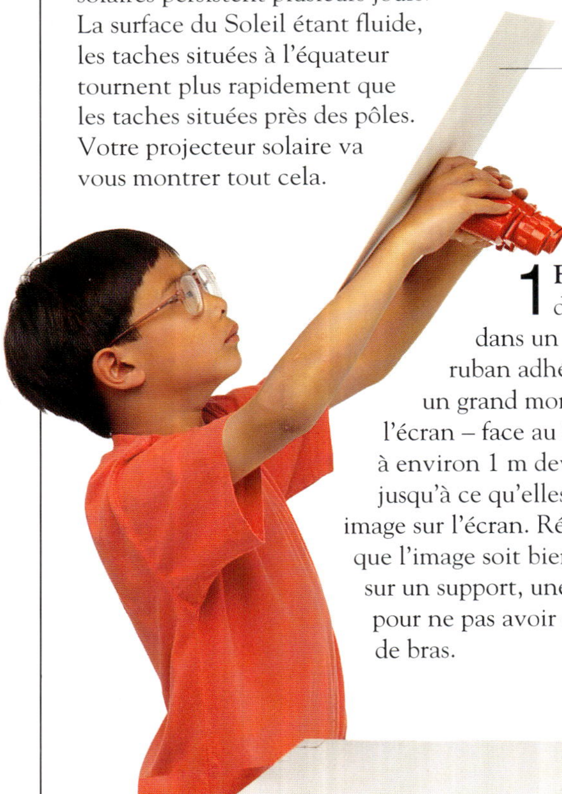

Le carton recouvre un des objectifs

Un des objectifs concentre l'image du Soleil sur l'écran

1 FAITES UN TROU du diamètre d'un des objectifs des jumelles dans un carton. Fixez-le avec le ruban adhésif sur l'objectif. Mettez un grand morceau de carton blanc – l'écran – face au Soleil. Tenez les jumelles à environ 1 m devant l'écran et orientez-les jusqu'à ce qu'elles donnent du Soleil une image sur l'écran. Réglez les jumelles pour que l'image soit bien nette et faites-les tenir sur un support, une chaise par exemple, pour ne pas avoir à les tenir à bout de bras.

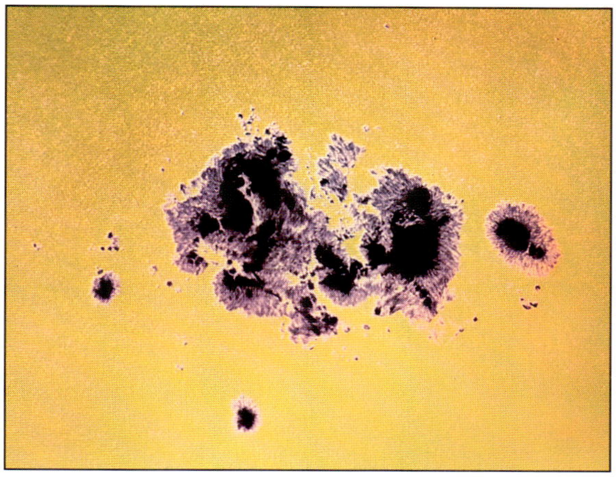

La découverte des taches solaires
Les taches solaires ont été découvertes par les astronomes chinois en 189 av. J.-C. Ils notèrent que le Soleil était orange et que l'on y voyait « des formes noires semblables à des vols de pies ».

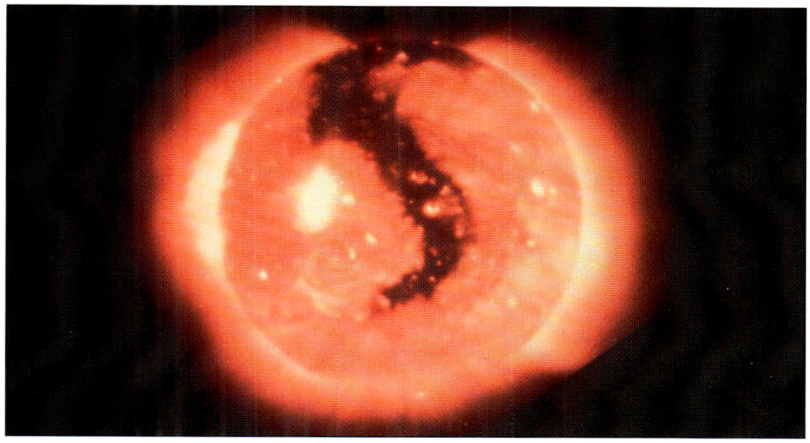

Le Soleil vu autrement
Si vos yeux étaient sensibles aux rayons X, et non à la lumière, vous verriez le Soleil différemment. Sur cette photo prise par un télescope à rayons X, la surface apparaît sombre et l'atmosphère brillante. C'est que la surface est près de mille fois plus froide que l'atmosphère. Les taches solaires forment des points lumineux.

2 FIXEZ DU PAPIER calque sur l'écran. Tracez la silhouette du Soleil et marquez les taches solaires. Au bout de quelques minutes, vous verrez le Soleil se déplacer à cause du mouvement de la Terre. Marquez d'une flèche la direction du déplacement.

3 LE LENDEMAIN (s'il y a du soleil), faites de même avec une autre feuille de papier calque. Comparez les deux dessins en les alignant de façon que les deux flèches soient parallèles. Les taches se sont-elles déplacées ?

La taille des taches solaires

Comparées au Soleil, l'astre géant du système solaire, les taches solaires semblent très petites. Mais elles paraissent plus grandes si on les compare à la Terre. Vous pourrez le faire dès que vous aurez dessiné quelques taches solaires avec votre projecteur. Mesurez le diamètre du Soleil sur votre écran. Divisez-le par 100 et tracez un petit cercle bleu de ce diamètre à côté du Soleil : c'est la Terre.
Les plus grandes taches solaires jamais observées étaient dix fois plus grandes que la Terre ; les vôtres font combien de fois la Terre ?
On pense que les autres étoiles ont des taches plus grandes encore, capables de diminuer leur éclat.

La lumière du Soleil

EN 1835, LE PHILOSOPHE Auguste Comte fit une liste de sujets qui, selon lui, resteraient pour toujours hors d'atteinte de la science. Parmi eux se trouvait la question de la composition des étoiles. Moins de 30 ans plus tard, les astronomes étudiaient la composition du Soleil et des étoiles en analysant leur lumière. Cette lumière en effet, peut être dispersée avec un prisme pour donner un arc-en-ciel – un spectre – de couleurs différentes. Et chaque étoile a un spectre particulier, qui dépend de sa température et de sa composition.

NE JAMAIS regarder le Soleil en face

Les raies sombres de Fraunhofer

Joseph von Fraunhofer (1787-1826) avait pour spécialité le polissage des lentilles de télescope. Un des problèmes qu'il rencontrait était dû à la réfraction des différentes couleurs qui empêchait d'obtenir une image nette. En faisant passer la lumière solaire à travers une série de prismes d'excellente qualité, il observa une douzaine de raies sombres sur le spectre habituel. Il ne parvint pas à les expliquer, mais on les baptisa de son nom en son honneur.

EXPÉRIENCE

Obtenir un spectre

Il existe plusieurs façons d'obtenir le spectre de la lumière blanche du Soleil. On peut utiliser un matériau transparent – eau ou verre – ou réfléchir la lumière sur un réseau, surface finement striée. On peut voir un spectre à travers une règle en plastique, en regardant un arc-en-ciel ou une goutte de rosée. Voici une autre façon de voir un spectre.

Un arc-en-ciel sous l'eau

Avec un peu de pâte à modeler placez un petit miroir, légèrement incliné, au fond d'un bol rempli d'eau. Dirigez la torche vers le miroir et trouvez la bonne distance : un arc-en-ciel apparaît sur le carton.

IL VOUS FAUT

- *Lampe torche*
- *Miroir* ● *Pâte à modeler* ● *Bol* ● *Eau*
- *Carton blanc*

Comment se forme un spectre

La lumière est déviée (réfractée) quand elle passe de l'air dans un prisme de verre, et réfractée à nouveau quand elle ressort. Les longueurs d'onde les plus courtes (la lumière violette) sont davantage réfractées que les plus longues (le rouge). La lumière ressort ainsi en faisant un éventail de différentes couleurs. La lumière blanche est produite par les objets solides ou très denses portés à haute température – les particules de suie d'une flamme de bougie ou les gaz denses de la surface du Soleil. Ces corps produisent toute une gamme de longueurs d'onde. Les atomes des gaz peu denses, au contraire, émettent et absorbent des lumières de longueurs d'onde bien précises. Chaque type d'atome – ou élément – émet de la lumière quand ses électrons sautent d'un niveau d'énergie à un autre, ou en absorbe si la lumière qui l'atteint a exactement cette énergie. Cela donne une raie sombre sur le spectre, appelée raie d'absorption.

Lumière blanche
La lumière émise par un solide chaud contient toutes les longueurs d'onde et son spectre donne un « arc-en-ciel » continu. Les gaz de la surface du Soleil se comportent comme un solide chaud et la lumière qu'ils émettent, si elle pouvait être étudiée directement, donnerait un spectre continu.

Lumière solaire
Le spectre du Soleil est barré de centaines de raies de Fraunhofer comme celles que l'on voit ici. Elles sont dues à l'absorption de certaines longueurs d'onde par les gaz plus froids de l'atmosphère du Soleil. Comparez ce spectre avec ceux de droite. Le Soleil contient-il du sodium et de l'hydrogène ?

Sodium
Quand on fait passer de la lumière dans de la vapeur de sodium, les atomes absorbent la partie jaune du spectre. Un spectroscope montre qu'il existe deux raies d'absorption, dues à des sauts d'électrons sur des niveaux d'énergie voisins. Les lampes à vapeur de sodium, elles, n'émettent que ces deux longueurs d'onde.

Hydrogène
Les atomes d'hydrogène absorbent diverses longueurs d'onde. Les raies d'absorption, sont appelées « H-alpha » dans le rouge, « H-bêta » dans le bleu-vert, « H-gamma » et « H-delta » dans le violet. C'est le spectre de l'hydrogène qui a permis de comprendre, au début du XXe siècle, la structure des atomes.

EXPÉRIENCE

Le spectre d'une flamme

Les spectroscopes sont des instruments qui permettent de voir les spectres, y compris les raies d'émission et d'absorption qui sont les « cartes de visite » des éléments chimiques. Faites votre propre spectroscope.

L'aide d'un adulte est recommandée

IL VOUS FAUT

● *Loupe* ● *Bougie* ● *Réchaud de camping (à gaz)* ● *Cuiller à café* ● *Sel de cuisine* ● *Ruban adhésif* ● *Prisme* ● *Carton* ● *Plaque de polystyrène*

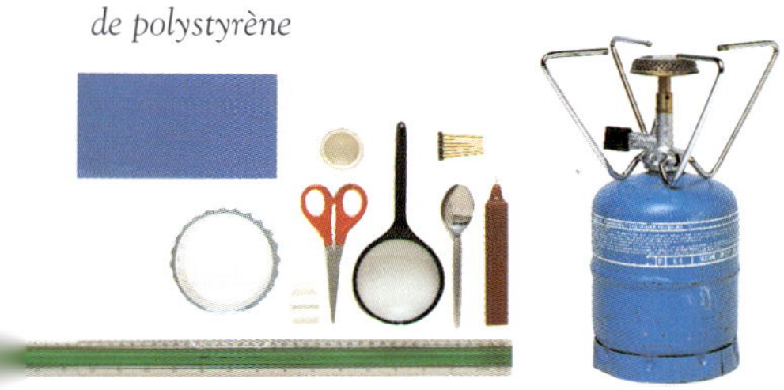

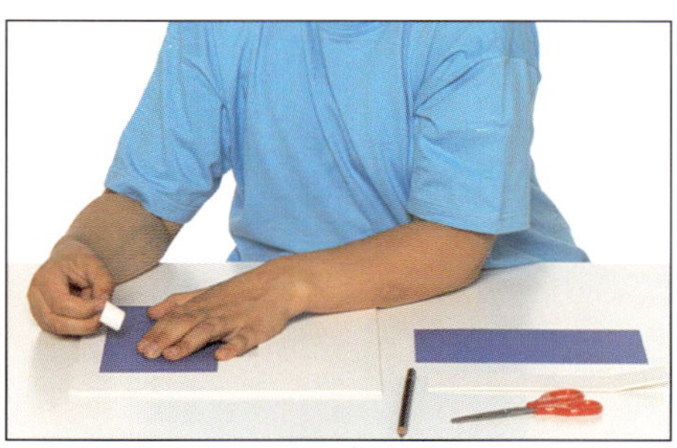

1 DÉCOUPEZ UNE FENTE DE 150 x 30 MM dans le polystyrène et recouvrez-la d'une feuille de papier pour faire une fente de 150 x 1 mm. Mettez un carton (l'écran) à environ 50 cm.

2 DEMANDEZ À UN ADULTE d'allumer la bougie placée devant la fente. Tenez la loupe de l'autre côté et projetez l'image de la fente sur l'écran. Mettez au point votre spectroscope (ajustez la position de la loupe) jusqu'à avoir une image bien nette.

3 PLACEZ LE PRISME derrière la loupe et faites le tourner pour obtenir un spectre sur l'écran. Mettez-vous maintenant à la place du spectre et regardez le prisme. Combien de couleurs voyez-vous ?

Le spectre du sel

Demandez à un adulte de remplacer la bougie par le réchaud à gaz et de lancer une pincée de sel dans la flamme. Elle prend une couleur jaune orangé. Regardez dans le prisme. Combien de couleurs voyez-vous ? Le sel est constitué d'atomes de chlore et de sodium. Comparez le spectre obtenu avec le spectre du sodium ci-dessus. Vous devez voir les même raies.

L'intérieur du Soleil

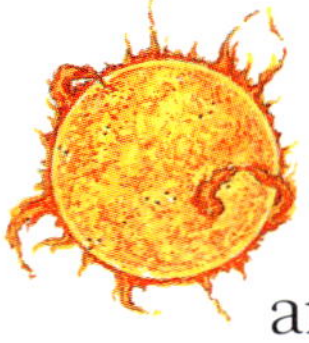

QU'Y A-T-IL À L'INTÉRIEUR du Soleil ? Les scientifiques ont trouvé la réponse dans les années 30, quand ils ont découvert les réactions nucléaires. Parce qu'ils sont comprimés par les couches externes de l'étoile, les gaz qui constituent le noyau du Soleil ont des températures de l'ordre de 14 millions de degrés. À cette température, il se produit une « fusion nucléaire » : les noyaux d'hydrogène fusionnent en libérant de l'énergie sous forme de rayons gamma et de rayons X. À mesure qu'il progresse, très lentement, vers l'extérieur du Soleil, ce rayonnement se change en lumière et en chaleur. Près de la surface, il met en mouvement des cellules de convection semblables à celles de l'eau bouillant dans une casserole. Une fois dans l'espace, le rayonnement met 8,3 mn pour parvenir sur Terre.

■ Un Soleil de charbon ?

Avant que les astronomes ne découvrent ce qui fait briller le Soleil, plusieurs théories s'affrontaient. Au XIXe siècle, certains pensaient par exemple que le Soleil était un énorme amas de charbon brûlant. Pourtant, même d'une taille colossale, un tas de charbon se consumerait très vite. D'autres, comme le montre cette image, pensaient que le Soleil était couvert de volcans. Il fallut attendre le XXe siècle pour découvrir le secret du Soleil.

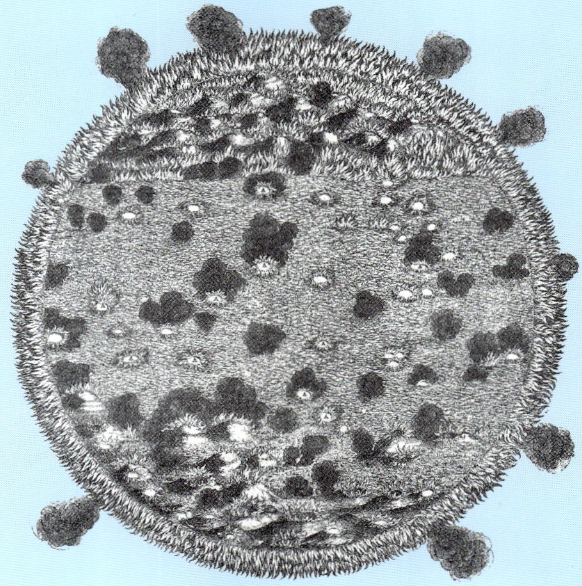

EXPÉRIENCE

Comme un verre qui vibre

Bien que le noyau solaire soit inaccessible, les astronomes ont divers moyens de savoir ce qui s'y passe. L'un d'eux consiste à étudier les vibrations du Soleil, car il vibre comme une cloche ou un verre rempli d'eau. Un verre, cependant, vibre des centaines de fois par seconde tandis qu'une vibration solaire dure environ cinq minutes. L'étude des vibrations donne des renseignements sur la densité, la pression et la viscosité à l'intérieur du Soleil. Faites vibrer des verres avec un ami.

IL VOUS FAUT
- *4 verres identiques*
- *Cuiller*
- *Eau*
- *Huile de cuisine*

NE JAMAIS regarder le Soleil en face

Musique des sphères
Remplissez d'eau trois des verres aux trois quarts. Mettez la même quantité d'huile dans le quatrième. Demandez à votre ami de mélanger les verres pendant que vous avez le dos tourné, et de taper avec la cuiller sur chacun d'eux. Pouvez-vous reconnaître, au son, celui qui contient de l'huile ?

Du noyau à la chromosphère

Le Soleil est constitué de cinq couches superposées.
Le noyau où ont lieu les réactions de fusion, produit des rayons X et gamma.
Ce rayonnement traverse la couche radiative où il perd de l'énergie.
Il met en mouvement les tourbillons de la zone convective avant d'arriver dans la photosphère et dans la couche la plus basse de l'atmosphère, la chromosphère.

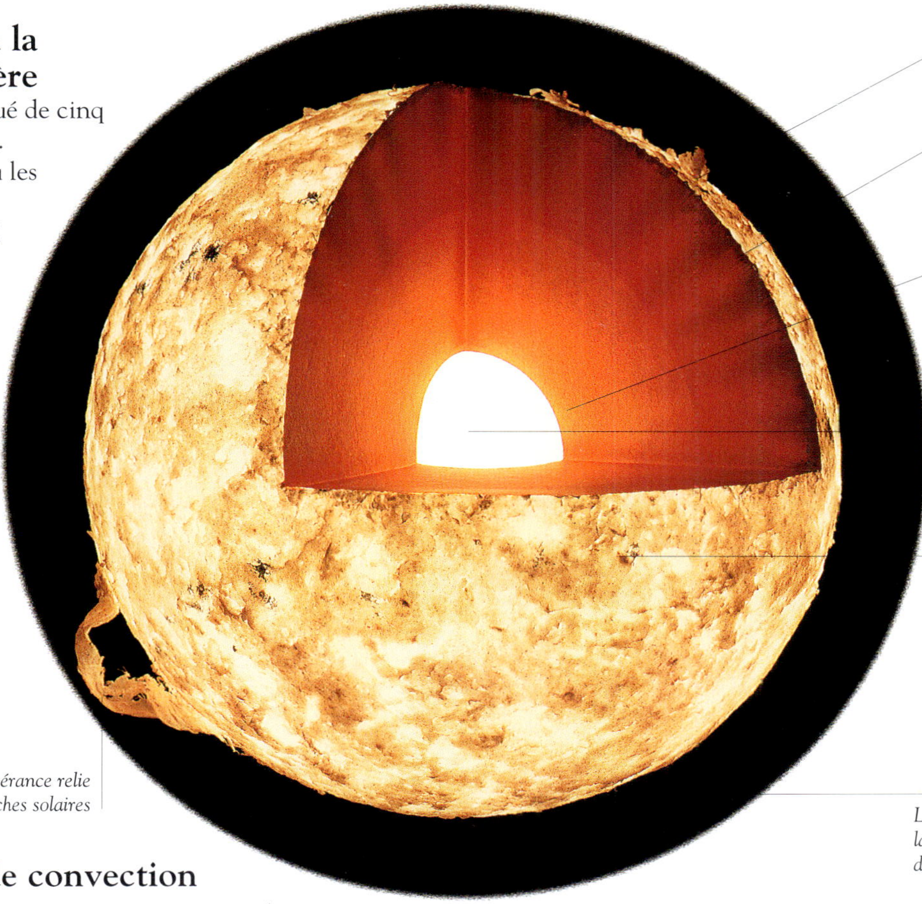

Courants de convection

La chaleur peut se propager par rayonnement, par conduction ou par convection. Le premier mode de propagation a lieu dans le noyau, le dernier à la surface du Soleil. Pour observer des courants de convection, mettez des paillettes dans de l'eau bouillante.

Comment brille le Soleil

Les noyaux des atomes d'hydrogène subissent des réactions de fusion nucléaire. Quatre noyaux d'hydrogène (des protons) s'unissent pour former un noyau d'hélium. La masse du noyau d'hélium ne valant que 99,3% de celle des quatre noyaux d'hydrogène, 0,7% sont convertis en énergie. Chaque seconde, cela représente la conversion en énergie de quatre millions de tonnes de matière solaire.

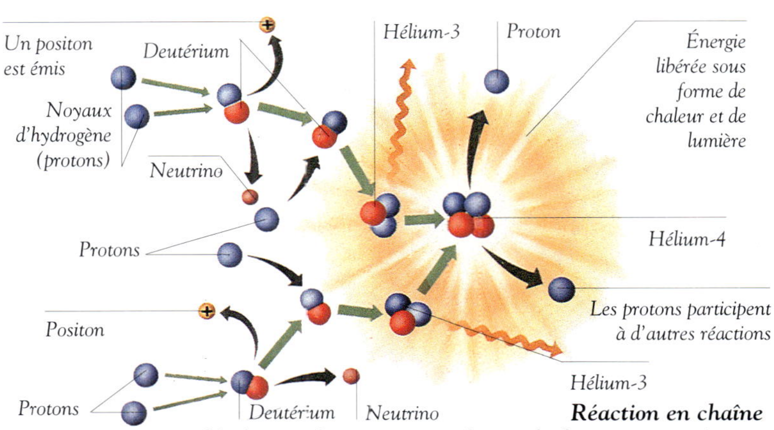

Réaction en chaîne
Les noyaux d'hydrogène fusionnent pour donner du deutérium, qui s'unit à d'autres protons pour donner de l'hélium-3, puis de l'hélium-4.

Le cycle solaire

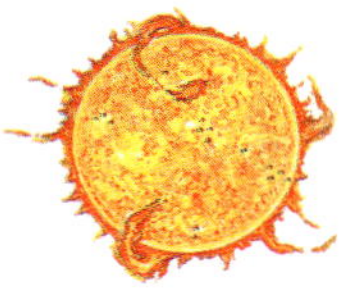

À CERTAINES ÉPOQUES, le Soleil se couvre de taches sombres, les taches solaires ; à d'autres, il en est totalement dépourvu. L'apparition et la disparition de ces taches obéit à un cycle de onze ans, le « cycle solaire », qui est déterminé par le champ magnétique de l'étoile. Durant cette période, le champ magnétique s'« enroule » peu à peu comme un élastique. Cela est sans doute dû au fait que l'équateur et les pôles tournent à des vitesses différentes, et se traduit par une augmentation du champ et du nombre de taches solaires. Le champ est si intense lors d'un « maximum solaire » que son influence se fait sentir jusque sur la Terre. Il déclenche en effet des éruptions, de gigantesques explosions libérant dans l'espace des particules chargées qui peuvent brouiller les ondes radio, occasionner des pannes d'électricité ou ouvrir mystérieusement les portes électriques des garages...

Le petit âge glaciaire

Certains chercheurs pensent que l'activité solaire influe sur le climat terrestre, l'absence de taches solaires se traduisant par un climat plus froid. Cet effet est spécialement prononcé quand les taches disparaissent pendant des dizaines d'années. En 1684, l'astronome anglais John Flamsteed décrivit « la première tache solaire visible depuis décembre 1676 ». Quelques années plus tard, E.W. Maunder découvrit qu'il n'y avait eu aucune tache entre 1645 et 1715. Ce « minimum de Maunder » coïncida avec une période très froide – le « petit âge glaciaire » – en Europe du Nord. À l'époque, la Tamise et la Seine étaient gelées tout l'hiver.

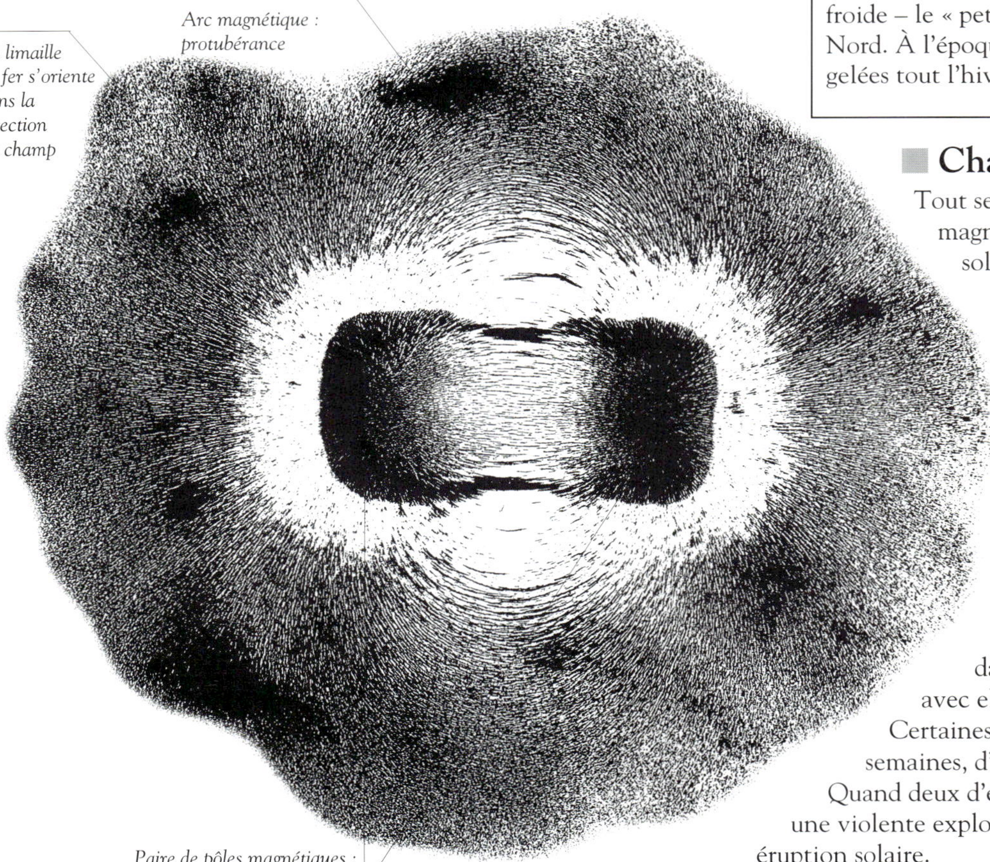

Arc magnétique : protubérance

La limaille de fer s'oriente dans la direction du champ

Paire de pôles magnétiques : taches solaires

Champ magnétique

Tout se passe comme si le champ magnétique qui engendre les taches solaires était créé par les deux pôles d'un aimant affleurant à la surface du Soleil. Si vous teniez un aimant en fer à cheval sous cette page et la saupoudriez de limaille de fer, vous verriez apparaître ce motif (à gauche). La limaille s'assemble au voisinage des pôles, c'est pourquoi les taches vont toujours par paires. Elle dessine aussi des arcs allant d'un pôle à l'autre. Ce sont les protubérances qui, dans l'atmosphère solaire, entraînent avec elles des arches de gaz luminescents. Certaines protubérances persistent plusieurs semaines, d'autres se diluent dans l'espace. Quand deux d'entre elles se touchent, il se produit une violente explosion, que les astronomes appellent éruption solaire.

EXPÉRIENCE

Le cycle de onze ans

Le nombre de taches solaires croît et décroît avec une période de onze ans. Les premières taches du cycle apparaissent aux hautes latitudes, près des pôles du Soleil. En quelques années, elles se rapprochent de l'équateur et se font plus nombreuses.
Après une période de maximum, leur nombre décroît à nouveau, les taches se rapprochant toujours de l'équateur. Avec le modèle ci-dessous, vous pourrez faire plusieurs cycles de onze ans... en quelques secondes.

IL VOUS FAUT
● *Carton noir et carton jaune* ● *Ciseaux* ● *Règle* ● *Compas* ● *Colle* ● *Feutre noir*

1 PRENEZ UN MORCEAU DE CARTON NOIR de 30 x 15 cm. Pliez 2 cm à une extrémité et découpez près du pli un cercle de 12 cm de diamètre. Collez un carré de carton jaune sur le trou.

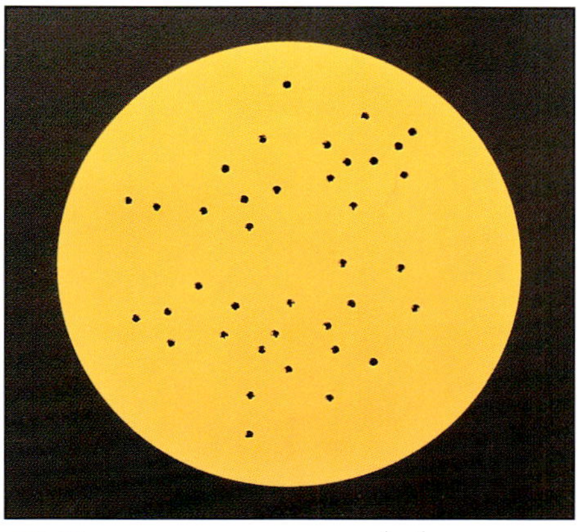

2 PLIEZ LE CARTON NOIR de façon à obtenir un « Soleil » comme ci-dessus. Collez le petit rabat au grand pour faire une glissière.

3 AVEC LA POINTE d'un crayon, faites des petits trous dans le Soleil aux endroits indiqués. Il doit y en avoir moins à l'« équateur » et aux « pôles ».

4 DÉCOUPEZ UNE BANDE DE CARTON de 50 x 14 cm munie d'une tirette. Dessinez des « V » comme ci-dessous et colorez-les en noir.

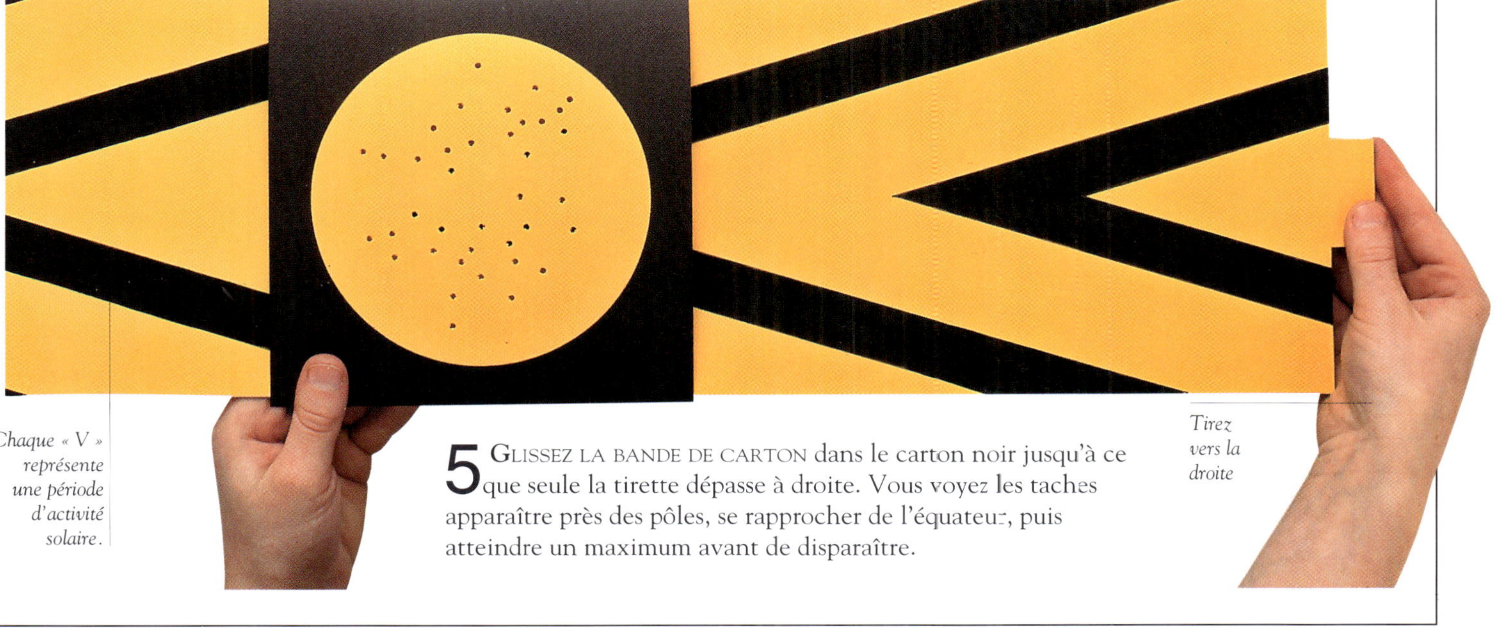

Chaque « V » représente une période d'activité solaire.

Tirez vers la droite

5 GLISSEZ LA BANDE DE CARTON dans le carton noir jusqu'à ce que seule la tirette dépasse à droite. Vous voyez les taches apparaître près des pôles, se rapprocher de l'équateur, puis atteindre un maximum avant de disparaître.

Éclipse de Soleil

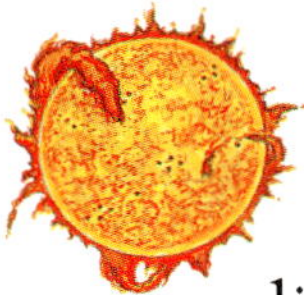

LE SOLEIL EST 400 FOIS plus gros que la Lune, mais comme il est aussi 400 fois plus loin, les deux astres ont le même diamètre apparent. Lorsqu'on observe une éclipse de Soleil depuis la Terre, le disque lunaire recouvre exactement le disque solaire. Une éclipse de Soleil, même partielle, est rare, et vous aurez de la chance si vous assistez à une éclipse totale. Les astronomes, eux, voyagent dans le monde entier pour voir ce spectacle qui leur permet d'étudier l'atmosphère du Soleil. Les éclipses de Soleil sont généralement annoncées dans les journaux et à la radio. Ne les ratez pas.

EXPÉRIENCE

Observer une éclipse

Il ne faut JAMAIS regarder une éclipse à l'œil nu ou, pire encore, avec des jumelles ou une lunette. Joignez-vous de préférence à un club d'astronomes amateurs ou utilisez votre projecteur solaire (p. 94-95). Sinon, construisez cet appareil pour observer les éclipses.

IL VOUS FAUT

- *Boîte à chaussures*
- *Peinture noire*
- *Pinceau* • *Règle*
- *Papier calque*
- *Ruban adhésif*
- *Ciseaux* • *Papier d'aluminium*
- *Compas*

1 PRENEZ UNE BOÎTE À CHAUSSURES avec un couvercle qui ferme bien et peignez l'intérieur en noir. Il doit être aussi sombre que l'intérieur d'un appareil photo.

2 DÉCOUPEZ UNE EXTRÉMITÉ en laissant un bord de 2,5 cm de chaque côté. Au centre de l'autre extrémité, faites un trou de 2,5 cm de diamètre.

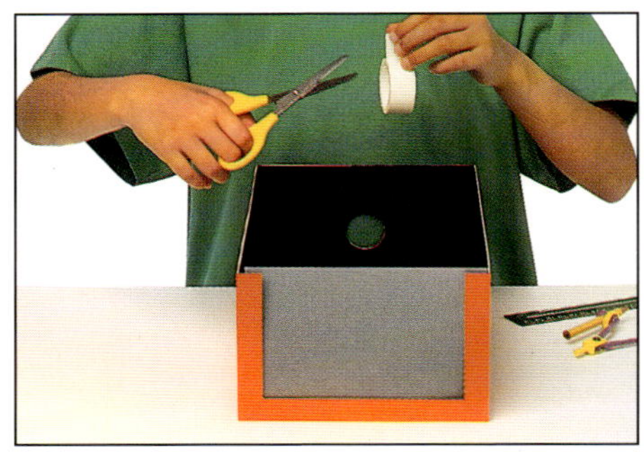

3 COUVREZ L'EXTRÉMITÉ ouverte avec un « écran » de papier calque que vous fixerez aux bords (à l'intérieur de la boîte) avec du ruban adhésif.

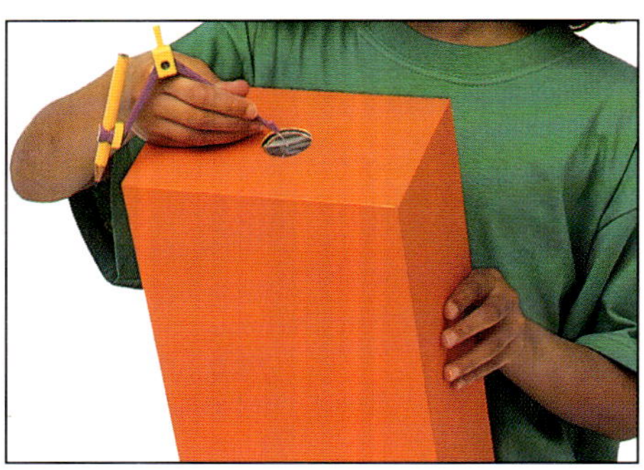

4 FIXEZ UN PETIT PEU DE PAPIER d'aluminium, bien tendu, sur le trou de l'autre extrémité. Avec la pointe du compas, percez un trou aussi petit que possible au centre. Si vous déchirez le papier, recommencez jusqu'à obtenir un résultat correct.

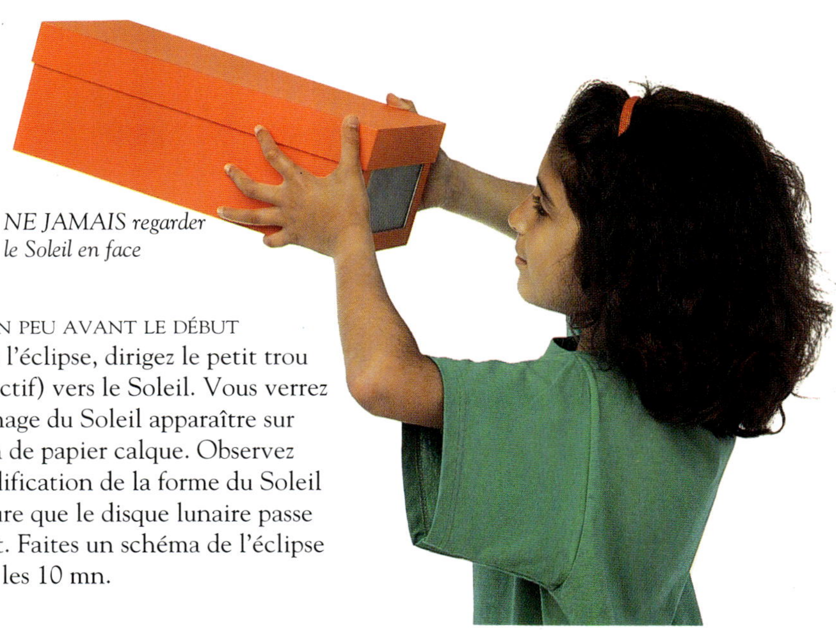

NE JAMAIS regarder le Soleil en face

5 UN PEU AVANT LE DÉBUT de l'éclipse, dirigez le petit trou (l'objectif) vers le Soleil. Vous verrez une image du Soleil apparaître sur l'écran de papier calque. Observez la modification de la forme du Soleil à mesure que le disque lunaire passe devant. Faites un schéma de l'éclipse toutes les 10 mn.

EXPÉRIENCE

Une éclipse de Soleil

À défaut de voir une éclipse totale de Soleil, vous pouvez en faire une chez vous. Regardez par un trou percé dans la zone d'ombre projetée par votre « Lune » : la lumière de votre « Soleil » sera arrêtée. Si vous percez un trou dans la pénombre, vous verrez une éclipse partielle, plus fréquente qu'une éclipse totale. Vous pourrez en outre, en vous reculant un peu, voir une éclipse depuis l'espace.

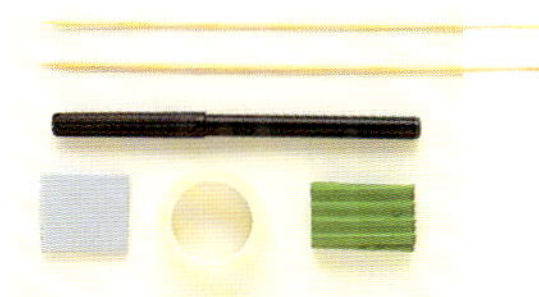

Il Vous Faut

- *Pâte à modeler* • *Règle*
- *Deux baguettes*
- *Lampe et ampoule de 40 W*
- *Plasticine* • *Feutre*

1 Faites une boule de pâte à modeler d'environ 2,5 cm de diamètre : c'est la Lune. Piquez-la sur une baguette que vous ferez tenir sur de la plasticine.

2 Placez la lampe (le Soleil) et la Lune à la même hauteur. Dressez un écran de carton dans l'alignement. Éteignez dans la pièce et allumez le « Soleil ». La Lune projette une ombre sur l'écran, qui représente la Terre.

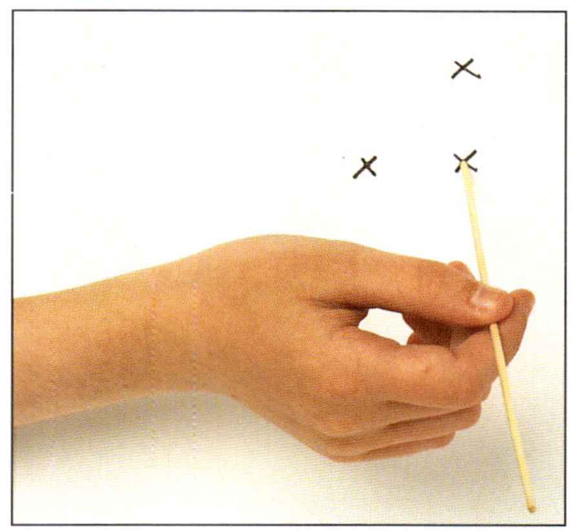

3 Faites des petits trous au centre de l'ombre et en deux points proches. Regardez par les trous pour voir l'éclipse.

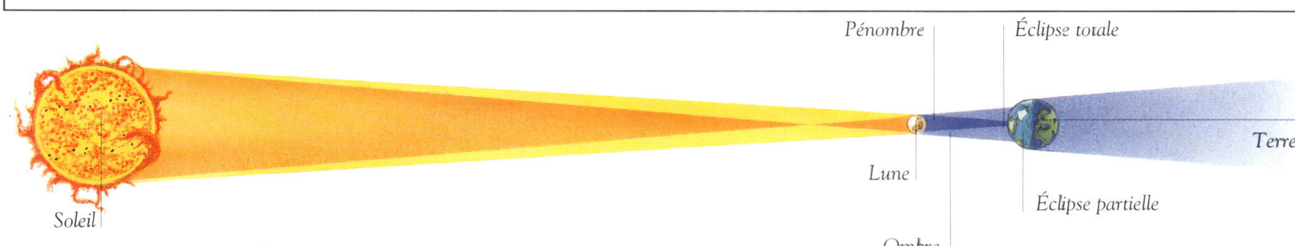

Éclipses totales et partielles

Lors d'une éclipse totale, l'ombre de la Lune est projetée sur une petite région (moins de 250 km de diamètre) de la surface terrestre. À cause de la rotation de la Terre, l'éclipse suit une trajectoire à la surface de la Terre. L'éclipse est observable partout dans cette bande étroite.

Alignement
De même que la petite Lune peut éclipser l'énorme Soleil, vous pouvez éclipser de gros objets avec votre doigt. Si l'alignement est bon, vous pouvez par exemple faire disparaître un arbre.

LES ÉTOILES

Naissances d'étoiles
Les étoiles naissent au sein d'immenses nuages de gaz appelés nébuleuses. La nébuleuse d'Orion (ci-dessus) est visible à l'œil nu. La nébuleuse Trifide (à gauche) est divisée en trois par des nuages de poussières sombres, la matière première des planètes.

PAR SON ÂGE, SA LUMINOSITÉ et sa taille, le Soleil est une étoile très ordinaire parmi les 200 milliards que compte notre galaxie. Beaucoup d'étoiles sont plus lumineuses, plus grandes ou plus chaudes. Bien que les plus proches soient 300 000 fois plus éloignées que le Soleil, on a découvert quantité de choses sur elles, y compris la façon dont elles naissent, vivent et meurent.

LA VIE DES ÉTOILES

SI VOUS OBSERVEZ LE CIEL PAR UNE NUIT BIEN CLAIRE, vous verrez d'innombrables étoiles scintiller comme des petits diamants sur fond noir. Chacune d'elles est un enfer nucléaire semblable au Soleil, mais si lointaine que son éclat est heureusement affaibli par la distance. Nos ancêtres ne s'intéressaient pas à la nature des étoiles ; ils les utilisaient pour se diriger, prévoir les saisons, connaître leur latitude ou trouver l'heure la nuit.

Avant d'utiliser les étoiles, les premiers astronomes ont dû apprendre à les reconnaître. L'œil humain en distingue environ 6 000 dans tout le ciel ; on peut donc en voir 3 000 au-dessus de l'horizon en un point donné de la Terre. Mais la moindre lumière parasite – celle de la Lune ou d'un lampadaire – suffit à en éliminer la moitié. La seule façon de les reconnaître est d'identifier certaines des figures qu'elles forment, et d'abord de trouver les plus remarquables.

L'amas des Pléiades
Ce superbe amas se trouve dans la constellation du Taureau, à environ 410 années-lumière. Il est jeune à l'échelle cosmique, puisque son âge ne dépasse pas 70 millions d'années. Les étoiles blanc-bleu sont les plus chaudes et les plus massives. Elles illuminent le nuage de gaz et de poussières qui les entoure.

Constellations

Chaque civilisation a défini ses propres constellations, et les interprétations diffèrent d'un continent à l'autre. Là où les Grecs, par exemple, voyaient une femme assise (Cassiopée), les Chinois voyaient un chariot tiré par des chevaux sur un chemin de montagne. Mais les astronomes d'aujourd'hui utilisent les mêmes constellations. Elles furent définies par les Babyloniens il y a 5 000 ans, puis utilisées par les Grecs, les Romains et les Arabes.

Voir les étoiles
L'homme a toujours été fasciné par les étoiles. Ce manuscrit italien montre un astronome observant dans une des premières lunettes astronomiques.

Beaucoup portent des noms d'animaux, comme le Bélier, ou de héros, comme Persée et Hercule. Au XVIIe siècle, les explorateurs européens baptisèrent les constellations de l'hémisphère Sud, invisibles depuis le Moyen-Orient ou la Méditerranée. Certains noms sont étranges, tel Caelum (le burin) ou Antlia (la machine pneumatique). À cette époque, le langage scientifique était le latin et les constellations reçurent des noms latins. La Grande Ourse s'appelle donc Ursa Major et la Croix du Sud, Crux. Mais la plupart des noms de constellations nous viennent des pays arabes, qui étaient le centre de l'activité scientifique autour de l'an 1000. Aldébaran (dans le Taureau) signifie « celui qui suit » en arabe, car il semble poursuivre les Pléiades dans le ciel. Et Deneb (« la queue ») se trouve au bout de la constellation du Cygne.

Bien que les constellations soient utiles pour observer le ciel, les étoiles qui les constituent ne sont pas apparentées et se trouvent souvent à de très grandes distances l'une de l'autre. Certaines sont proches de nous et pâles ; d'autres très éloignées et extrêmement brillantes. Les deux étoiles principales du Centaure, par exemple, sont l'une très proche du Soleil et l'autre cent fois plus éloignée, mais des milliers de fois plus brillante.

Le sac à charbon
Ce nuage sombre, baptisé le sac à charbon, se trouve près de la Croix du Sud. Il est constitué de petits grains de poussière interstellaire qui absorbent la lumière des étoiles situées au-delà. On voit en haut à droite une partie de la Croix du Sud.

Années-lumière

Même les étoiles les plus proches de la Terre sont à des distances difficiles à imaginer. La plus proche de toutes, une naine rouge appelée Proxima du Centaure, se trouve à 40 millions de millions de km.
Sa lumière mettant 4,2 années pour nous parvenir, les astronomes disent qu'elle se trouve à 4,2 années-lumière de nous. Deneb, la plus éloignée des étoiles brillantes, est à 1 800 années-lumière.

Si l'on voulait aller sur Proxima en voiture, le voyage durerait 48 millions d'années et la plus rapide des sondes spatiales mettrait 80 000 ans. L'homme construira sans doute des engins plus rapides mais, selon la théorie de la relativité, il sera de toute façon impossible d'atteindre la vitesse de la lumière. Ainsi, avec l'engin le plus rapide imaginable, il faudrait une vie entière pour atteindre Aldébaran, à 68 années-lumière.

L'Univers est vraiment incommensurable et le voyage vers les étoiles n'est pas pour demain.

Antarès
Cette géante rouge brillante qui marque le cœur du Scorpion est proche de la fin de sa vie.

Des milliards d'étoiles

Une fois qu'ils connaissent la distance d'une étoile, les astronomes peuvent étudier sa composition et sa température. Ils utilisent pour cela le spectre de sa lumière, et ont ainsi découvert une étonnante variété d'étoiles. Certaines sont des centaines de fois plus grosses que le Soleil : Bételgeuse, une géante rouge de la constellation d'Orion, engloutirait toutes les planètes jusqu'à Mars si elle se trouvait à la place du Soleil. Le compagnon de Sirius, en revanche, une naine blanche (p. 118-119), n'est guère plus gros que la Terre. Spica, dans la Vierge, est une étoile bleue beaucoup plus chaude que le Soleil tandis que Proxima du Centaure, naine rouge deux fois moins brillante que le Soleil, n'est visible qu'au télescope.

Une des grandes découvertes scientifiques du XXe siècle a consisté à expliquer l'origine de cette diversité. Une des causes principales est que les étoiles naissent, vivent et meurent, et changent d'aspect au cours du processus.

La vie d'une étoile

Une étoile vit si longtemps – des millions ou des milliards d'années – que nous ne verrons jamais une géante rouge devenir une naine blanche. Mais les astronomes peuvent vérifier cela indirectement, à la manière d'un extraterrestre qui débarquerait sur Terre.

En voyant des bébés, des enfants, des adultes et des vieillards, il comprendrait que les êtres humains changent avec l'âge, même s'il ne voit jamais un bébé se transformer en vieillard.

Or les astronomes voient des étoiles jeunes au sein des nuages de gaz qui leur ont donné naissance, des étoiles « adultes » à la luminosité constante et d'autres, plus âgées, dont les instabilités indiquent une modification des réactions nucléaires de leur noyau.

La vie d'une étoile commence avec l'effondrement, sous l'effet de la gravité, d'un nuage de matière. L'étoile brille longtemps de façon uniforme puis, lorsque son combustible est épuisé, elle enfle jusqu'à devenir une géante rouge.

Elle projette enfin ses couches externes dans l'espace, ne laissant qu'un petit noyau pratiquement invisible.

Chauffé à blanc
La température d'une étoile, comme celle d'une barre de métal chauffée, peut être déterminée à partir de sa couleur.

Trou noir
Dans cette vue d'artiste, le disque de gaz luminescent dissimule un trou noir (p. 152). La force gravitationnelle du trou noir aspire la matière de la géante bleue (en haut) qui se trouve à proximité. Ce gigantesque tourbillon cosmique, appelé « disque d'accrétion », émet des rayons X.

Le ciel chez vous

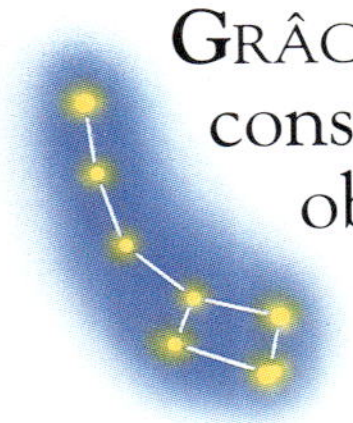

GRÂCE AU PLANÉTARIUM que vous allez construire vous pourrez, à tout moment, observer le ciel chez vous. Hémisphère Nord ou hémisphère Sud, époque de l'année, vous pourrez choisir votre lieu et votre saison sans voyager ni attendre des mois. Vous pourrez aussi modifier votre planétarium pour voir le ciel des antipodes. Les grands planétariums munis de projecteurs compliqués peuvent aussi montrer les positions et le déplacement des planètes et de la Lune. Des dispositifs plus simples comme celui-ci sont utilisés pour apprendre aux futurs navigateurs à reconnaître les étoiles. Le vôtre vous permettra de vous familiariser avec le ciel.

EXPÉRIENCE

Un planétarium

Pour construire votre planétarium, vous n'utiliserez que cinq des six faces montrées ici. Une fois que vous aurez observé les étoiles visibles depuis l'endroit où vous habitez, vous pourrez enlever la face du dessus, retourner votre planétarium et ajouter la face que vous n'avez pas utilisée. Vous verrez alors le ciel de l'autre hémisphère, et les étoiles qui sont invisibles depuis chez vous.

IL VOUS FAUT
● *Carton* ● *Règle* ● *Crayon* ● *Ciseaux* ● *Compas* ● *Baguette* ● *Ruban adhésif* ● *Pile de 4,5 V* ● *Ampoule et fils* ● *Tournevis* ● *Plasticine*

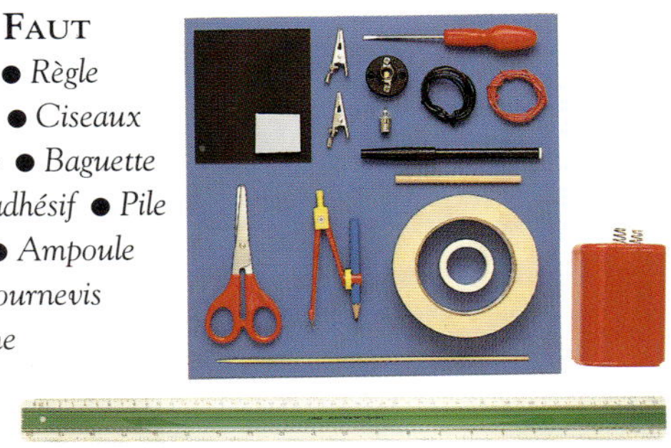

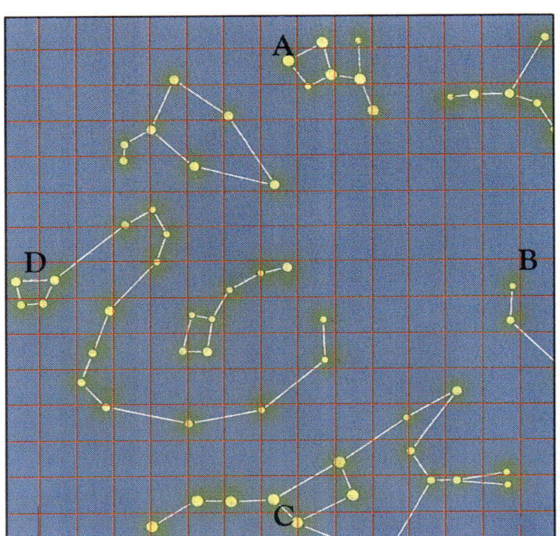

Face supérieure pour l'hémisphère Nord

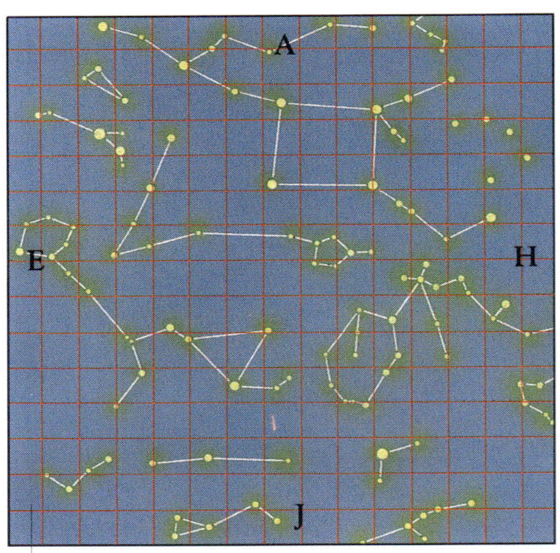

Côté

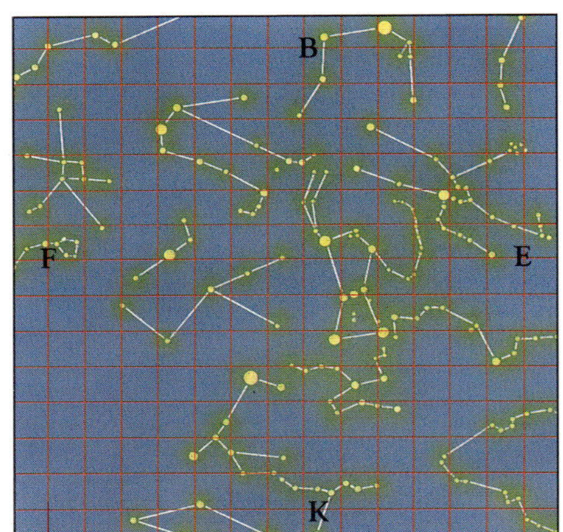

Côté

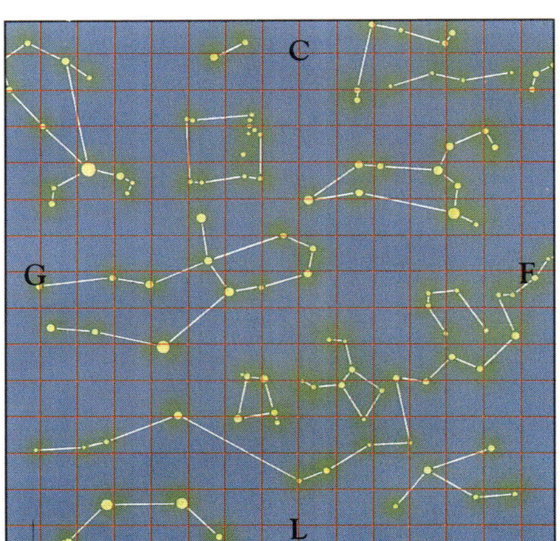

Côté

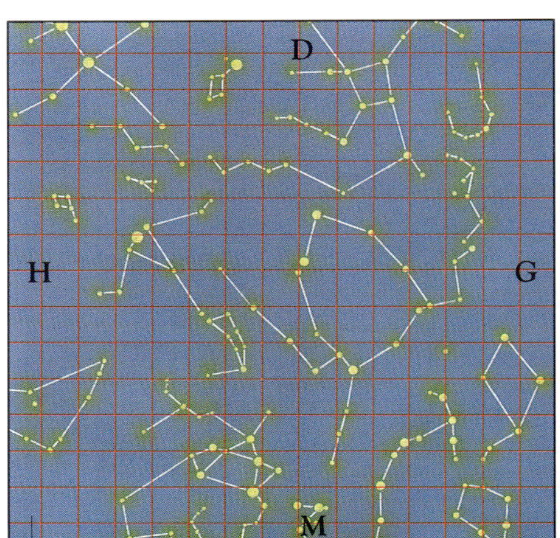

Côté

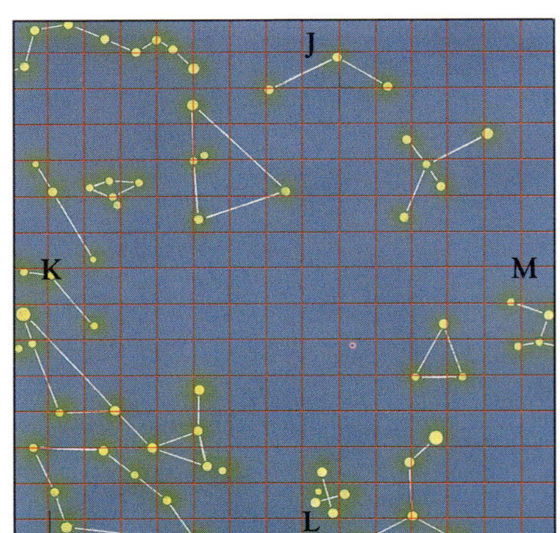

Face supérieure pour l'hémisphère Sud

1 Découpez six carrés de carton de 30 cm de côté et tracez sur chacun une grille de 15 lignes par 15 colonnes, de façon à obtenir des carreaux de 2 cm de côté, comme sur les modèles de la page de gauche.

2 Recopiez les positions des étoiles montrées sur la page précédente puis, avec la pointe du compas, percez des gros trous pour les étoiles brillantes, des plus petits pour les autres. Recopiez aussi les lettres.

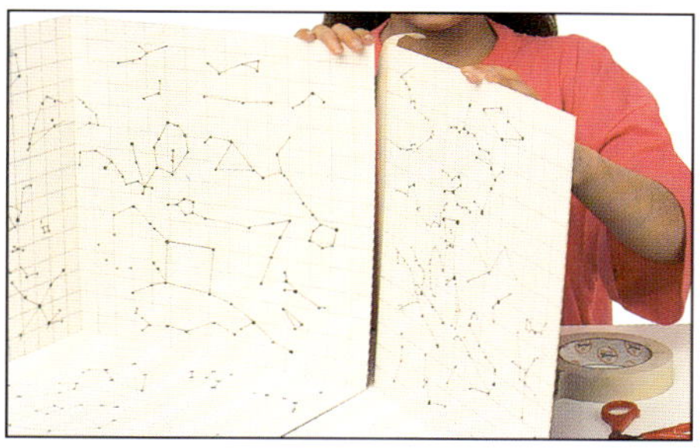

3 Assemblez les cinq carrés de votre hémisphère, avec les faces dessinées à l'intérieur. Les lettres indiquent les côtés qui doivent être joints. Collez le tout avec le ruban adhésif.

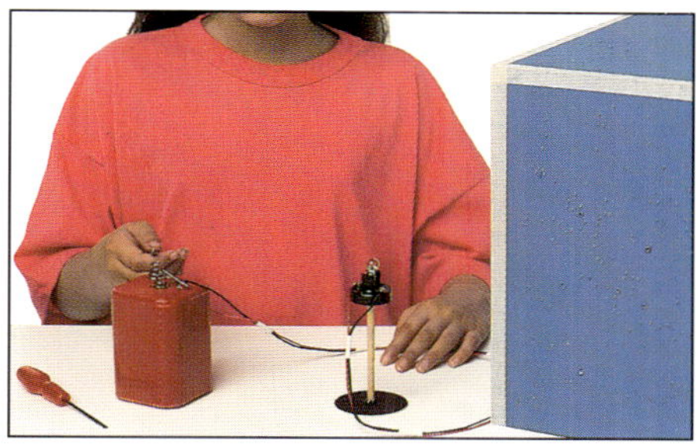

4 Faites une base circulaire en carton pour la baguette, que vous fixerez avec la plasticine. Montez l'ampoule et son support sur la baguette et branchez à la pile de 4,5 V.

Modèles de ciels

Les premiers planétariums comme celui de Perini en 1680 (ci-dessous) furent construits pour montrer au public les mouvements des planètes. Un professeur de l'université de Cambridge, Roger Long, construisit un grand globe creux percé de trous figurant les étoiles, dans lequel pénétraient les spectateurs. La société allemande Karl Zeiss construisit le premier planétarium moderne en 1923. Il s'agissait d'un projecteur perfectionné placé au centre d'une coupole.

5 Posez votre planétarium sur une table bien dégagée. Allumez l'ampoule et recouvrez-la avec la boîte. Éteignez les lumières de la pièce : les étoiles apparaissent ! Laissez vos yeux s'habituer à l'obscurité pendant quelques minutes. Pour identifier les constellations, reportez-vous aux cartes du ciel des pages 148-151.

Les constellations

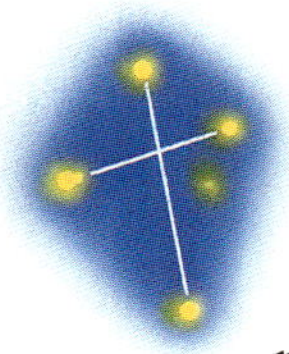

DE TOUT TEMPS, les hommes ont imaginé voir dans les étoiles des figures familières. Le jeu est semblable à celui du dessin caché qui apparaît lorsqu'on relie des points numérotés, mais, dans le ciel, il n'y a pas de numéros et chacun construit la figure qu'il souhaite. La plupart des constellations que nous reconnaissons aujourd'hui nous viennent des Babyloniens, *via* les Grecs et les Romains. Construisez une constellation en 3 dimensions.

EXPÉRIENCE

Une constellation en 3-D

Ce modèle de constellation tient compte des distances respectives des étoiles, et peut être observé sous différents angles. Il s'agit de la constellation du Lion, qui est visible depuis les deux hémisphères. Respectez bien les mesures pour avoir un modèle aussi précis que possible.

IL VOUS FAUT

- *Carton noir*
- *Ciseaux*
- *Pâte à modeler colorée*
- *Peinture noire*
- *Soucoupe*
- *Baguettes*
- *Compas*
- *Règle*
- *Crayon blanc*

Tableau de mesures (en millimètres)

Étoile	D	H	x	y
Denebola	10	105	00	10
Zosma	10	150	85	13
Algieba	14	165	255	25
Adhafera	12	225	270	30
Mu	14	240	345	45
Epsilon	16	225	375	77
Éta	20	135	300	450
Régulus	15	75	300	21
Coxa		96	85	

1 **FAITES 9 BOULES** de pâte à modeler ayant les diamètres D indiqués ci-dessus. Ce sont les étoiles du Lion et D représente à peu près leur éclat.

2 **DÉCOUPEZ DES DISQUES** de carton pour faire les bases. Coupez les baguettes aux hauteurs H indiquées ci-dessus. Peignez le tout en noir.

3 **SUR UNE FEUILLE DE PAPIER NOIR**, tracez au crayon blanc une grille de 380 x 450 mm, avec des carreaux de 10 mm de côté.

EXPÉRIENCE

Le ciel dans une boîte à chaussures

Vous et vos amis allez devenir imbattables pour reconnaître les constellations grâce à ce dispositif très simple. Tenu devant une lampe, il est très réaliste.

IL VOUS FAUT

- *Boîte à chaussures et son couvercle*
- *Peinture noire*
- *Papier noir épais*
- *Crayon ou feutre blanc ou or*
- *Épingle à dessin*
- *Compas*

1 **PEIGNEZ** (avec un gros pinceau) en noir l'intérieur de la boîte et du couvercle. Vérifiez que le couvercle ferme hermétiquement la boîte et que la lumière n'entre pas.

2 PERCEZ UN TROU de 1 cm de diamètre à une extrémité. Découpez l'autre extrémité, en laissant une marge de 3 cm sur les bords.

3 DÉCOUPEZ DES RECTANGLES de papier noir, de la même hauteur mais légèrement plus larges que l'ouverture de la boîte.

4 REPRODUISEZ DES CONSTELLATIONS des pages 148-151. Avec votre crayon blanc ou votre feutre, marquez les positions des étoiles.

5 FAITES DES TROUS à l'emplacement des étoiles, d'autant plus gros que l'étoile est plus brillante.

6 DEMANDEZ À UN AMI de placer une carte à l'extrémité de la boîte et dirigez votre appareil vers une lampe. Reconnaissez-vous cette constellation ?

Tracez des traits joignant les étoiles de la constellation. Cela aidera votre ami à décider si vous avez répondu correctement.

4 METTEZ LES ÉTOILES sur les baguettes et placez-les au bon endroit : à partir du coin en bas à gauche, comptez « x » carreaux vers la droite et « y » vers le haut.

5 SI VOUS REGARDEZ à mi-hauteur, vous verrez la constellation du Lion comme on la voit depuis la Terre. Essayez d'autres angles de vue. Cela a-t-il la même allure ?

Demandez à un ami de tenir l'« espace » (un carton noir) derrière votre modèle

Où sont les étoiles ?

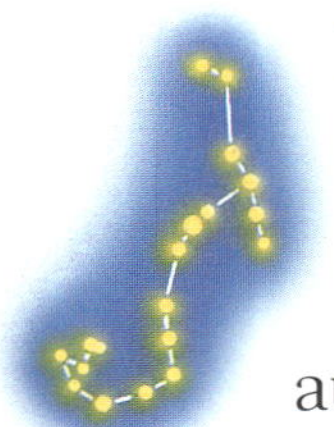

IL Y A DES ÉTOILES partout dans l'espace, mais, à un moment donné de la nuit, et depuis un endroit donné de la Terre, on ne peut en voir que la moitié, les autres étant visibles depuis les antipodes.

La partie visible du ciel dépend de la latitude (p. 18), de la saison, et de l'heure. Avec un planisphère, on peut « afficher » la portion de ciel visible selon l'heure et le jour de l'année. Il est composé d'une carte du ciel (de l'hémisphère Nord ou Sud) et d'un cache tournant dont la forme dépend de la latitude de l'endroit où vous vivez. Le bord interne du cache représente l'horizon de votre lieu d'observation. Un planisphère ne peut indiquer la position des planètes, qui se déplacent trop vite par rapport aux étoiles.

EXPÉRIENCE

Un planisphère

Vous pouvez acheter un planisphère, mais celui que vous ferez vous-même marchera tout aussi bien. Le trou du cache montre le ciel tel que vous le voyez si vous vous étendez sur le dos, son bord représentant l'horizon. Pour l'utiliser, il faut s'orienter au nord et tourner l'appareil – sans faire bouger le cache – de façon que le côté marqué « nord » soit en bas. Pour observer dans d'autres directions, faites tourner le cache pour que la direction choisie soit en bas. Quels sont les autres endroits de la Terre où vous pourriez utiliser ce planisphère ?

IL VOUS FAUT

- *Papier calque*
- *Règle* ● *Compas*
- *Attache parisienne*
- *Feuille de plastique transparent*

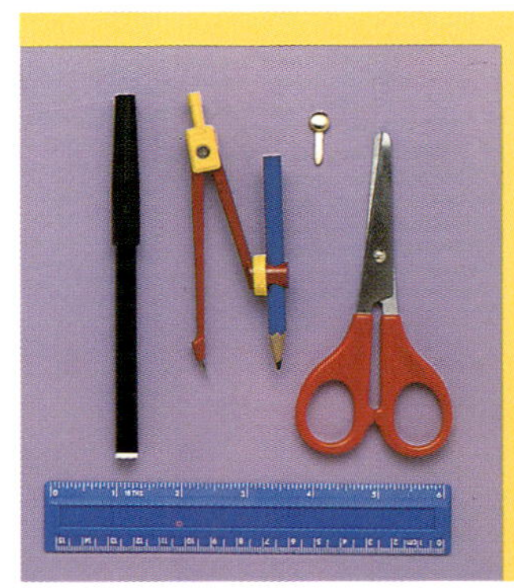

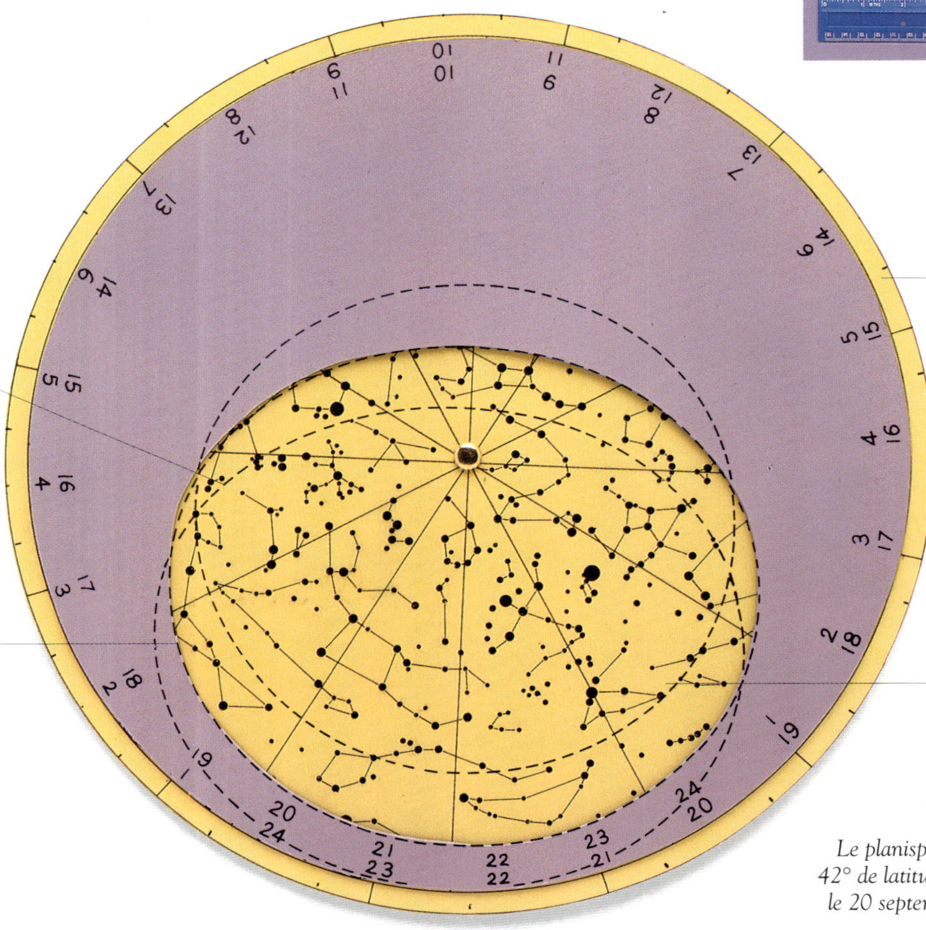

Votre cadran stellaire
Recopiez les heures et les indications « nord » et « sud » – à l'intérieur pour l'hémisphère Nord, à l'extérieur pour l'hémisphère Sud. Attention ! Elles sont inversées par rapport aux cartes ordinaires.

Horizon pour 35° de latitude (Europe du Sud, sud des États-Unis, Australie, Afrique du Sud)

Horizon pour 42° de latitude (Europe du Nord, nord des États-Unis, Nouvelle-Calédonie)

Divisez chaque mois en quatre semaines, afin de trouver la date plus facilement

Horizon pour 52° de latitude (Europe du Nord, Canada)

Ciel d'automne
Le planisphère est ici réglé pour 42° de latitude nord, à 22 heures le 20 septembre (ou à 20 heures le 20 octobre, etc.)

1 TRACEZ SUR LE CARTON un cercle de 24,5 cm de diamètre. Découpez-le et tracez un cercle de même diamètre sur une feuille de papier calque. Mettez-le de côté pour l'instant.

2 TRACEZ ET DÉCOUPEZ LE CERCLE du cache, de 23,5 cm de diamètre. Découpez le trou le plus proche de votre latitude (p. 18-19). Marquez les heures, « nord » et « sud ».

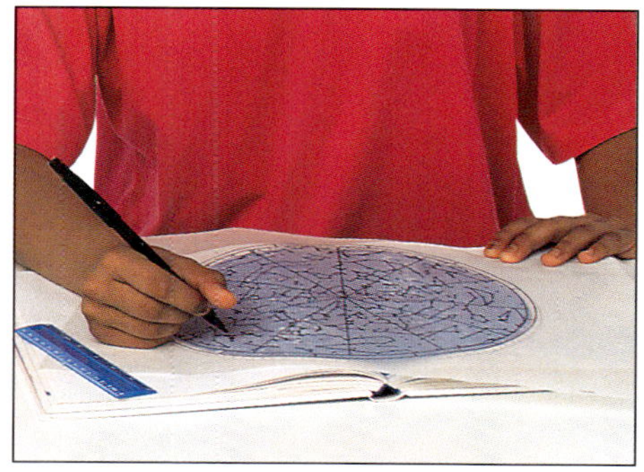

3 PLACEZ LE PAPIER CALQUE sur la carte du ciel de votre hémisphère (p. 148-151), et recopiez les étoiles. Ajoutez les mois et tracez six diamètres de longitudes.

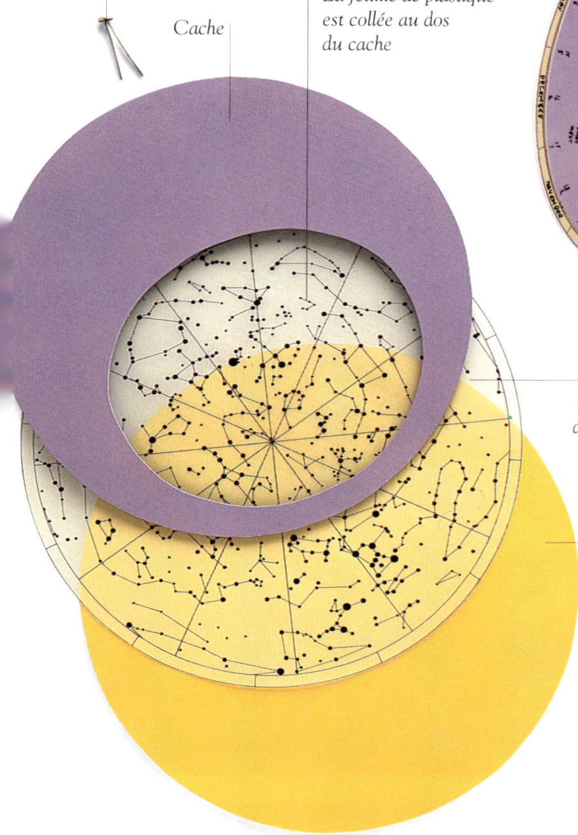

4 DÉCOUPEZ LA FEUILLE de plastique au diamètre de la base et collez-la à la face intérieure du cache. Une fois que c'est fait, collez la carte du ciel au disque de carton et laissez sécher les pièces de votre planisphère.

5 PERCEZ un trou au centre du cache (à travers le plastique) et au centre de la carte du ciel. Fixez-y une attache parisienne. Trouvez la date à l'extérieur du cadran et faites tourner le cache pour que l'heure soit en face de la date. Tenez le planisphère comme indiqué, dans la direction notée au bas du cadran. Vous voyez le ciel tel qu'il est au-dessus de vous.

La lumière des étoiles

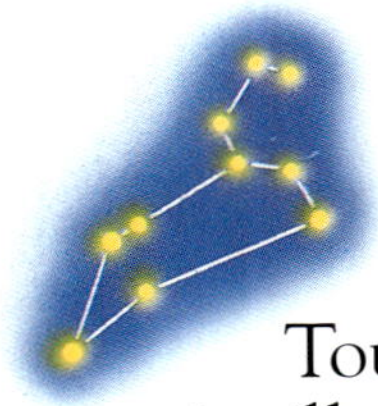

PARCE QUE LES ÉTOILES sont à des distances considérables, la seule façon de les étudier est d'analyser la lumière qu'elles produisent.

Tout observateur sait que les étoiles scintillent et sont plus ou moins brillantes. Le scintillement est dû à l'atmosphère terrestre et la luminosité d'une étoile peut être calculée à condition de connaître sa distance. Certaines, les « étoiles variables », changent sans cesse d'éclat. L'analyse de la lumière par spectroscopie permet de connaître la température et la composition des étoiles.

Éclat et magnitude

L'astronome grec Hipparque (autour de 140 av. J.-C.) mesurait l'éclat des étoiles en six « magnitudes » : de la magnitude 1 pour les plus brillantes jusqu'à la magnitude 6 pour les plus pâles visibles à l'œil nu. Ces dessins indiquent les magnitudes de l'étoile la plus brillante et de la moins brillante de quelques constellations. Essayez de reconnaître les plus brillantes.

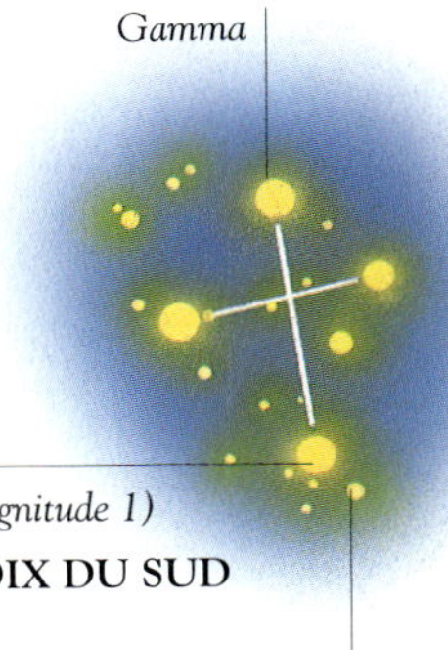

La Croix du Sud
C'est la plus petite constellation du ciel. Très compacte, elle est bien visible dans l'hémisphère Sud. Parmi les quatre étoiles principales, trois sont blanches ou bleutées ; Gamma (en haut) est rouge.

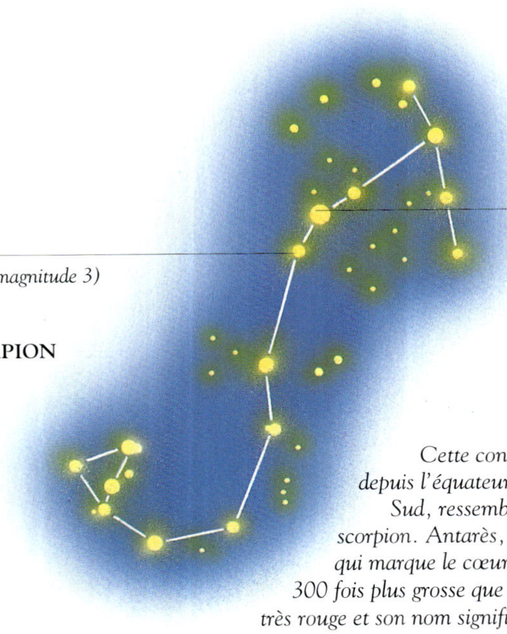

Le Scorpion
Cette constellation, visible depuis l'équateur ou l'hémisphère Sud, ressemble vraiment à un scorpion. Antarès, de magnitude 1, qui marque le cœur du scorpion, est 300 fois plus grosse que le Soleil. Elle est très rouge et son nom signifie « anti-Mars ».

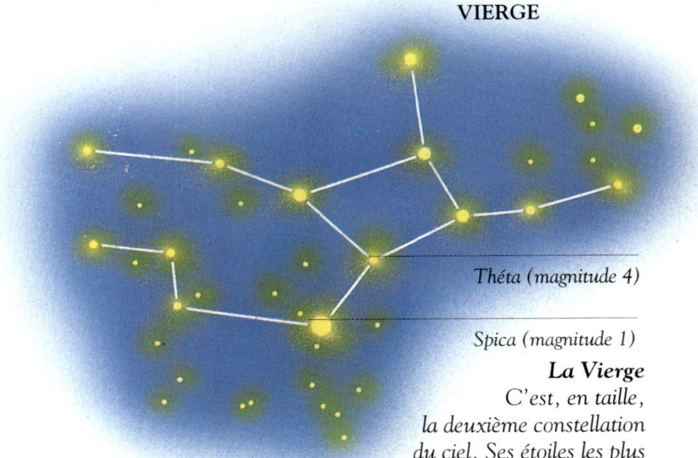

La Vierge
C'est, en taille, la deuxième constellation du ciel. Ses étoiles les plus brillantes forment un « Y » (à droite) dont Spica (magnitude 1) marque la base. Selon la légende, la Vierge représente la déesse des moissons et Spica est un épi de blé.

EXPÉRIENCE

Pourquoi les étoiles scintillent et pas les planètes

Le scintillement des étoiles est dû aux turbulences de l'atmosphère. Des bulles d'air chaud de densités variables se déplacent sans cesse au sein de l'atmosphère et font varier l'éclat des étoiles. Les planètes, elles, sont si proches (à l'échelle astronomique) que leur diamètre apparent est plus grand que la taille des bulles d'air chaud. Leur éclat est donc moins affecté par les turbulences.
Le scintillement a longtemps été un obstacle à l'observation des étoiles ; les systèmes informatiques d'« optique adaptative » des télescopes modernes permettent de corriger grâce à des ordinateurs les effets de la turbulence atmosphérique. Avec un ami, observez le scintillement des étoiles et l'éclat fixe des planètes.

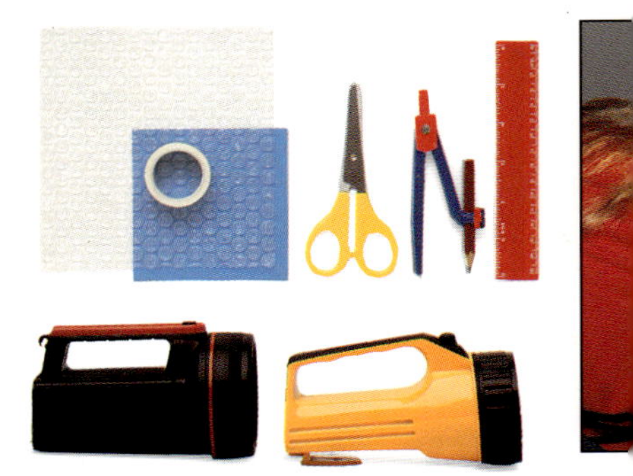

IL VOUS FAUT
- *Plastique d'emballage « à bulles »*
- *Papier*
- *Ruban adhésif*
- *2 lampes torche*
- *Ciseaux*

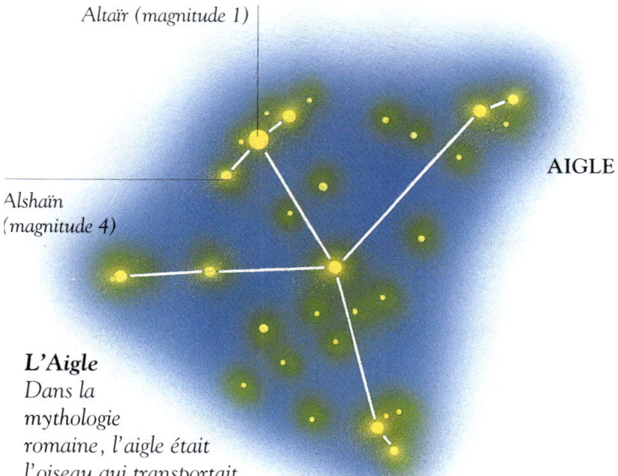

L'Aigle
Dans la mythologie romaine, l'aigle était l'oiseau qui transportait les éclairs de Jupiter. Altaïr, de magnitude 1, est une des étoiles les plus proches du Soleil, à seulement 16 années-lumière (150 millions de millions de km).

Étoiles variables

L'éclat de certaines étoiles varie avec une période allant du jour à quelques mois. Cela peut être dû au passage d'un compagnon moins brillant devant l'étoile (« double à éclipses », p. 121) ou à la contraction périodique d'une géante rouge (p. 118-119). Ce graphe montre les variations d'éclat de la géante rouge Mira.

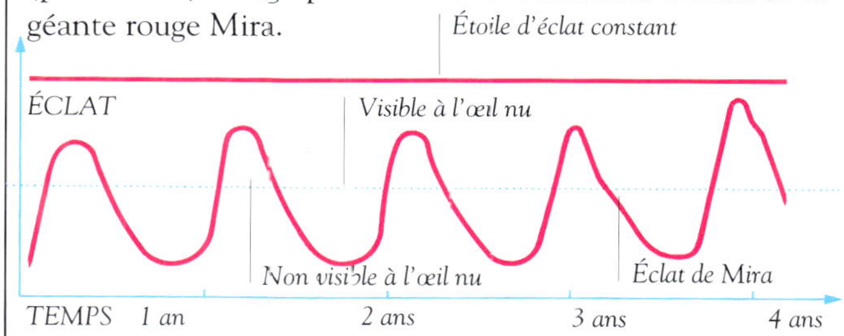

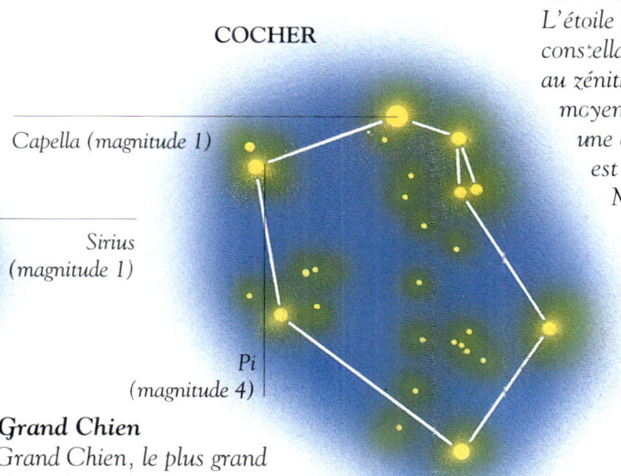

Le Cocher
L'étoile la plus brillante de cette constellation, Capella, se trouve au zénith les soirs d'hiver aux latitudes moyennes de l'hémisphère Nord. C'est une étoile jaune dont la température est voisine de celle du Soleil. Mais elle se trouve à 42 années-lumière et est en réalité 60 fois plus brillante.

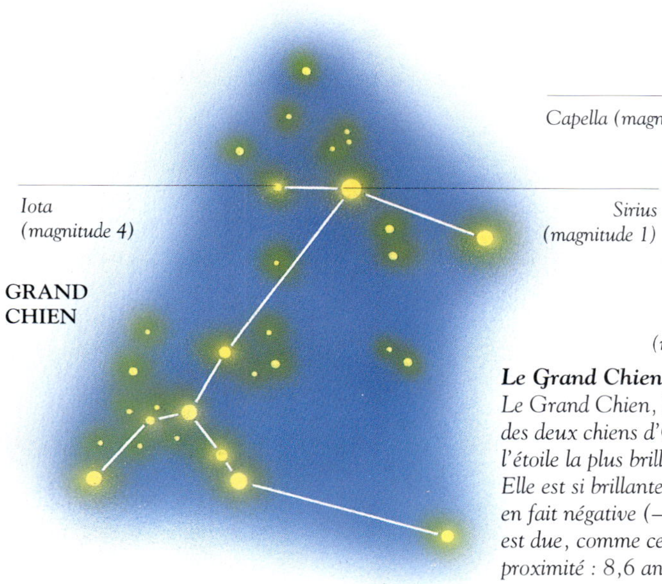

Le Grand Chien
Le Grand Chien, le plus grand des deux chiens d'Orion, contient l'étoile la plus brillante du ciel : Sirius. Elle est si brillante que sa magnitude est en fait négative (–1,46). Cette luminosité est due, comme celle d'Altaïr, à sa proximité : 8,6 années-lumière.

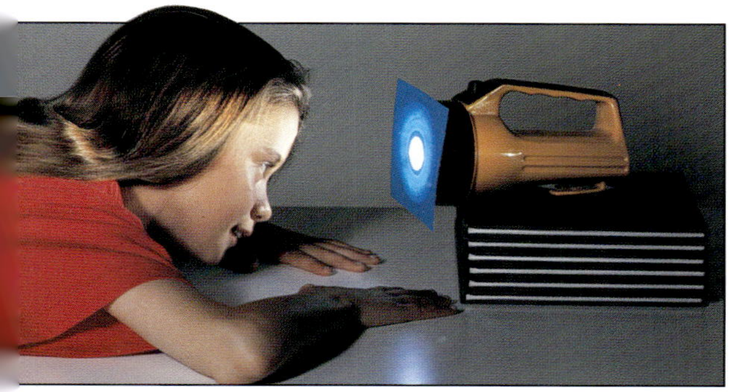

1 PLACEZ UNE LAMPE à 5 m (une étoile) et une à 30 cm (une planète). Couvrez la « planète » avec un papier muni d'un trou de 3 cm de diamètre.

2 DEMANDEZ À UN AMI de faire bouger le plastique à bulles devant la planète. Son éclat change-t-il ? Faites de même devant l'« étoile ». Quelle différence y a-t-il ? Observez les étoiles par une nuit bien claire. Les étoiles qui scintillent le plus sont-elles au zénith ou sur l'horizon ? Pouvez-vous trouver une explication ?

La distance des étoiles

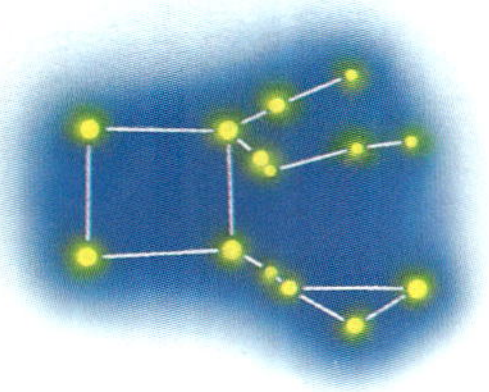

À PREMIÈRE VUE, il semble que toutes les étoiles soient à la même distance de la Terre. Mais la plus proche – Proxima du Centaure, pâle compagnon d'Alpha du Centaure – est à 40 millions de millions de km tandis que d'autres sont beaucoup plus éloignées. Si l'on exprime les distances des étoiles en années-lumière (la distance que parcourt la lumière en une année, soit environ 9,5 millions de millions de km), on voit que la lumière de Proxima met 4,2 années pour nous parvenir.

■ DÉCOUVERTE ■

Friedrich Bessel

Jusqu'au milieu du XIXe siècle, on ne savait pas mesurer les distances des étoiles avec précision. L'astronome allemand Friedrich Bessel (1784-1846) fit œuvre de pionnier en calculant les positions de 50 000 étoiles. Il utilisa le premier la méthode de la parallaxe (voir ci-dessous) et l'appliqua même à des étoiles extrêmement éloignées.

EXPÉRIENCE

Des étoiles qui bougent

Vues sous différents angles, certaines étoiles semblent se déplacer par rapport au fond du ciel. Reproduisez vous-même cet effet de « parallaxe » avec des étoiles autocollantes.

IL VOUS FAUT

- *Papier noir*
- *Étoiles autocollantes*
- *Crayon*

1 COLLEZ QUELQUES ÉTOILES sur une feuille de 45 x 60 cm. Ce sont les étoiles lointaines.

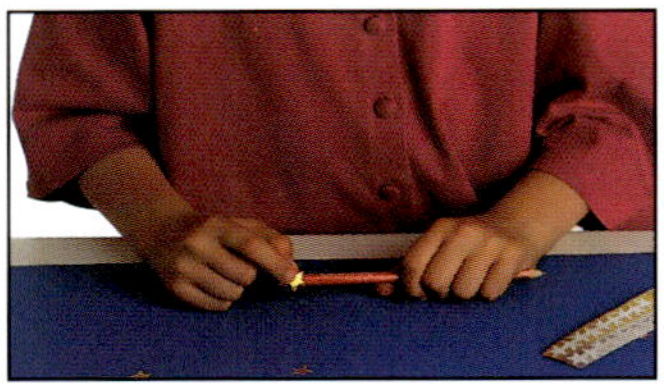

2 COLLEZ UNE AUTRE ÉTOILE au bout d'un crayon. C'est une étoile proche de la Terre. Fixez le papier au mur.

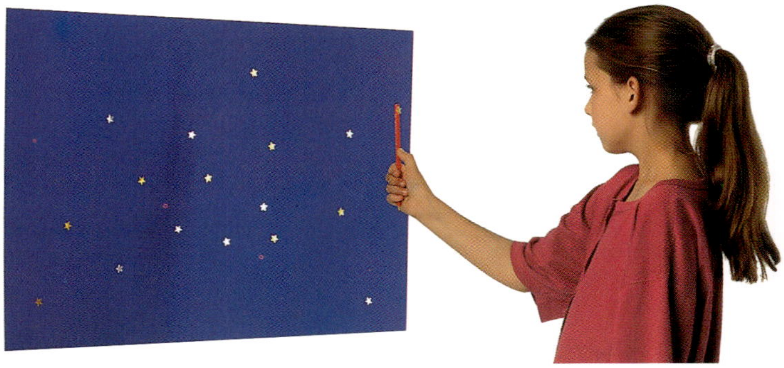

3 PLACEZ-VOUS à 2 m devant le mur et tenez le crayon à mi-bras à hauteur de vos yeux. Fermez l'œil gauche et notez la position de l'étoile par rapport à celles du papier. Fermez maintenant l'œil droit. Le mouvement de l'étoile que vous observez est dû à la parallaxe.

4 TENEZ LE CRAYON à bout de bras et recommencez. La parallaxe est plus faible pour une étoile lointaine.

Parallaxe et mesure de distance

Vue depuis des points opposés de l'orbite terrestre, c'est-à-dire observée à six mois d'intervalle, une étoile semble changer de position. À partir de la grandeur de cette parallaxe et du diamètre de l'orbite terrestre, les astronomes peuvent calculer la distance de l'étoile. Plus l'étoile est éloignée, plus petite est la parallaxe. Toutes les parallaxes sont en fait minuscules, moins de 1/3 000 de la taille du disque lunaire, ce qui ne facilite pas la tâche.

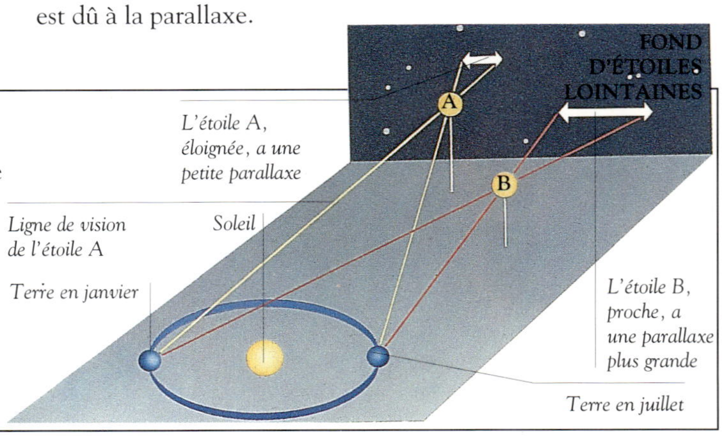

EXPÉRIENCE

Les étoiles proches

Pour mesurer les gigantesques distances entre les étoiles, les astronomes utilisent l'année-lumière. Le Soleil se trouve à 8 minutes-lumière de nous, Proxima du Centaure à 4,2 années-lumière. Cette maquette en trois dimensions des étoiles proches va vous permettre de « voir » ces distances et de comprendre comment les étoiles sont réparties dans l'espace.

Il Vous Faut

- *Grande plaque de polystyrène noir*
- *Perles de couleur*
- *Baguettes* • *Règle*
- *Ciseaux*
- *Peinture blanche*
- *Feutre*
- *Pinceau*

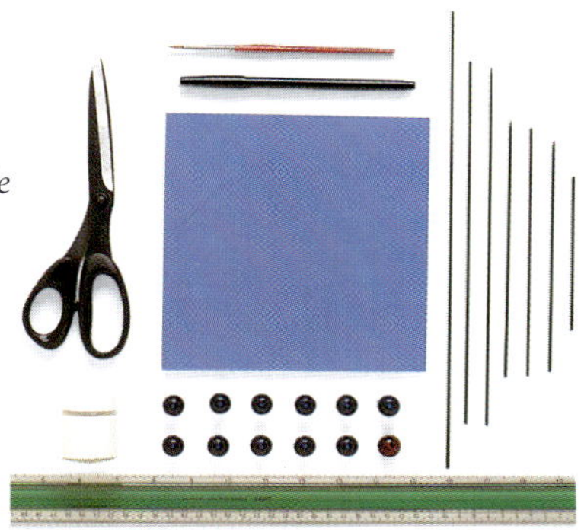

Étoiles australes

La Croix du Sud (en haut de cette photo), visible depuis tout l'hémisphère Sud, est formée de quatre étoiles très brillantes. Les deux étoiles brillantes à gauche de la photo sont Alpha et Bêta du Centaure. Bien qu'elles aient à peu près le même éclat, Bêta du Centaure est cent fois plus éloignée de la Terre que Alpha du Centaure.

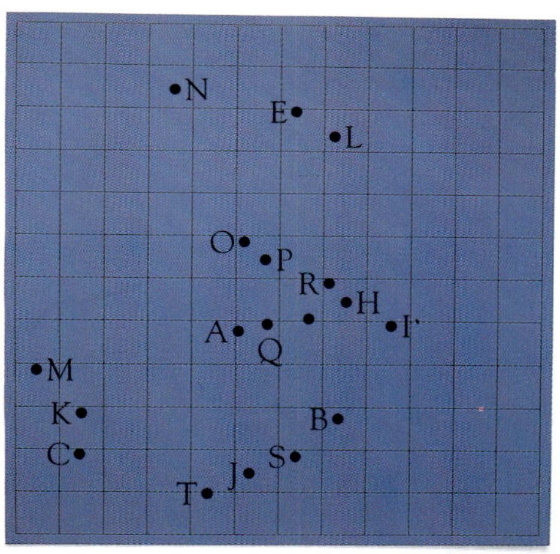

Positions des étoiles
Cette grille vous permet de placer les étoiles sur la plaque de polystyrène. Le tableau de droite vous donne les « hauteurs des étoiles ». À cette échelle, une année-lumière vaut 5 mm. L'ensemble représente les étoiles proches du Soleil vues depuis l'espace.

1 Dessinez une grille de 12 x 12 carreaux de 25 mm de côté sur la plaque de polystyrène. Marquez les points indiqués sur la grille, à gauche.

2 Découpez 17 baguettes aux longueurs indiquées ci-dessous. Mettez une perle à chaque baguette et placez-les aux positions indiquées sur la grille de gauche.

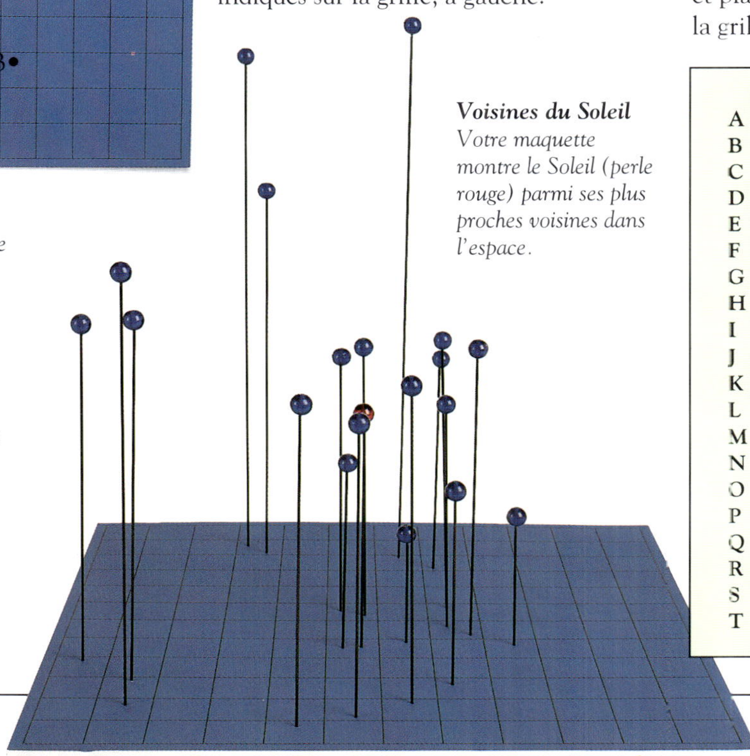

Voisines du Soleil
Votre maquette montre le Soleil (perle rouge) parmi ses plus proches voisines dans l'espace.

	ÉTOILE	Longueur de la baguette
A	*Alpha du Centaure*	*16 cm*
B	*Altaïr*	*16 cm*
C	*Arcturus*	*27 cm*
D	*Bêta Hydri*	*5 cm*
E	*Capella*	*46 cm*
F	*Castor*	*43 cm*
G	*Epsilon Eridani*	*22 cm*
H	*Éta de Cassiopée*	*23 cm*
I	*Fomalhaut*	*10 cm*
J	*Mu Herculis*	*21 cm*
K	*Muphrid*	*26 cm*
L	*Pi-3 Orionis*	*18 cm*
M	*Porrima*	*25 cm*
N	*Pollux*	*31 cm*
O	*Procyon*	*21 cm*
P	*Sirius*	*22 cm*
Q	*Soleil*	*18 cm*
R	*Tau Céti*	*18 cm*
S	*Véga*	*23 cm*
T	*Dzéta Herculis*	*23 cm*

Naines blanches et géantes rouges

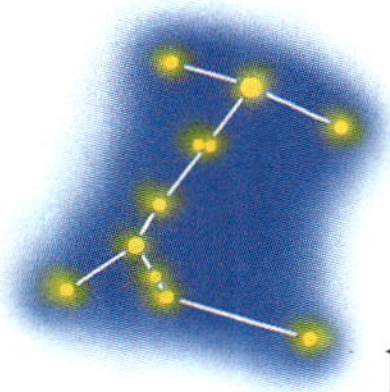

BIEN QUE LES ÉTOILES se ressemblent toutes, une étude approfondie montre de grandes différences. Par rapport au Soleil, certaines sont plus brillantes, d'autres plus pâles. Certaines sont plus chaudes et ont un éclat bleuté tandis que d'autres, plus froides, ont un éclat rouge. Certaines sont beaucoup plus grandes, d'autres beaucoup plus petites. Des naines blanches, guère plus grosses que la Terre et très chaudes, aux géantes rouges, cent fois plus grosses que le Soleil mais plus froides, il existe une extraordinaire variété d'étoiles.

Chauffée à blanc

Les étoiles blanches sont très chaudes. Elles ont une température d'environ 10 000 °C. Mais toutes ne sont pas blanches et leur couleur permet de connaître leur température. Les rouges sont les plus froides, les bleutées les plus chaudes. Quand un métal – comme cette barre de fer – est chauffé, sa couleur passe du gris au rouge pâle. Ensuite, elle devient rouge, orange, jaune, blanche, puis légèrement bleutée et le fer se met à fondre.

Vous pouvez vérifier cela avec une lampe halogène munie d'un rhéostat. Si vous poussez le rhéostat, vous verrez la lumière émise passer du rouge au jaune et au blanc.

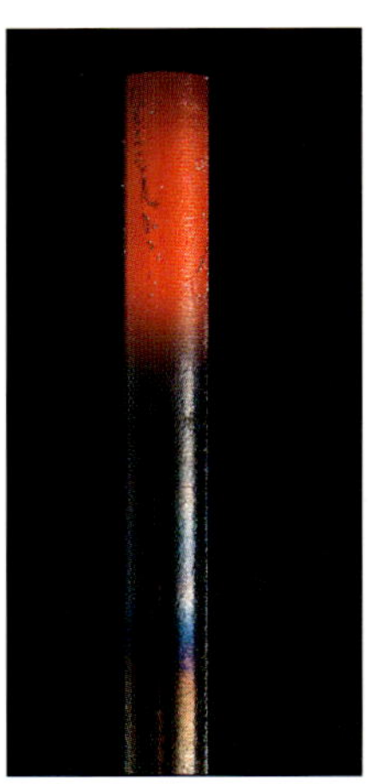

Rouge
Une barre de fer chauffée passe d'abord du gris foncé au rouge pâle. Les atomes de fer émettent de la lumière car ils vibrent sous l'effet de la chaleur.

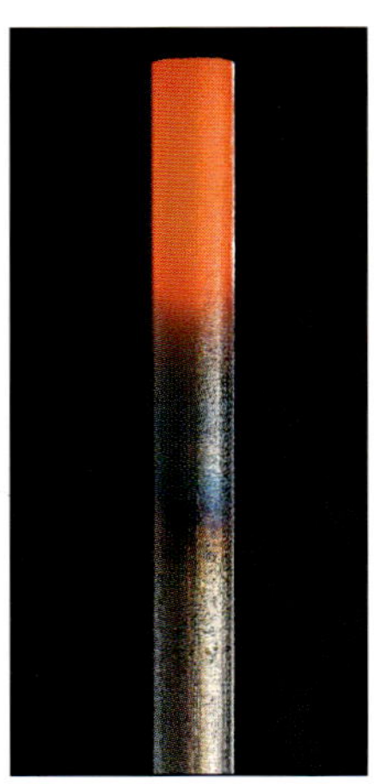

Orange
Les atomes de fer vibrent de plus en plus vite à mesure que le chauffage se poursuit. Ils émettent une lumière orange, plus vive que la précédente.

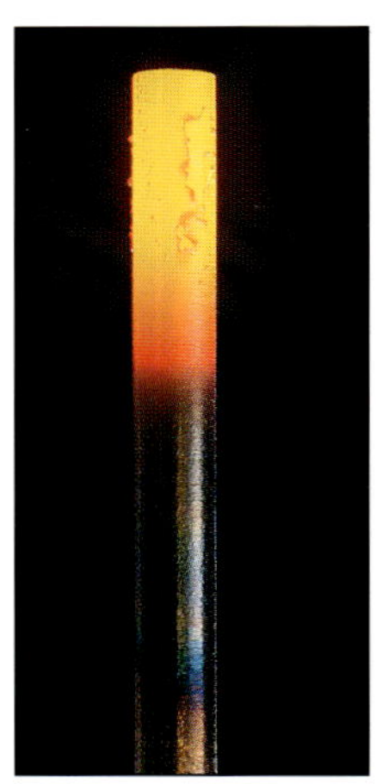

Jaune
Le métal est maintenant très chaud et son extrémité émet une lumière jaune vif. Les parties plus froides, en dessous, sont rouges ou orange.

Blanc
La barre de fer commence à fondre. La chaleur est si intense que la lumière est blanche. Si le fer ne fondait pas, il prendrait une couleur bleutée.

La vie d'une étoile

Bien qu'elles aient des masses, des températures et des luminosités différentes, les étoiles suivent toutes la même évolution (sauf si elles sont très massives – voir p. 124-125). Voici l'évolution d'une étoile comme le Soleil. Les étoiles plus massives vivent moins longtemps ; les plus légères peuvent vivre jusqu'à 100 milliards d'années.

La température des étoiles
Ce petit diagramme vous permet de trouver facilement la température des étoiles suivantes que vous trouverez sur la carte du ciel p. 148-151 Bételgeuse, Capella, Rigel, Sirius, Canopus, Antarès, Deneb, Fomalhaut, Acrux, Aldébaran, Achernar, Alpha du Centaure et Véga.

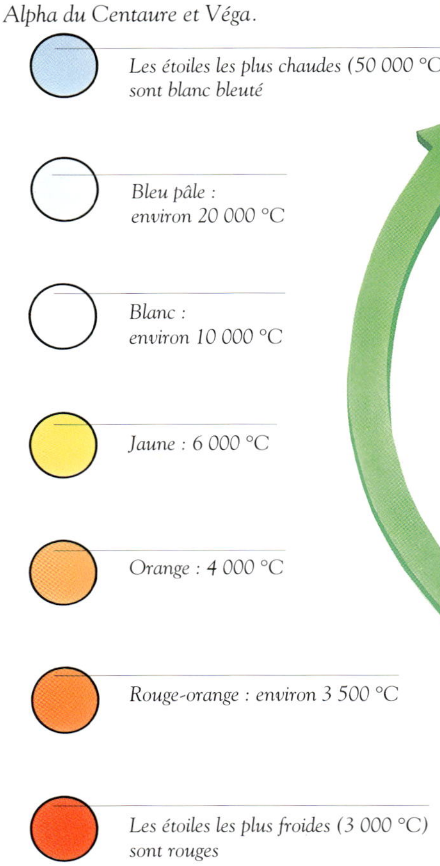

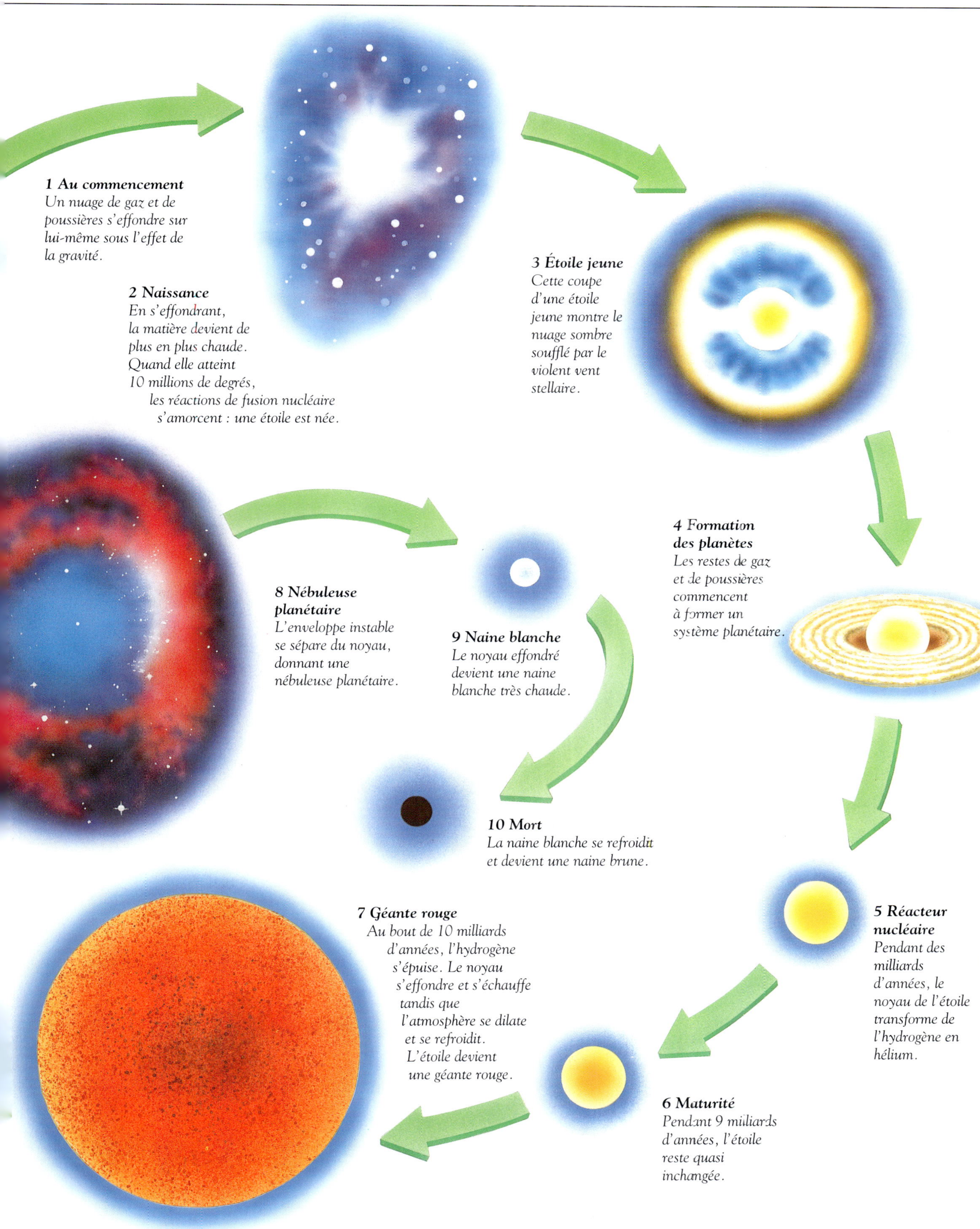
1 Au commencement
Un nuage de gaz et de poussières s'effondre sur lui-même sous l'effet de la gravité.
2 Naissance
En s'effondrant, la matière devient de plus en plus chaude. Quand elle atteint 10 millions de degrés, les réactions de fusion nucléaire s'amorcent : une étoile est née.
3 Étoile jeune
Cette coupe d'une étoile jeune montre le nuage sombre soufflé par le violent vent stellaire.
4 Formation des planètes
Les restes de gaz et de poussières commencent à former un système planétaire.
5 Réacteur nucléaire
Pendant des milliards d'années, le noyau de l'étoile transforme de l'hydrogène en hélium.
6 Maturité
Pendant 9 milliards d'années, l'étoile reste quasi inchangée.
7 Géante rouge
Au bout de 10 milliards d'années, l'hydrogène s'épuise. Le noyau s'effondre et s'échauffe tandis que l'atmosphère se dilate et se refroidit. L'étoile devient une géante rouge.
8 Nébuleuse planétaire
L'enveloppe instable se sépare du noyau, donnant une nébuleuse planétaire.
9 Naine blanche
Le noyau effondré devient une naine blanche très chaude.
10 Mort
La naine blanche se refroidit et devient une naine brune.

Étoiles doubles

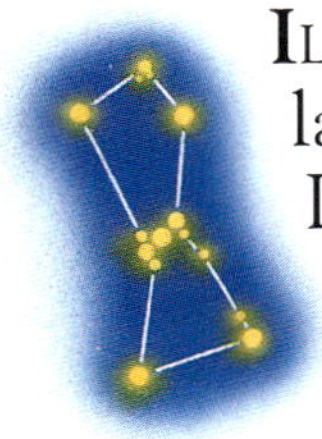

Il est rare qu'une étoile soit isolée ; la plupart ont au moins une compagne. Les étoiles doubles sont souvent si proches l'une de l'autre qu'elles sont inséparables à l'œil nu. Il arrive même que quatre ou six étoiles « vivent ensemble ». Deux d'entre elles tournent autour d'une troisième ou d'un autre couple d'étoiles. Le plan de l'orbite de plusieurs étoiles doubles passe par la Terre. Les étoiles s'éclipsent l'une l'autre à mesure qu'elles tournent, ce qui donne à chacune d'elles un éclat variable. Algol par exemple, dans la constellation de Persée, est éclipsée par une compagne moins brillante et invisible à l'œil nu. On a ainsi l'impression que l'éclat d'Algol varie.

EXPÉRIENCE

Un mobile d'étoiles

Vous allez construire le modèle d'un système d'étoiles – appelé Almach – situé dans la constellation d'Andromède. Depuis la Terre, on dirait une étoile double. Mais l'une des « étoiles » est triple et constituée de deux étoiles tournant autour d'une troisième. Les étoiles ont différentes températures et différentes couleurs. Imaginez que vous viviez sur une planète autour d'une de ces étoiles. Il ne ferait jamais nuit. Avec quatre « soleils », combien d'ombres auraient les objets et quelle serait la couleur de ces ombres ? Vous pouvez aussi construire d'autres systèmes d'étoiles avec des naines blanches, des géantes rouges, des étoiles bleues, etc.

Il Vous Faut

- *Pâte à modeler*
- *Fil* • *Ciseaux*
- *Baguettes*
- *Règle*

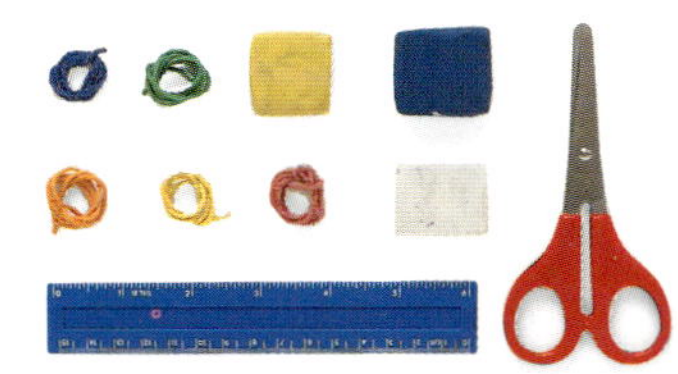

1 Coupez cinq bouts de fil de 30 cm, 12 cm, 4 cm, 1,5 cm et 2 cm, puis trois morceaux de baguette de 1,2 cm, 2,5 cm et 21 cm.

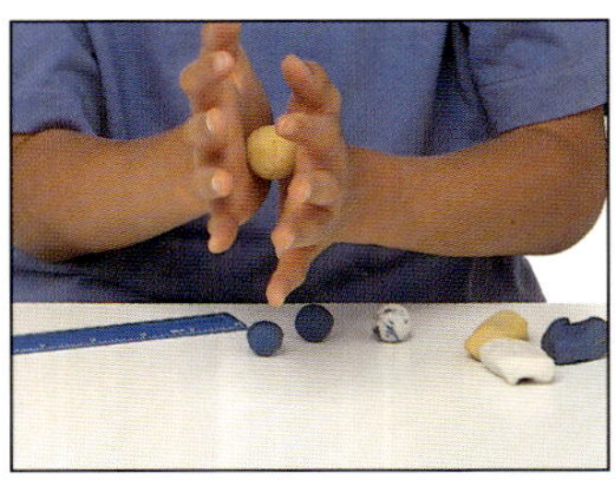

2 Faites quatre boules de pâte à modeler de 1 cm de diamètre – deux bleues et une blanche – et une jaune de 2 cm. Mettez les bleues aux bouts du bâton de 1,2 cm.

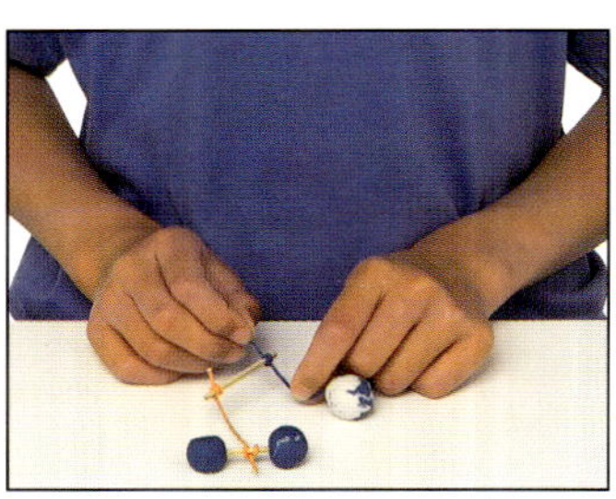

3 Attachez-y le fil de 2 cm, avec l'autre extrémité au bout du bâton de 2,5 cm. À l'autre bout, attachez le fil de 1,5 cm et l'étoile blanche.

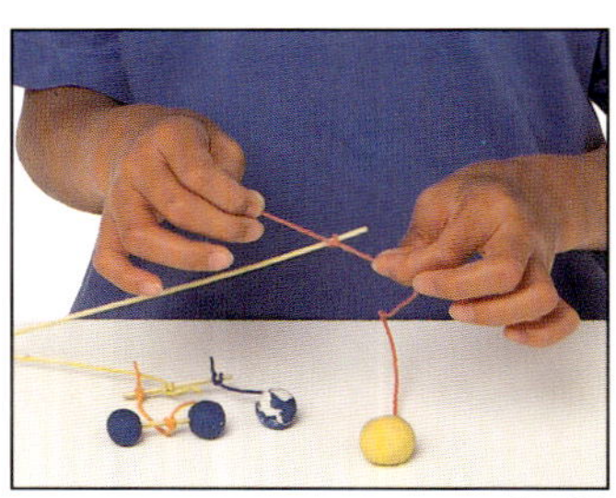

4 Attachez un bout du fil de 4 cm au milieu du bâton de 2,5 cm, et l'autre bout à l'extrémité du bâton de 21 cm. Mettez l'étoile jaune et le fil de 12 cm à l'autre extrémité.

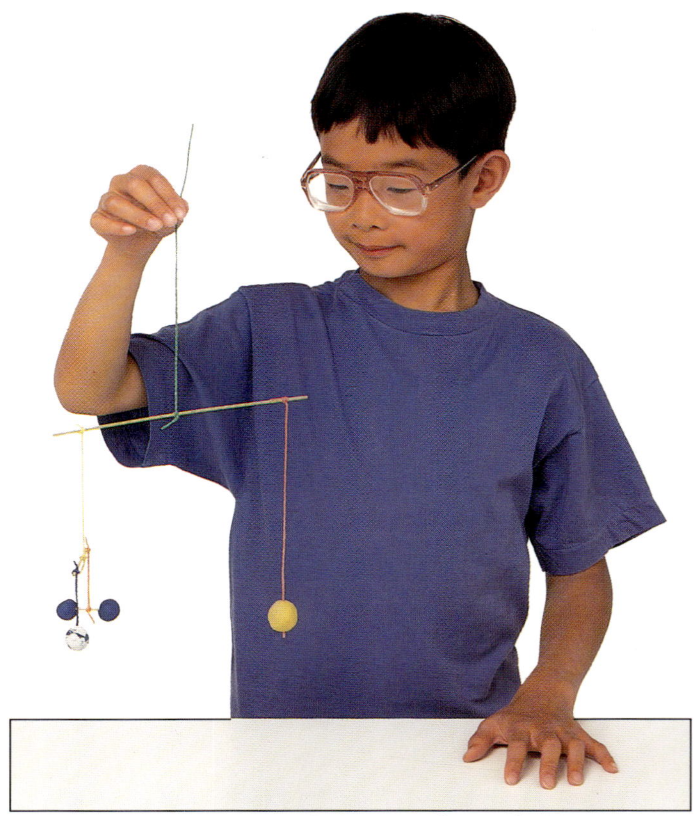

5 Attachez enfin le fil de 30 cm au bâton de 21 cm. Équilibrez votre mobile en ajustant le point d'attache des fils. Observez votre système d'étoiles.

Trouver des étoiles doubles

Certaines étoiles doubles ne peuvent être séparées, même avec un télescope, et ne sont identifiées qu'indirectement, par leur éclat variable par exemple. D'autres sont visibles à l'œil nu ou aux jumelles. Avec la carte du ciel (p. 148-151) et votre planisphère (p. 112-113), vous pourrez les trouver facilement.

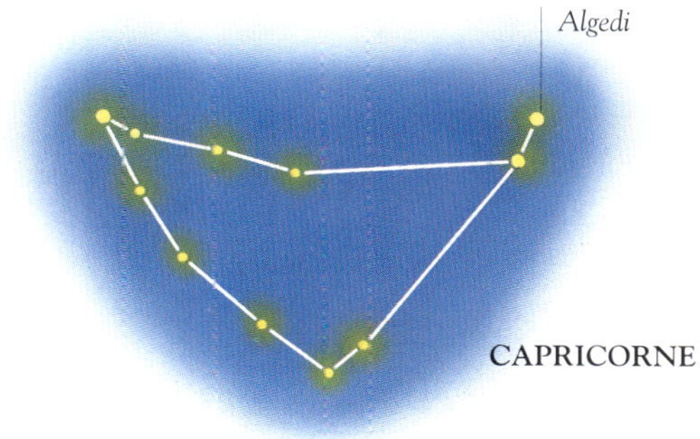

Algedi
Il s'agit encore d'une « fausse » étoile double, visible à l'œil nu. Au télescope, l'une d'elles apparaît double et l'autre triple.

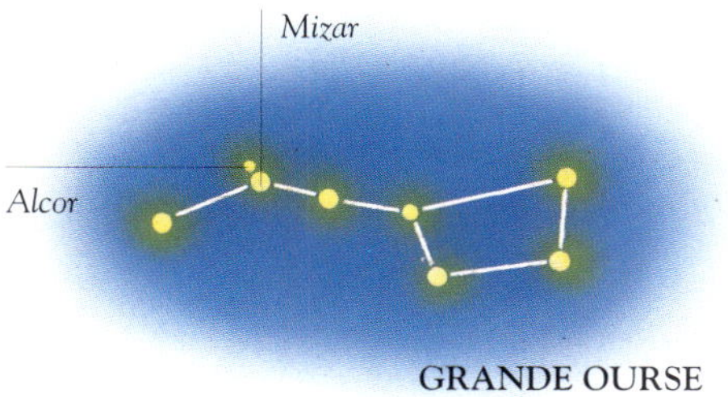

Mizar et Alcor
Ces deux étoiles sont visibles à l'œil nu, mais ce ne sont pas des étoiles doubles : Alcor est plus éloignée de nous que Mizar qui, vue au télescope, se révèle être une étoile double.

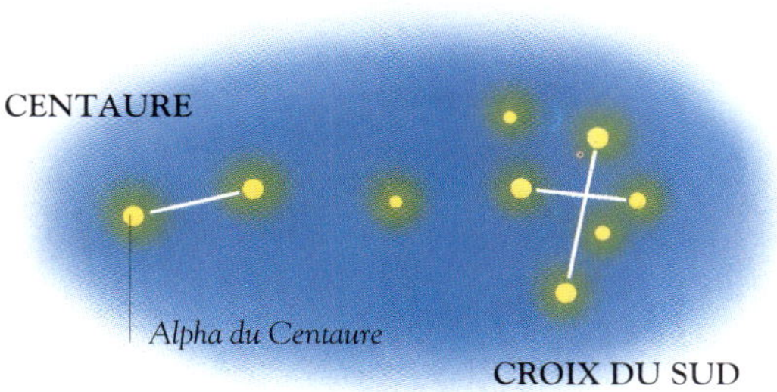

Alpha du Centaure
Le système d'étoiles le plus proche du Soleil apparaît double dans un petit télescope. Proxima du Centaure (trop pâle pour être montrée ici), la plus proche des étoiles, appartient aussi à ce système.

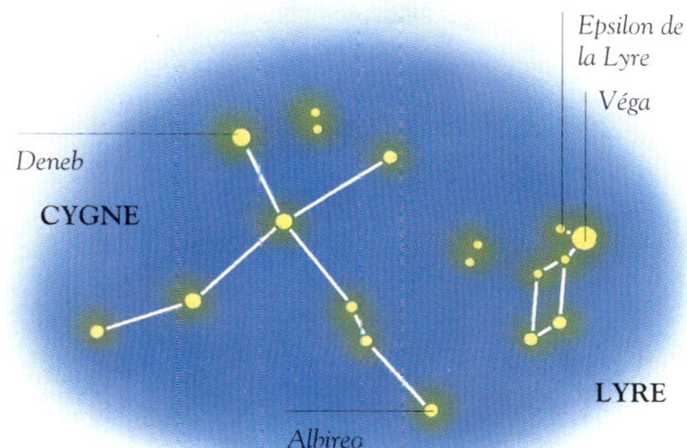

Albireo et Epsilon de la Lyre
Vue au télescope, Albireo – jaune vif – et son compagnon – bleu – forment la plus belle étoile double. À l'œil nu, Epsilon de la Lyre est une étoile double. Au télescope, chacune de ces étoiles apparaît elle-même double.

EXPÉRIENCE

Une double à éclipses

Le mouvement d'un système double peut être simulé avec une grosse balle sombre et une petite, plus brillante. Si l'on observe un tel système depuis la Terre, comment varie la luminosité de la petite étoile ? Quelle sera la position des étoiles quand la luminosité sera minimale ?

Une étoile double vue de la Terre
Posez les « étoiles » sur une table et demandez à un ami de les faire tourner autour d'un point situé quelque part entre elles. Vous voyez que la grande étoile sombre éclipse la petite à chaque tour.

Il Vous Faut
- *Grosse balle*
- *Petite balle*

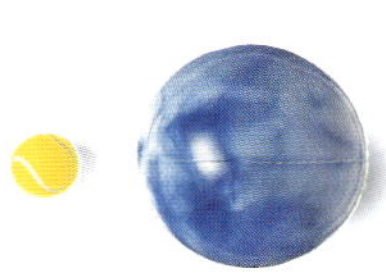

La naissance des étoiles

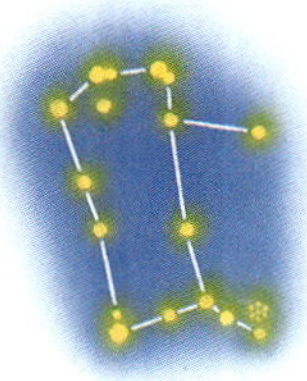

COMME NOUS, LES ÉTOILES NAISSENT, vivent et meurent. La différence est que leur durée de vie est si longue – au minimum quelques millions d'années – que nous ne pouvons jamais observer directement cette évolution.
Nous pouvons cependant observer des étoiles à différents stades de leur développement et reconstituer ainsi leur histoire. Une étoile naît lorsqu'un énorme nuage de gaz et de poussières s'effondre sur lui-même sous l'effet de sa propre gravité. La température au centre du nuage atteint alors des millions de degrés et les réactions de fusion nucléaire s'amorcent dès que le seuil des 10 millions de degrés est dépassé, libérant tant d'énergie que l'effondrement s'arrête et que l'étoile se met à briller.

EXPÉRIENCE

Naissance stellaire

Pourquoi un nuage de gaz, quand il s'effondre, devient-il si chaud ? C'est une question de compression. L'air comprimé dans une pompe à vélo devient chaud, mais pas assez, bien sûr, pour provoquer des réactions de fusion nucléaire !

IL VOUS FAUT
- *Pompe à vélo*

Air comprimé
Bouchez l'extrémité de la pompe avec le doigt et comprimez l'air. Que se passe-t-il ?

Des pouponnières d'étoiles

En certains endroits du ciel, des étoiles – et peut-être des planètes – sont en formation.
Ces « nébuleuses » (du mot latin pour « nuages ») sont parmi les plus beaux objets du ciel.
Certaines sont visibles à l'œil nu, d'autres avec des jumelles ou une lunette astronomique.
Avec la carte du ciel (p. 148-151), vous trouverez facilement celles qui sont représentées ici.

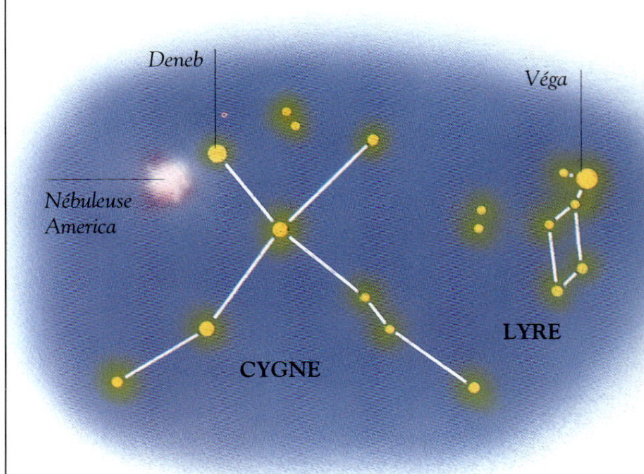

Nébuleuse America
Vue au télescope ou avec des jumelles, cette nébuleuse de la constellation du Cygne ressemble vraiment à la carte de l'Amérique du Nord. On y voit même un « golfe du Mexique » dû à un nuage de poussières sombres. Avec un gros télescope, on peut voir la nébuleuse du Pélican, trop pâle pour être montrée ici. Ces deux nébuleuses sont à 1 500 années-lumière de distance.

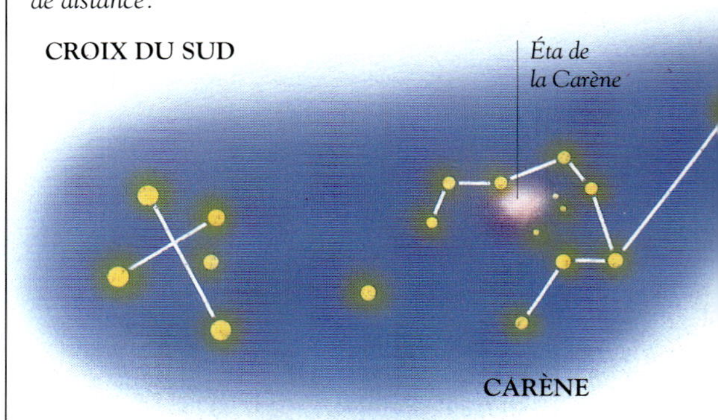

Nébuleuse Éta de la Carène
Située dans la Voie lactée, au sein de la constellation de la Carène, la nébuleuse Éta de la Carène est visible à l'œil nu. Avec des jumelles ou une lunette astronomique, on y distingue de longs filaments. L'une des plus brillantes nébuleuses de notre galaxie, elle se trouve à 9 000 années-lumière du Soleil. L'étoile centrale, Éta de la Carène, est très instable et a un éclat variable.

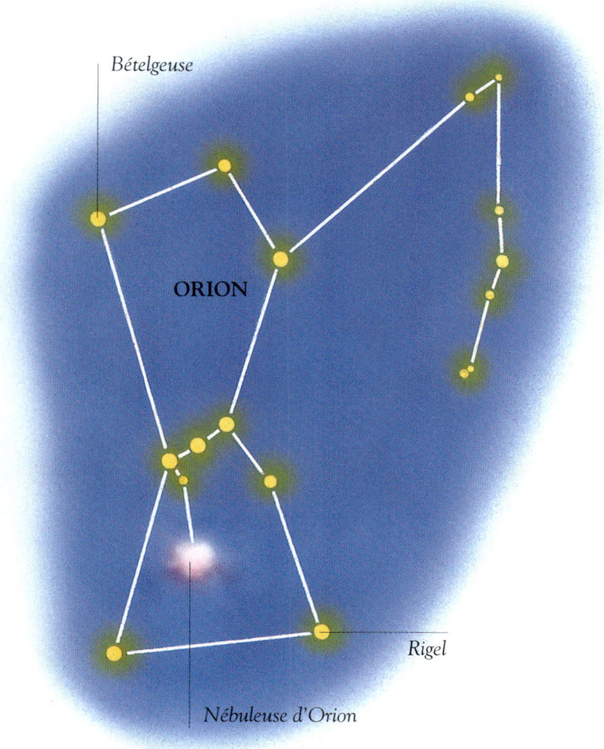

Nébuleuse d'Orion
La plus célèbre des nébuleuses, elle est bien visible à l'œil nu et très spectaculaire vue au télescope. On y distingue le « Trapèze », groupe de quatre étoiles au cœur de la nébuleuse.

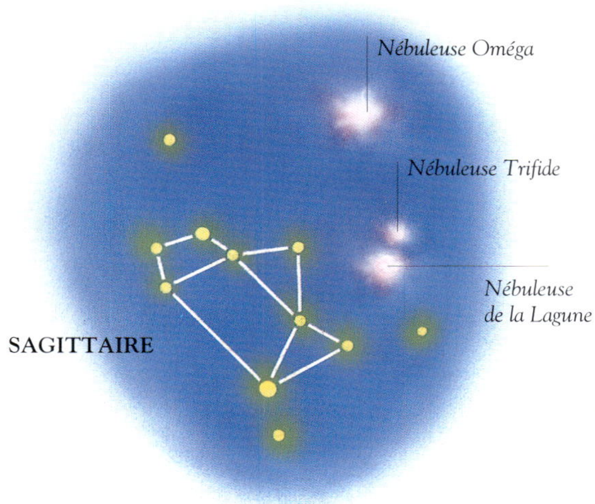

Nébuleuses Trifide, Lagune et Oméga
Toutes situées dans la constellation du Sagittaire, dans une région très dense de la Voie lactée, ces trois nébuleuses sont bien visibles depuis l'hémisphère Sud, de préférence avec des jumelles ou un télescope.

Photos infrarouges

Des appareils spéciaux montés sur des satellites comme IRAS (ci-dessous) permettent aux astronomes de détecter les « points chauds » de l'Univers qui sont les lieux de naissance d'étoiles. Ces appareils sensibles au rayonnement infrarouge (émis par les objets chauds) donnent des « thermographies », telle cette photo de deux personnes assises.

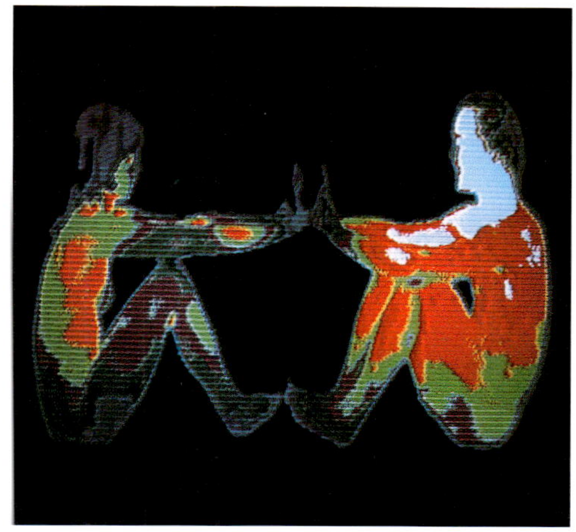

IRAS à la recherche des planètes

Le satellite IRAS (InfraRed Astronomical Satellite ou satellite d'astronomie infrarouge), muni d'un capteur à infrarouge, a été lancé en 1983. En orbite autour de la Terre, il a détecté des disques de poussière autour de Véga et de Bêta Pictoris. Ce sont peut-être des systèmes planétaires en formation.

Des nuages colorés

Vues à la lunette astronomique, les nébuleuses paraissent blanches ou grises mais elles sont en réalité très colorées comme le montre cette photographie de la nébuleuse d'Orion. La couleur rouge est due à l'hydrogène ; le bleu est causé par la dispersion de la lumière par les poussières. Les atomes d'oxygène produisent une couleur verte. Les régions sombres sont obscurcies par des nuages de poussières.

La mort des étoiles

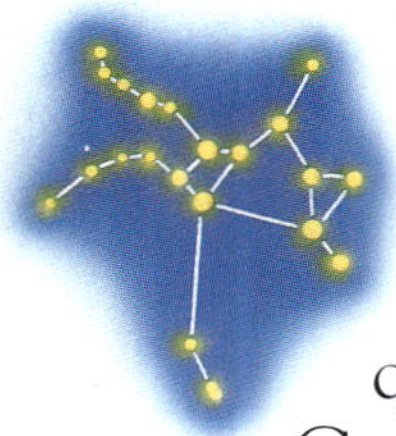

UNE ÉTOILE MEURT quand elle a brûlé tout son combustible. Une fois que tout l'hydrogène de son noyau a été utilisé, les réactions nucléaires qui la faisaient briller s'arrêtent. Ce qui se passe alors dépend de la masse de l'étoile. Les étoiles peu massives – comme le Soleil, qui brûle son hydrogène lentement pendant des milliards d'années – s'éteignent calmement. Celles qui sont dix fois plus lourdes que le Soleil ont une vie plus brève et une fin plus spectaculaire. Au bout de quelques millions d'années, elles finissent en « supernova » par une gigantesque explosion. De nouveaux éléments chimiques sont créés par une supernova dont les restes, des milliers d'années plus tard, donneront de nouvelles étoiles.

La mort du Soleil

La mort d'une petite étoile comme le Soleil n'est pas très spectaculaire. Quand son combustible s'épuise, son noyau se contracte et s'échauffe tandis que son enveloppe se dilate. Peu à peu, l'enveloppe de cette géante rouge se dilue dans l'espace, formant une nébuleuse planétaire.

On l'appelle ainsi car elle ressemble, dans un télescope, à une planète. À cause de sa forme, cette nébuleuse planétaire (ci-dessus) est appelée nébuleuse de l'Hélice. En son centre se trouve le noyau effondré, une naine blanche qui se refroidit lentement.

EXPÉRIENCE

Poussière d'étoile

Puisque les étoiles sont des boules de gaz incandescentes, comment peuvent-elles produire les matériaux solides qui deviendront des planètes – et des êtres vivants ? La flamme d'une bougie, qui est un gaz, produit elle aussi des matériaux solides. Avec l'aide d'un adulte, vous allez voir qu'un gaz peut donner des matières solides.

Quelque chose à partir de rien

Demandez à un adulte d'allumer une bougie et d'abaisser une soucoupe au-dessus de la flamme pendant quelques secondes. La soucoupe se couvre d'un dépôt noir de suie – du carbone. La flamme de la bougie est très chaude et sa couleur, jaune, montre que du carbone y brûle. On ne le voit pas car ses particules sont minuscules, à peine plus grosses que les molécules d'un gaz. Au contact de la soucoupe froide, le carbone se condense et forme de la suie. Dans le cas des géantes rouges, le carbone se condense dans les immensités glacées de l'espace pour former de grands nuages de suie.

Abaissez la soucoupe sur la flamme

L'aide d'un adulte est recommandée

IL VOUS FAUT

- *Bougie* • *Allumettes*
- *Soucoupe*
- *Gant de cuisine*

EXPÉRIENCE

Pourquoi les étoiles explosent

Les étoiles les plus massives et les plus brillantes finissent en gigantesques explosions nommées supernovæ. Une supernova est souvent aussi brillante qu'une galaxie comprenant des millions d'étoiles. Tout commence par un effondrement – la contraction du noyau, le « réacteur nucléaire » de l'étoile – sous l'effet de la température et de la pression. Le noyau se change en une étoile à neutrons de quelques kilomètres de diamètre, un objet d'une extraordinaire densité. Pourquoi le reste de l'étoile explose-t-il ? Cette expérience vous le montre.

Il Vous Faut

- *Grande balle*
- *Petite balle*

Super-rebond
Tenez la petite balle sur la grande et laissez-les tomber d'une hauteur de 1 m. Le fantastique rebond que vous observez est dû à la compression exercée par la petite balle sur la grande. Lors d'une supernova, le gaz entraîné par l'effondrement du noyau rebondit de la même façon. Cela a pour effet d'éjecter violemment les couches externes de l'étoile.

Comment faire de l'or

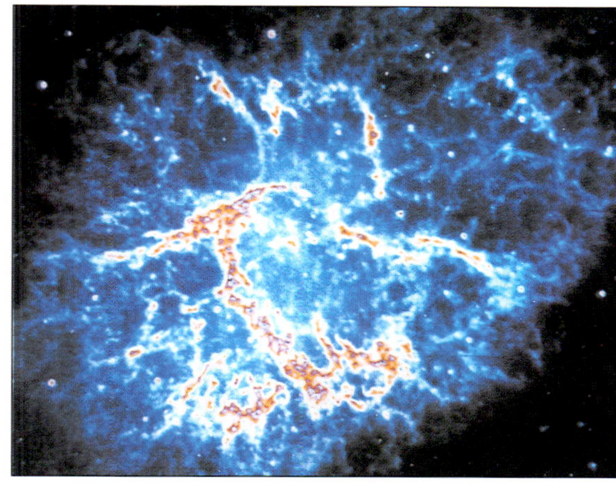

D'où viennent les éléments chimiques les plus lourds, comme l'or, l'argent ou l'uranium ? Ils sont produits par les supernovæ, telle celle de la nébuleuse du Crabe (ci-dessus). Les atomes présents lors d'une explosion d'étoile subissent des collisions comme dans un accélérateur de particules. De nouveaux noyaux se forment en faible quantité, ce qui explique la rareté des éléments plus lourds que le fer.

Observer des supernovæ

Il ne se produit guère que trois supernovæ par siècle dans notre galaxie, et certaines sont cachées par les nuages de poussières. On peut cependant observer des supernovæ dans d'autres galaxies. Certaines ont été découvertes par des astronomes amateurs très patients. Beaucoup ne sont visibles qu'au télescope, mais celle qui est apparue en février 1987 (en bas à droite) a explosé dans une galaxie proche de la nôtre, le Grand Nuage de Magellan. 250 fois plus brillante que le Soleil, elle est restée visible à l'œil nu pendant plusieurs mois.

Pulsars et trous noirs

Les pulsars et les trous noirs n'existaient pas il y a une vingtaine d'années. Ce sont des objets cosmiques qu'ont dû imaginer les astronomes pour rendre compte de ce qui se passe lors de la mort d'une étoile. Si la masse du noyau d'une étoile est comprise entre 1,5 et 3 masses solaires, il s'effondre sur lui-même et devient une étoile à neutrons, ou pulsar, après l'explosion. Si la masse du noyau excède 3 masses solaires, il continue de s'effondrer jusqu'à ce que la force de gravité soit si forte qu'elle interdise à la lumière de s'en échapper – donnant un corps parfaitement noir. Comme rien ne peut aller plus vite que la lumière, tout ce qui tombe dans un trou noir y reste piégé. Personne ne sait ce qu'il y a au centre d'un trou noir et les astronomes parlent d'une « singularité », ou point de densité infinie.

Ne tombez pas dans un trou noir !

Imaginez que vous tombiez dans un trou noir les pieds les premiers. Vos pieds, plus proches du trou, seraient étirés d'abord. À mesure que vous tombez, ce serait ensuite votre corps qui serait étiré par la gravité. Vous deviendriez un tube long et fin – un véritable spaghetti – avant d'être totalement désintégré.

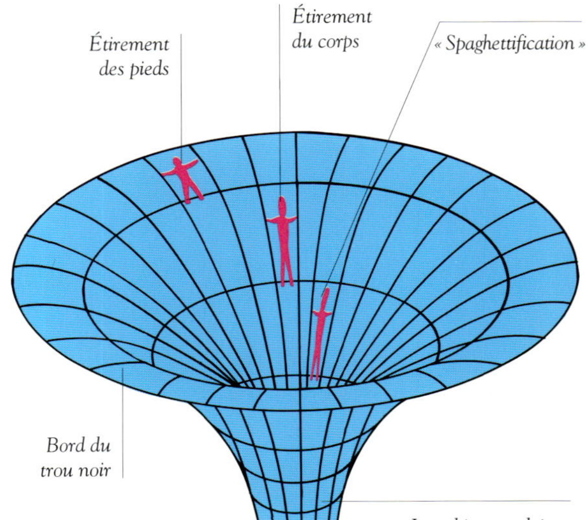

EXPÉRIENCE

Un trou noir

Une façon de se représenter un trou noir consiste à imaginer l'espace-temps comme une surface élastique (mais l'espace-temps a en réalité quatre dimensions) et la gravité comme une déformation de cette surface. Un objet lourd produit une déformation dans laquelle tombent les objets plus légers placés dans le voisinage : leur gravité est moins forte que celle de l'objet lourd qui produit une déformation plus grande. Faites un trou noir avec un vieux tee-shirt et une boîte.

Il vous faut

- *Vieux tee-shirt*
- *Ciseaux*
- *Boîte en carton*
- *Bille* • *Ruban adhésif*

1 **Découpez le vieux tee-shirt** pour faire une surface élastique que vous tendrez sur la boîte et fixerez avec le ruban adhésif.

2 **Appuyez avec le doigt** pour simuler l'effet de masses plus ou moins grandes. Posez la bille au bord et lâchez-la. Comment se déplace-t-elle ? Tout se passe comme si votre doigt exerçait sur elle une attraction gravitationnelle. Imaginez la masse qu'il faudrait pour déchirer, comme le fait un trou noir, le « tissu » de l'espace-temps.

Appuyez très fort : vous faites un trou noir

EXPÉRIENCE

Un pulsar

Quand une étoile devient une supernova, son noyau peut survivre à l'explosion. Les « étoiles à neutrons » qui en résultent tournent très rapidement (plusieurs fois par seconde) sur elles-mêmes. Certaines, nommées pulsars, envoient à chaque tour des signaux détectables par les radiotélescopes. Cela ne se produisant que si le pulsar envoie une onde dans la direction de la Terre, il doit exister beaucoup plus de pulsars dans notre galaxie que ceux qui ont été détectés.
Grâce à cette expérience, vous allez pouvoir faire votre propre pulsar et observer son clignotement.

Il vous faut

- *Balle de ping-pong*
- *2 piles de 1,5 V*
- *Ruban adhésif*
- *Ampoule et support*
- *Fils*
- *Pâte à modeler*
- *Baguettes*
- *Ciseaux*
- *Tournevis*

La découverte des pulsars

On voit ici Jocelyn Bell et Tony Hewish à l'intérieur du radiotélescope de Cambridge (Grande-Bretagne) grâce auquel ils découvrirent le premier pulsar en 1967.
Leur « télescope » est constitué de 2 048 antennes réparties sur une surface de près de 2 hectares et captant les signaux radio venus de l'espace. Le premier pulsar découvert émettait un signal avec une régularité d'horloge, toutes les 1,337 secondes.

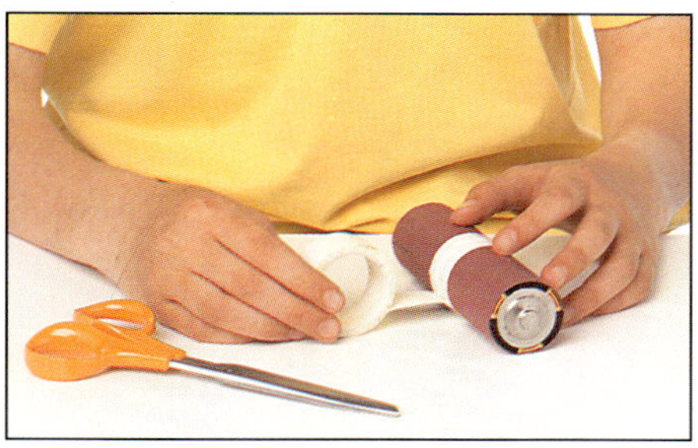

1 Fixez l'une à l'autre avec le ruban adhésif, pôle positif contre pôle négatif, les deux piles de 1,5 V.
Vous avez maintenant une pile de 3 V.

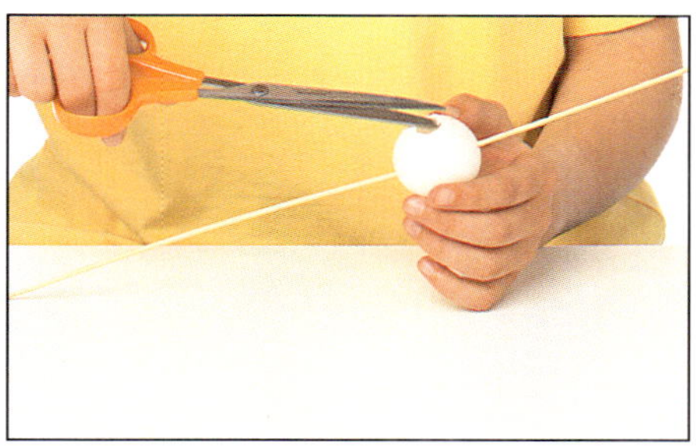

2 Enfoncez et collez deux baguettes de part et d'autre de la balle de ping-pong, puis découpez dans la balle un trou pour y mettre l'ampoule.

3 Recouvrez la balle de pâte à modeler et égalisez la surface.
Retirez les deux baguettes pour ne laisser que les petits trous.

4 Branchez l'ampoule à la pile avec les fils et du ruban adhésif, et introduisez-la dans la balle. La lumière ne sort que par les deux trous.

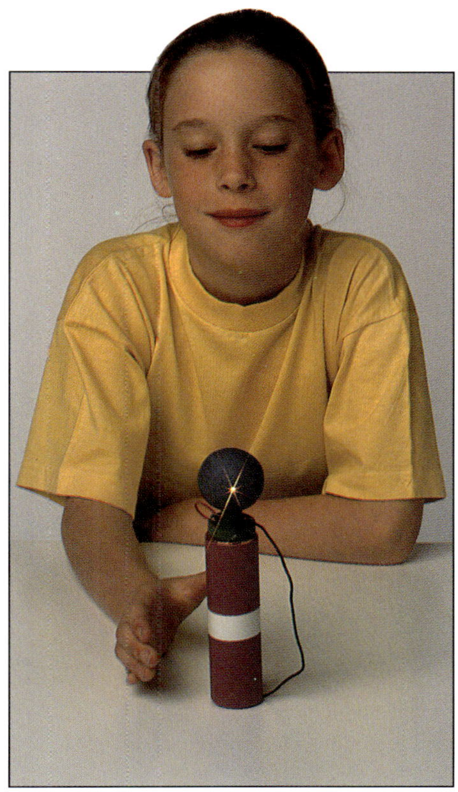

5 Faites tourner votre « pulsar ». Vous voyez un éclair quand un des trous passe dans votre ligne de visée.
La vitesse de rotation du pulsar se calcule en mesurant la durée entre deux éclairs.

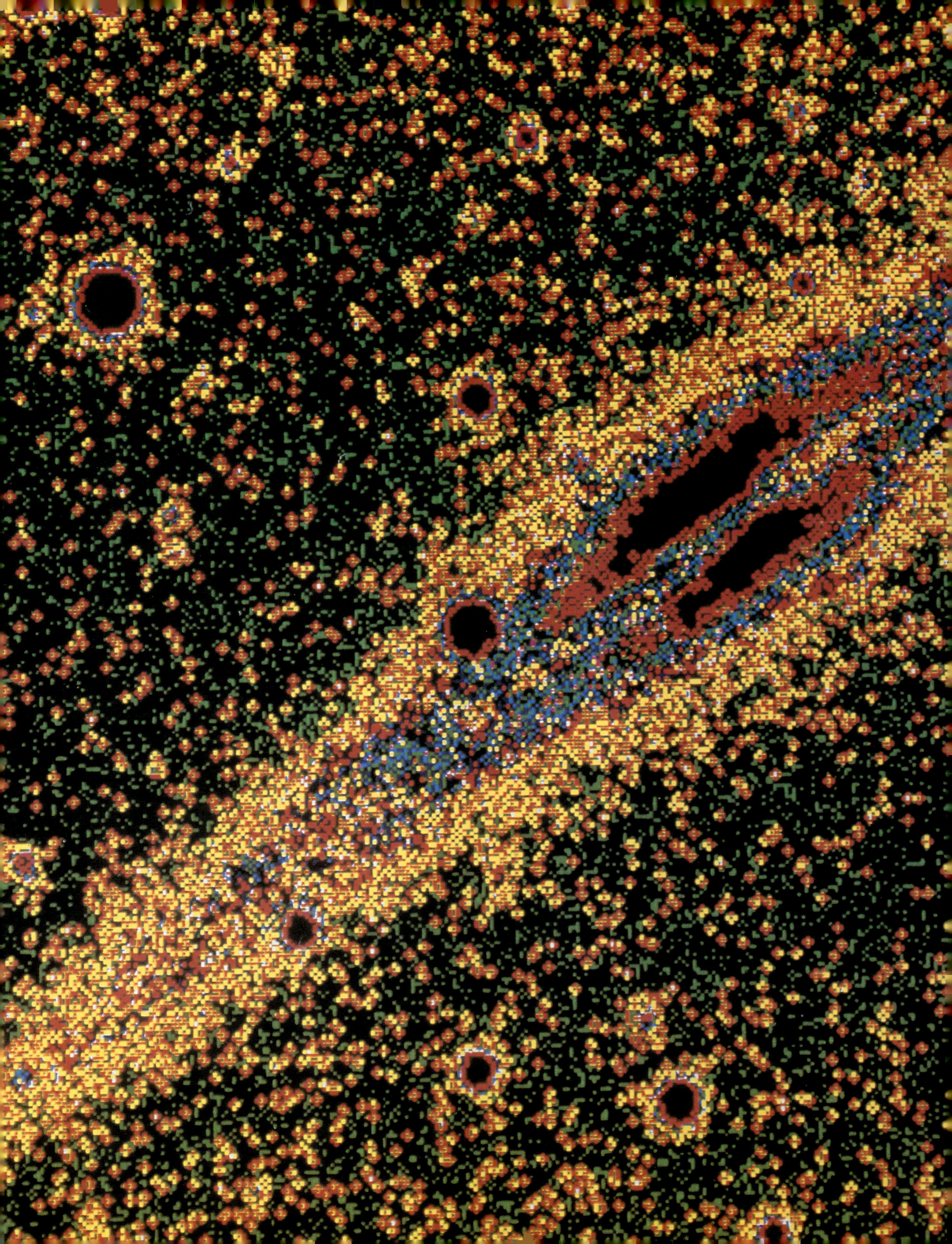

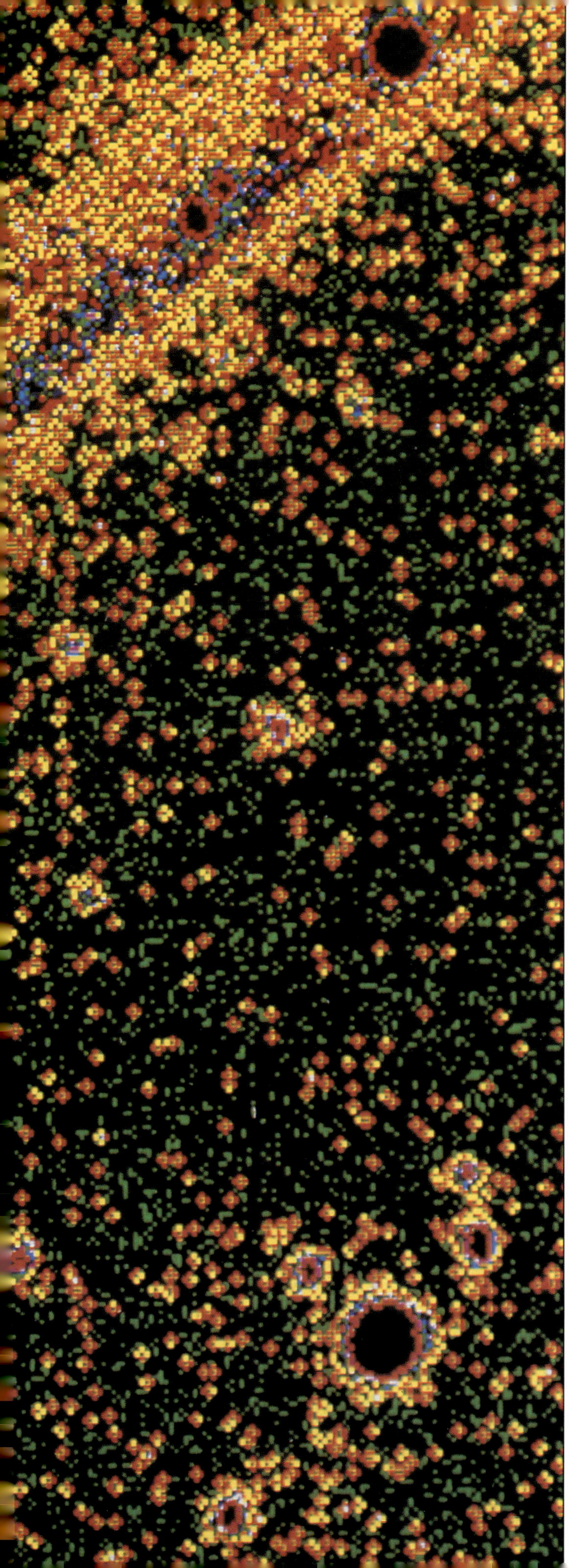

L'UNIVERS

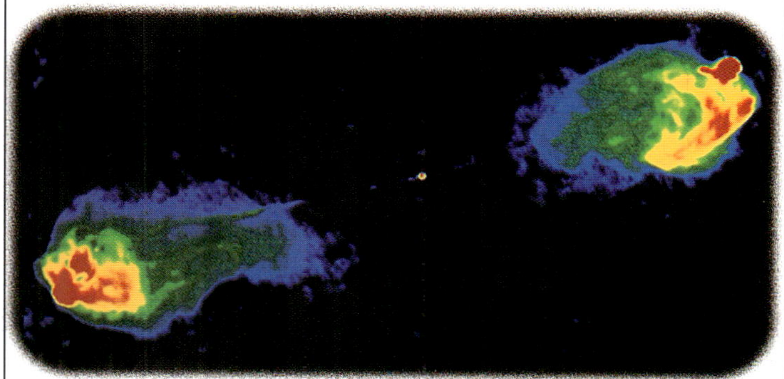

Cités stellaires
Notre Univers est fait d'innombrables galaxies qui sont de véritables cités stellaires. Dans cette galaxie spirale semblable à la nôtre (à gauche), le codage des couleurs montre la luminosité des étoiles. Cygnus-A (ci-dessus) est un autre type de galaxie dans laquelle des explosions colossales ont formé deux gigantesques nuages de gaz.

LES GALAXIES SONT les briques de l'Univers. Rassemblées par milliers au sein des amas et des superamas, elles forment des filaments autour de grandes bulles vides de matière. D'où viennent-elles et comment se sont-elles formées ? Comment l'Univers a-t-il commencé ? Et y a-t-il de la vie ailleurs ?

DES GALAXIES AU BIG BANG

LES ÉTOILES VISIBLES ne constituent qu'une petite partie des 200 milliards d'étoiles qui composent notre galaxie, la Voie lactée. Si vous pouviez la voir de loin, vous verriez une énorme roue spiralée de 100 000 années-lumière de diamètre. Vous verriez les bras spiraux pullulant d'étoiles bleues autour d'un noyau central peuplé d'étoiles plus vieilles et plus jaunes. Mais vous ne trouveriez pas le Soleil : il serait dissimulé par l'éclat des autres étoiles.

Parce que nous en faisons partie, nous distinguons fort mal notre galaxie. La bande lumineuse qui barre le ciel, la Voie lactée, donne cependant une idée de ses fantastiques dimensions. Observez-la aux jumelles ou avec une lunette par une nuit bien claire. Vous y distinguerez des millions d'étoiles.

Comme nous voyons par la tranche notre galaxie et parce qu'elle a la forme d'un œuf sur le plat, plus le grossissement est important et plus nous pouvons distinguer des étoiles.

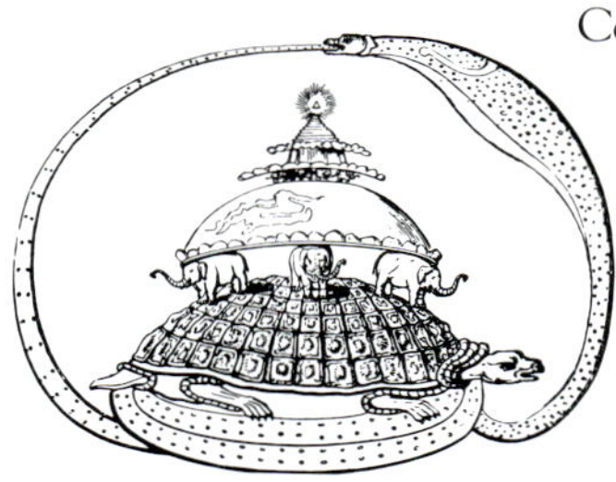

L'Univers hindou
Dans les anciens mythes hindous, l'Univers, en forme d'œuf, était symbolisé par un serpent (l'éternité) entourant une montagne (le paradis). Sous la Terre se trouvait l'enfer.

Au cœur de la Galaxie

À condition que l'horizon soit bien dégagé, vous pouvez observer que la Voie lactée est plus brillante dans les constellations du Scorpion et du Sagittaire, qui marquent la direction de son centre. Le Soleil est à peu près aux deux tiers à partir du centre, soit 25 000 années-lumière.

Radiotélescope
On voit ici une des antennes du VLA (Very Large Array) installé au Nouveau-Mexique (États-Unis). Reliées entre elles, ces antennes détectent les objets lointains – quasars ou explosions de galaxies – qui émettent des ondes radio.

Les astronomes ont récemment découvert que ce centre ne contenait pas que des étoiles relativement âgées. Ils y ont aussi trouvé une région chaude et brillante où tourbillonnent des nuages de gaz.

Notre galaxie
Photographiée par un appareil spécial à l'observatoire de Las Campanas au Chili, la Voie lactée est ici vue par la tranche. Le centre est en grande partie obscurci par des nuages de poussières.

La poussière interstellaire a longtemps dissimulé ces phénomènes à l'observation. Plutôt que d'observer directement le noyau galactique, très peu lumineux, les astronomes utilisent des télescopes radio et infrarouge, qui captent les grandes longueurs d'onde, celles qui ne sont pas atténuées par la poussière. Cette poussière, bien qu'elle soit très diffuse, est la matière première des futures générations d'étoiles. Au fil des millions d'années, elle se rassemble en énormes nuages qui finissent par s'effondrer pour donner des étoiles. L'attraction gravitationnelle des bras spiraux peut favoriser ce phénomène en comprimant les nuages de poussière, ce qui explique qu'il y ait tant d'étoiles jeunes dans les bras de la Galaxie.

Au-delà des étoiles brillantes de la Voie lactée se trouve le halo galactique, une immense région presque vide, peuplée de rares étoiles âgées, qui est le vestige du nuage dont est née la Galaxie. Mais ce halo contient davantage de matière qu'il n'y paraît. À en juger par l'attraction qu'il exerce sur les étoiles, il doit contenir une « matière sombre » invisible dont on ignore à peu près tout.

Les galaxies comme la nôtre sont probablement constituées en grande partie de matière sombre (p. 144-145). Il s'agit peut-être

47 du Toucan
Cet amas globulaire situé dans la constellation du Toucan est à peine visible à l'œil nu. Il contient plus d'un million d'étoiles, mais on n'en voit qu'une centaine sur cette photo. Les amas globulaires sont les objets les plus anciens de notre galaxie.

Le Grand Nuage de Magellan
Située à 170 000 années-lumière de la Terre, c'est la galaxie la plus proche de la Voie lactée. Elle contient plusieurs nébuleuses, dont celle de la Tarentule (en haut à gauche), ainsi nommée car elle ressemble à une araignée.

d'innombrables corps plus petits qu'une étoile mais plus gros qu'une planète.

Les confins de la Galaxie

Les astronomes pensent qu'il y a 100 milliards de galaxies dans l'Univers. Certaines sont « spirales », comme la nôtre ; d'autres sont dites « irrégulières ». Ces deux types présentent le même mélange d'étoiles jeunes et âgées, et de nuages de poussières destinés à devenir des étoiles. Un autre type de galaxies, dites « elliptiques », semble surtout constitué d'étoiles âgées. Certaines galaxies connaissent une intense activité. Les « radiogalaxies », découvertes dans les années 50, émettent un flux incessant d'ondes radio. En 1963 fut découvert le premier quasar : cette explosion du cœur d'une galaxie est plus brillante que la Galaxie elle-même. Le satellite infrarouge IRAS, en 1983, découvrit des « galaxies à flambées d'étoiles » dont les brusques éruptions émettent d'importants flux de chaleur. La plupart des galaxies sont regroupées par la gravité en amas, voire en amas d'amas appelés superamas. Les amas tendant à se répartir autour des superamas, ils forment des filaments de galaxies délimitant des bulles d'espace vide. À grande échelle, l'Univers ressemble assez à un gruyère...

M82 : une galaxie à flambées d'étoiles
Les astronomes ont longtemps pensé que M82 était une galaxie en train d'exploser, comme un quasar. On sait aujourd'hui que le panache qui s'en éloigne est une flambée d'étoiles nouvelles.

Big Bang

La plupart des astronomes pensent que l'Univers a commencé par une gigantesque explosion appelée Big Bang. Les galaxies subissent encore les effets (l'expansion de l'Univers) de ces débuts explosifs et le « rayonnement cosmique » qui remplit l'espace en est l'écho atténué. Ce dernier phénomène, observé en 1965, est d'ailleurs la meilleure preuve en faveur de cette théorie. Qu'y avait-il avant le Big Bang ? On ne peut rien en dire, les lois de la physique perdant toute validité à l'approche de cette « singularité ». L'Univers sera-t-il toujours en expansion ou finira-t-il par se contracter ? Le destin de l'Univers dépend de la quantité de matière qu'il contient, en particulier de la mystérieuse « matière sombre ». Au-delà d'un certain seuil, l'Univers doit subir un « freinage » gravitationnel qui l'amènera à se contracter puis à subir un Big Bang à l'envers baptisé Big Crunch. Mais il semble que la masse totale de l'Univers, celle de toutes les étoiles de toutes les galaxies, soit très loin de la valeur nécessaire pour « refermer » ainsi l'Univers. Si ce dernier scénario se révèle exact, l'Univers connaîtra une expansion indéfinie. Il se refroidira peu à peu jusqu'à disparition complète des étoiles, des planètes et des galaxies. Cela nous laisse cependant largement le temps d'explorer l'Univers et de répondre à une des questions les plus fondamentales et les plus fascinantes qu'il pose : y a-t-il de la vie ailleurs que sur Terre ?

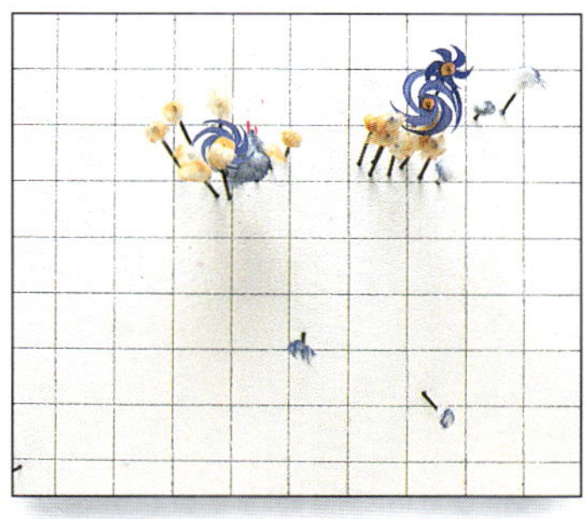

Le Groupe local
La Voie lactée fait partie d'un ensemble de galaxies. Vous pouvez faire une carte du Groupe local comme celle-ci *(voir p. 139)*

Arno Penzias et Robert Wilson
Ces deux chercheurs américains ont reçu le prix Nobel de physique en 1978 pour leur découverte (en 1965) du rayonnement cosmique – un « bruit de fond » radio qui remplit l'Univers. Il s'agit de l'écho très atténué du Big Bang.

La Voie lactée

LA VOIE LACTÉE EST NOTRE GALAXIE, un rassemblement de quelque 200 milliards d'étoiles dont, bien sûr, notre Soleil. Vue du dessus, c'est un énorme disque de 100 000 années-lumière de diamètre. Vue de profil, elle ressemble un peu à une soucoupe volante ou à un œuf sur le plat. Le système solaire se trouve à peu près aux deux tiers du rayon, dans un des bras spiraux (p. 134). Le Soleil est ainsi entouré d'étoiles jeunes et de nébuleuses brillantes. Depuis la Terre, nous voyons notre galaxie par la tranche : c'est cette bande d'étoiles que nous nommons Voie lactée.

EXPÉRIENCE

Une bande lumineuse

Comme notre système solaire se trouve dans un des bras spiraux de la Voie lactée, nous ne pouvons voir la forme spiralée de la galaxie. Nous ne voyons qu'une bande lumineuse quand nous la regardons par la tranche, dans la direction de sa plus grande épaisseur. Le même effet peut être obtenu avec un petit bout de plexiglas, vu sous différents angles, en guise de galaxie.

L'aide d'un adulte est recommandée

IL VOUS FAUT
- *Plexiglas* ● *Ruban adhésif*
- *Lampe torche*
- *Papier d'aluminium* ● *Ciseaux*

1 DEMANDEZ À UN ADULTE de fixer une plaque de plexiglas (une règle marcherait aussi, mais moins bien) sur la lampe torche avec du ruban adhésif de façon que l'un de ses bords, au moins, dépasse. La plaque représente le disque aplati de notre galaxie, la Voie lactée.

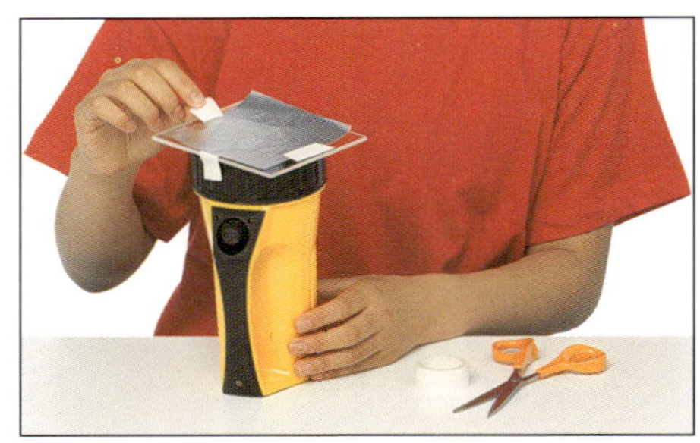

2 FIXEZ MAINTENANT une feuille d'aluminium sur le plexiglas de façon à bloquer la lumière de la lampe, mais en laissant les bords du plexiglas découverts.

3 ÉTEIGNEZ LES LUMIÈRES de la pièce et allumez la lampe. Dirigez d'abord la lampe vers vous : vous voyez la faible lumière diffusée par les bords de la plaque. Ensuite, posez-la sur une table. Vous voyez les bords de la plaque de plexiglas. Sont-ils plus lumineux que précédemment ? Vous êtes dans la même situation lorsque vous observez la Voie lactée. À quoi ressemblerait le ciel si vous étiez entouré d'étoiles brillantes ?

■ DÉCOUVERTE ■

Jan Oort

Les scientifiques ont longtemps cru que le système solaire se trouvait au centre de la Galaxie.
Dans les années 1780, William Herschel compta le nombre d'étoiles dans près de 700 régions différentes du ciel et trouva des valeurs à peu près comparables. Il en conclut que le système solaire était au cœur de la Voie lactée. À partir de la luminosité et des mouvements des étoiles, J. C. Kapteyn parvint aux mêmes conclusions dans les années 20.
Mais l'astronome néerlandais Jan Oort (1900-1992) avait une autre idée et se mit à étudier la forme et les dimensions de la Galaxie. Il montra, en utilisant les radiotélescopes, que le Soleil est très éloigné du centre, que la Galaxie a une forme spiralée, un mouvement de rotation, et que le Soleil met 220 millions d'années pour en faire le tour. Il montra aussi que les comètes proviennent pour la plupart d'un nuage – qui porte son nom – situé aux confins du système solaire.

Une carte de la Voie lactée

Vous pouvez trouver vous-même la position du Soleil au sein de la Galaxie en observant la Voie lactée tout au long de l'année. Observez par des nuits bien noires, sans Lune, quand la Voie lactée est haute dans le ciel, en particulier en janvier et en juillet. Marquez les étoiles les plus brillantes et notez bien la largeur de la Voie lactée. Si vous étiez au centre de la Galaxie, celle-ci aurait le même aspect dans toutes les directions. Est-ce ce que vous observez ? Si le système solaire est éloigné du centre de la Galaxie, la direction du centre galactique doit être plus brillante. Dans quelle direction la Galaxie est-elle plus brillante et plus large ? À quelles constellations correspond cette direction ?

Utilisez un crayon ou une craie blancs et du papier noir

De quoi est faite la Voie lactée ?

Cette question est restée sans réponse jusqu'à ce que Galilée, en 1610, dirige sa lunette astronomique vers le ciel. Faites comme lui, par une nuit noire et sans Lune, quand la Voie lactée est haute dans le ciel, de préférence tard le soir en janvier ou en juillet, et observez avec des jumelles ou un petit télescope.
La lueur de la Voie lactée est en fait celle d'innombrables étoiles. Certaines sont proches de nous et d'autres extrêmement éloignées.
Plus l'instrument que vous utilisez est puissant, plus vous verrez d'étoiles.

La structure de notre galaxie

PARCE QUE NOUS NE POUVONS LA VOIR que de l'intérieur, il n'est pas facile de se faire une idée de la structure de notre galaxie. L'espace entre les étoiles, en outre, est rempli de minuscules grains de poussière (d'un millième de millimètre d'épaisseur) qui absorbent la lumière et dissimulent des régions entières de la Voie lactée. Cet obstacle peut être levé en observant non plus la lumière, mais des ondes de plus grandes longueurs d'onde, comme les infrarouges ou les ondes radio. Les astronomes ont ainsi découvert que la Galaxie est constituée d'un noyau central d'étoiles âgées d'où partent des bras spiraux peuplés d'étoiles jeunes, de gaz et de poussières. Tout autour se trouve une vaste région presque vide, le « halo », dont les « habitants » sont les plus anciens de la Galaxie – les amas globulaires.

EXPÉRIENCE

Une mini-Voie lactée

Il y a trois régions différentes dans la Voie lactée. Ce modèle vous montre comment elles se situent les unes par rapport aux autres. Le noyau contient des étoiles jaune-orange, âgées ; les étoiles jeunes naissent dans les bras spiraux et les amas globulaires dans le halo.

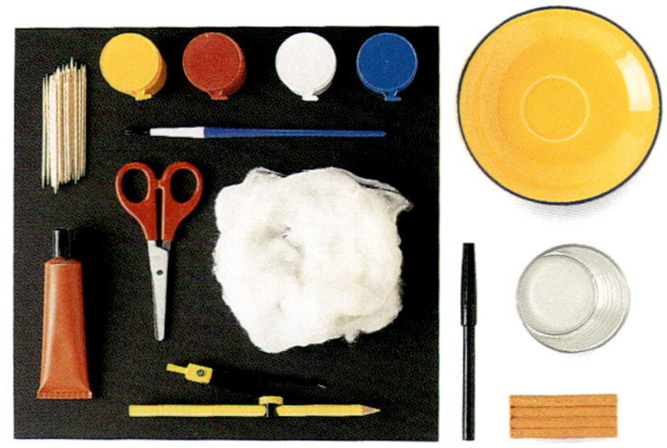

IL VOUS FAUT

- *Carton noir* • *Compas* • *Ciseaux*
- *Peinture* • *Pinceau* • *Feutre* • *Coton*
- *Colle* • *Pâte à modeler orange*
- *Piques à cocktail* • *Soucoupe* • *Eau*

1 TRACEZ UN CERCLE de 30 cm de diamètre sur le carton noir et découpez-le. C'est le disque de la Galaxie, qui fait 100 000 années-lumière de diamètre.

2 PEIGNEZ UNE DOUBLE SPIRALE et ornez les bras de points bruns (poussières), roses (nébuleuses) et bleus (étoiles jeunes). Faites une croix (le Soleil) aux deux tiers du rayon.

3 COLLEZ UNE DEMI-BOULE DE COTON de 8 cm de diamètre peinte en jaune-orange de chaque côte du disque : c'est le noyau de la Galaxie, de couleur rouge car surtout peuplé d'étoiles âgées.

4 ENFONCEZ LES PIQUES À COCKTAIL peintes en noir dans de petites boules de pâte à modeler de 5 mm de diamètre : elles représentent des amas globulaires d'étoiles très âgées.

5 RÉPARTISSEZ LES AMAS sur votre galaxie en en mettant davantage près du centre. Ces amas globulaires montrent l'extension du halo galactique, qui est à peu près sphérique.

Les fossiles de la Galaxie

Les amas globulaires sont les régions les plus anciennes de la Galaxie. On en connaît environ 140 rassemblant chacun quelques centaines de milliers d'étoiles rouges. Les étoiles centrales sont si denses que si l'on vivait dans un amas, leur lumière serait plus forte que celle de la pleine lune. Même à des milliers d'années-lumière de distance, elles sont facilement visibles aux jumelles et parfois à l'œil nu. Ces cartes vous montrent où chercher les amas globulaires les plus brillants. La lettre « M » indique qu'ils ont été catalogués par l'astronome français Messier.

M22
Situé dans la constellation du Sagittaire, M22 fut le premier amas globulaire à être identifié, en 1665 par l'astronome allemand Abraham Ihle. À 10 000 années-lumière de distance, c'est le plus proche de tous. Il est repérable à l'œil nu et bien visible à la lunette.

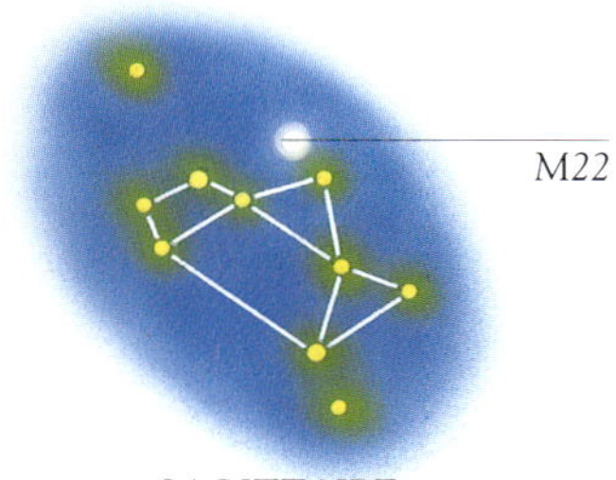

M13
Cet énorme amas de la constellation d'Hercule, facilement visible à l'œil nu, est situé à 24 000 années-lumière et comprend un demi-million d'étoiles. Si le Soleil était à la distance de M13, il serait 200 000 fois trop pâle pour être visible.

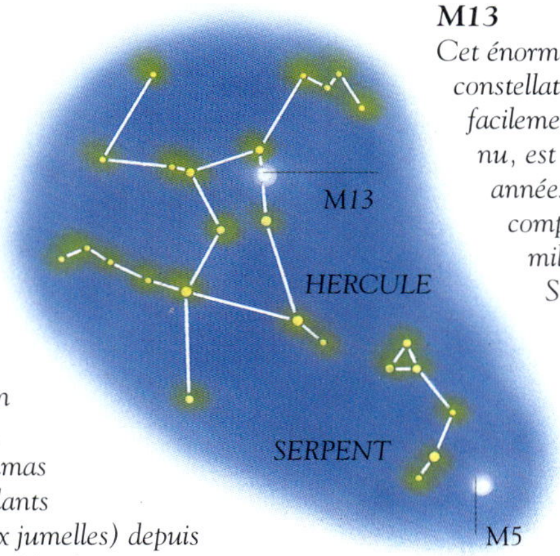

M5
M5, de la constellation du Serpent, est un des amas les plus brillants visibles (aux jumelles) depuis l'hémisphère Nord.

47 du Toucan
Cet amas de l'hémisphère Sud, situé à 15 000 années-lumière, est relativement jeune puisqu'il n'a que 10 milliards d'années. Tout juste visible à l'œil nu, il faut le chercher à côté du Petit Nuage de Magellan (p. 125).

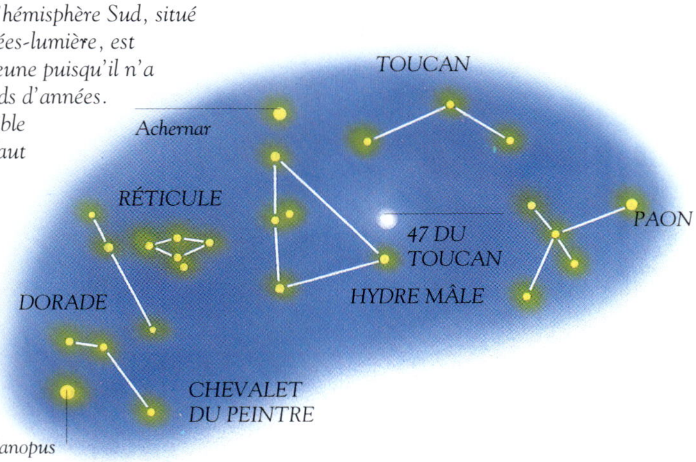

EXPÉRIENCE

Un nuage interstellaire

Les particules de poussière présentes dans les bras de la Galaxie bloquent la lumière des étoiles lointaines. Les astronomes préfèrent donc utiliser le rayonnement infrarouge ou les ondes radio pour « voir » la Galaxie. Leurs grandes longueurs d'onde, en effet, ne sont pas arrêtées par les poussières. Vous pouvez le vérifier avec un poste de radio et une couverture en guise de nuage interstellaire.

Il Vous Faut
- *Poste radio*
- *Couverture*

Ondes radio
Réglez le poste sur une station et enveloppez-le dans la couverture. Les sons les plus aigus (de courte longueur d'onde) sont arrêtés. Seuls les plus graves (de grande longueur d'onde) traversent la couverture.

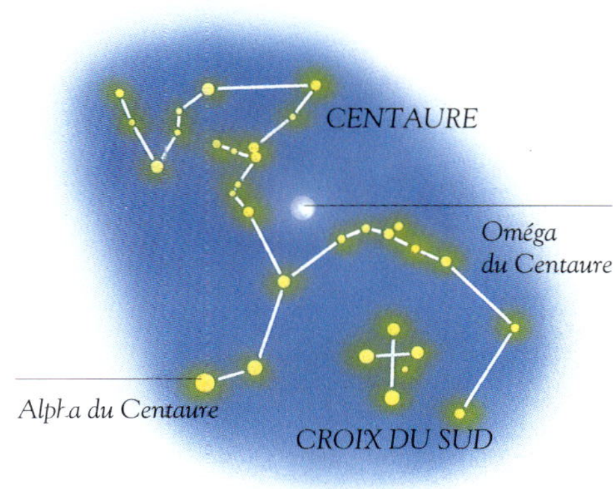

Oméga du Centaure
C'est le plus grand, le plus brillant, et l'un des plus vieux amas de la Galaxie. Bien visible de l'hémisphère Sud, il fait les deux tiers de la taille de la pleine lune et sa forme sphérique est évidente.

Galaxies à gogo

AUSSI GIGANTESQUE que soit notre Voie lactée, elle n'est qu'une galaxie parmi les 100 milliards qui constituent notre Univers. Nombreuses sont les galaxies spirales comme la nôtre, composées d'un mélange d'étoiles jeunes et vieilles, et de gaz et de poussières dont naîtront d'autres étoiles. Les galaxies irrégulières, sans forme bien définie, sont plus petites et contiennent davantage de gaz et de poussières.

Quant aux galaxies elliptiques, elles ne contiennent que des étoiles âgées et rouges car elles ont transformé en étoiles tout le gaz et les poussières dont elles disposaient. Leur taille est très variable. Les plus petites et les plus grandes galaxies de l'Univers sont des galaxies elliptiques.

Chercher les galaxies

Par une nuit bien claire, quelques galaxies sont visibles à l'œil nu : le Grand Nuage et le Petit Nuage de Magellan, dans l'hémisphère Sud, la galaxie d'Andromède dans l'hémisphère Nord. Une lunette ou des jumelles permettent d'en voir bien d'autres, que vous trouverez grâce aux cartes ci-dessous. Il faut que la nuit soit très sombre, sans pleine lune, et le ciel bien dégagé.

Dessinez soigneusement les galaxies. Ressemblent-elles aux photos de la page ci-contre ?

L'œil humain, même aidé d'un télescope, n'est pas aussi sensible qu'une pellicule photographique exposée pendant une longue durée. Quand l'œil ne distingue que le centre brillant de la galaxie d'Andromède, une photographie montre les détails de la structure des bras spiraux.

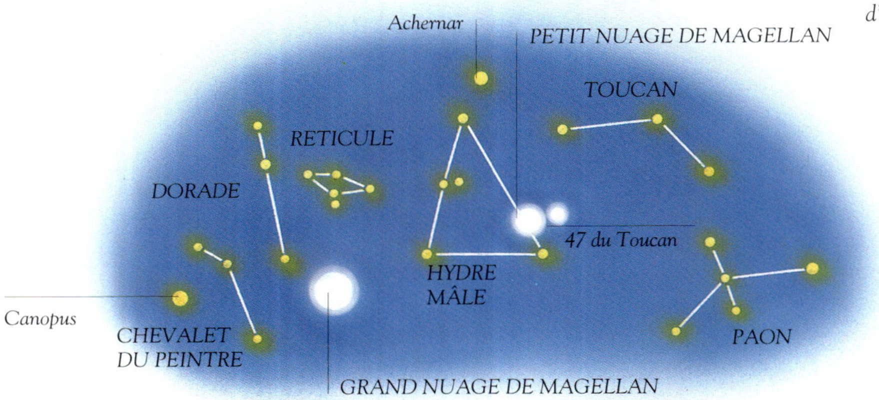

Grand Nuage de Magellan (ou LMC)
Cette galaxie très proche, à 170 000 années-lumière de la Voie lactée, est toujours visible dans le ciel austral. Une supernova y a explosé en 1987 et est restée visible plusieurs mois.

Petit Nuage de Magellan (ou SMC)
Cette galaxie irrégulière, comme la précédente, fut découverte par Magellan pendant son voyage autour du monde de 1521. La masse du Petit Nuage n'est que le quarantième de celle de la Voie lactée.

Andromède
En automne, dans l'hémisphère Nord, Andromède, située à 2,2 millions d'années-lumière, est visible comme une tache ovale. Cette énorme galaxie spirale contient 400 milliards d'étoiles.

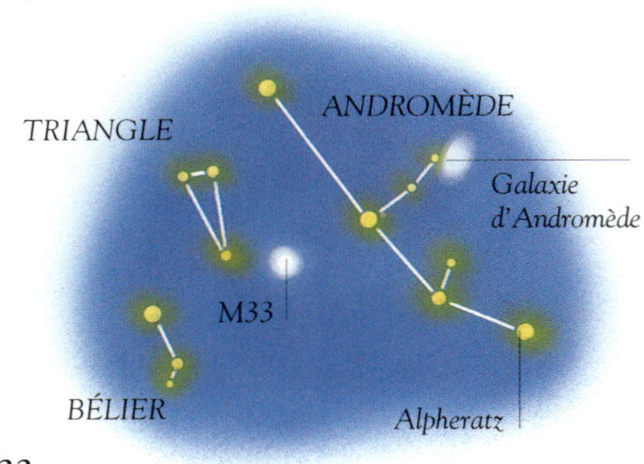

M33
Cette galaxie spirale située à 2,4 millions d'années-lumière est sans doute l'objet le plus lointain visible à l'œil nu.

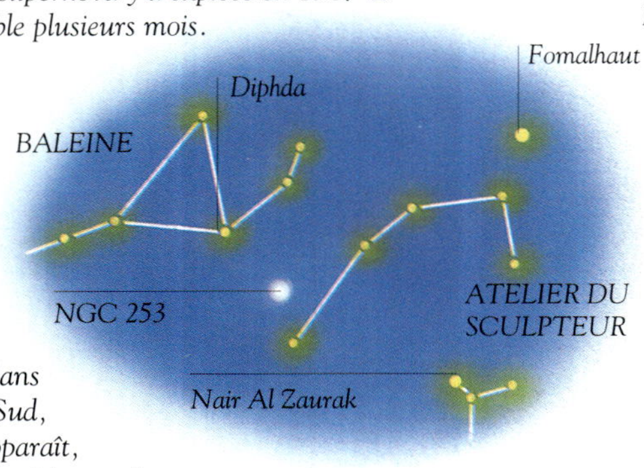

NGC 253
Visible avec des jumelles dans l'hémisphère Sud, NGC 253 apparaît, comme Andromède, par la tranche. Il faut donc de puissants télescopes pour distinguer ses nuages de poussières et ses nébuleuses où naissent de nombreuses étoiles.

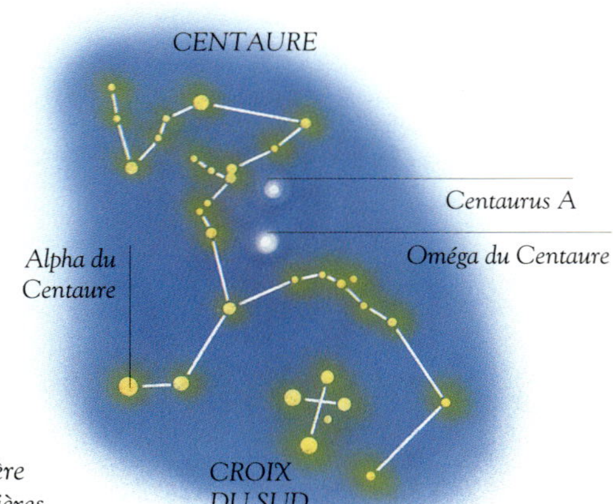

Centaurus A
Cette magnifique galaxie elliptique géante est visible avec des jumelles dans l'hémisphère Sud. Le nuage de poussières sombre qui la barre signale un cœur très actif. Comme beaucoup de galaxies actives, c'est une radiogalaxie.

EXPÉRIENCE

Le mystère des bras spiraux

Les astronomes pensent que les bras des galaxies spirales comme la Voie lactée persistent pendant des milliards d'années sans s'enrouler sur eux-mêmes ou disparaître, même si des étoiles peuvent y pénétrer et en sortir. D'après le résultat de cette expérience, pensez-vous que les bras persistent à cause de la rotation de la galaxie ? Sinon, quelles forces pourraient expliquer le phénomène ?

L'aide d'un adulte est recommandée

Il Vous Faut

- *Tasse* • *Café* • *Cuiller*
- *Crème fraîche*

Tasse à galaxie
Demandez à un adulte de faire une tasse de café. Remplissez une cuiller de crème fraîche et faites-la tourner doucement dans le café. Retirez la cuiller quand la spirale de crème a une vitesse constante. Garde-t-elle sa forme ? Persiste-t-elle longtemps ?

Galaxie et ordinateur

Les astronomes utilisent rarement les photographies ordinaires. Elles sont très belles mais apportent peu de renseignements utiles. Ils préfèrent enregistrer les images avec des caméras spéciales qui permettent des traitements informatiques particuliers. Une fois « numérisées » et codées en fausses couleurs, les images peuvent être précisément interprétées.

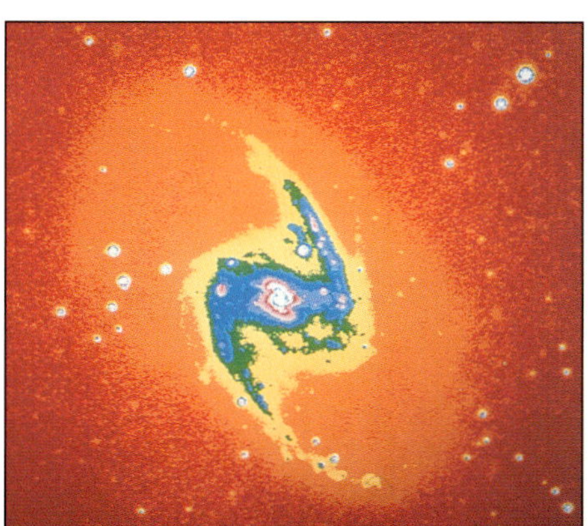

Calculs en couleurs
Dans cette image par ordinateur, chaque couleur correspond à une luminosité donnée. L'information ainsi obtenue sur cette galaxie est bien plus riche et plus détaillée que celle donnée par une simple photo.

Les types de galaxies

Les galaxies sont de formes et de tailles très variables, mais il faut un télescope puissant pour pouvoir les observer. Dans les années 20, l'astronome américain Edwin Hubble classa les galaxies en trois types : spirales, elliptiques, et irrégulières. Il distingua, parmi les premières, les « spirales barrées », et il semble bien que la Voie lactée en soit une. La dynamique de ces galaxies n'est pas entièrement expliquée.

Spirale (M83)
Il n'y a pas deux galaxies spirales identiques. Elles diffèrent par la forme de leur noyau central et par la structure de leurs bras. Certaines sont très compactes, d'autres plus « diluées », comme celle-ci.

Spirale barrée (NGC 1365)
Certaines galaxies spirales ont une région centrale allongée en forme de barre. Les millions d'étoiles qui composent cette région tournent toutes ensemble, ce qui est très difficile à expliquer.

Irrégulière (Petit Nuage de Magellan)
Ces petites galaxies sans forme définie contiennent de grandes quantités de gaz dont naîtront d'innombrables étoiles. Il est probable que certaines d'entre elles sont très récentes.

Elliptique (M32)
Ces boules de vieilles étoiles rouges, dénuées de gaz, sont rondes ou ovales. Chaque étoile tourne à sa manière autour du centre. Il se peut que les nuages de gaz de ces galaxies aient été aspirés par d'autres galaxies proches.

Amas de galaxies

LES GALAXIES SONT RAREMENT ISOLÉES. Sous l'action de la gravité, elles s'assemblent en groupes allant d'une dizaine à quelques milliers de galaxies. Les petits amas, comme notre Groupe local, sont composés de toutes sortes de galaxies. Dans les très grands amas, on trouve surtout des galaxies elliptiques très pauvres en gaz. Certaines galaxies sont si proches l'une de l'autre qu'elles se « cannibalisent » en aspirant les gaz et les étoiles de leur voisine, processus qui peut même aller jusqu'à la disparition totale de l'une d'elles.
Les astronomes pensent que les amas de galaxies doivent contenir de grandes quantités de « matière sombre » – invisible – qui reste aujourd'hui mystérieuse.

Henrietta Leavitt

Henrietta Leavitt (1868-1921) a été astronome à l'observatoire de Harvard aux États-Unis à partir de 1895. Elle découvrit environ 2 400 étoiles variables (p. 115). Dans le Petit Nuage de Magellan (qui, vu à l'œil nu, ressemble effectivement à un nuage), elle observa que la luminosité apparente des étoiles variables de type « céphéide » est proportionnelle à leur période de variation d'éclat. Ces étoiles ont ensuite été utilisées comme indicateurs de distances et ont permis de cartographier l'Univers proche, dans le Groupe local et au-delà.

EXPÉRIENCE

Le Groupe local

La Voie lactée et la galaxie d'Andromède sont les membres les plus imposants d'un petit groupe de galaxies, le Groupe local. Il comprend aussi les Nuages de Magellan (LMC et SMC), la spirale M33 et une douzaine de galaxies naines. En respectant bien les distances horizontales et verticales données ici, vous pouvez faire une très belle maquette en trois dimensions du Groupe local.

IL VOUS FAUT
- *Ciseaux* • *Carton blanc* • *Peinture* • *Règle*
- *Pinceau* • *Coton* • *Baguettes* • *Colle*
- *Plaque de polystyrène* • *Compas* • *Feutre*

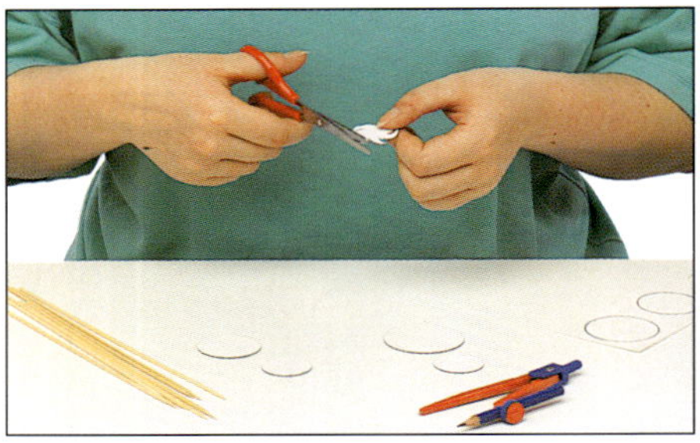

1 DÉCOUPEZ DES SPIRALES de carton de 5 cm (Andromède), 4 cm (la Voie lactée) et 3 cm (M33) de diamètre. Peignez les centres en jaune et les bras en bleu.

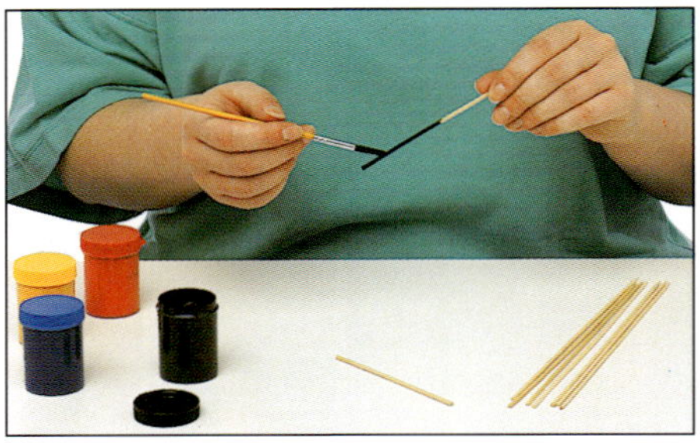

2 COUPEZ 26 BAGUETTES aux longueurs indiquées à droite. Fixez-en trois aux galaxies spirales et les autres à des boules de coton trempées dans la peinture bleue ou jaune.

3 DÉCOUPEZ UNE PLAQUE de polystyrène de 40 x 36 cm et tracez une grille au feutre noir de 9 x 10 carreaux. Notez sur cette grille, de 1 à 26, les positions de chaque galaxie en vous aidant du tableau de droite.

EXPÉRIENCE

Galaxies cannibales

Dans les grands amas, les galaxies ne sont pas réparties uniformément. Les petites galaxies se groupent souvent autour d'une ou deux galaxies géantes. Cela est dû à ce que les galaxies se déplacent à grande vitesse et se heurtent parfois en donnant une galaxie géante, dont la gravité est suffisante pour attirer les galaxies plus petites. Pour simuler ces « galaxies cannibales », utilisez le magnétisme d'un aimant : il remplacera la gravité.

Il Vous Faut

- *Bouchon* • *Ciseaux*
- *Épingles* • *Aimant*
- *Bol* • *Eau*

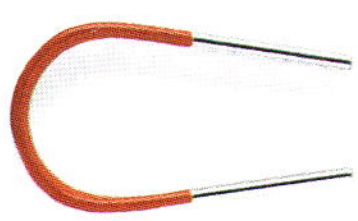

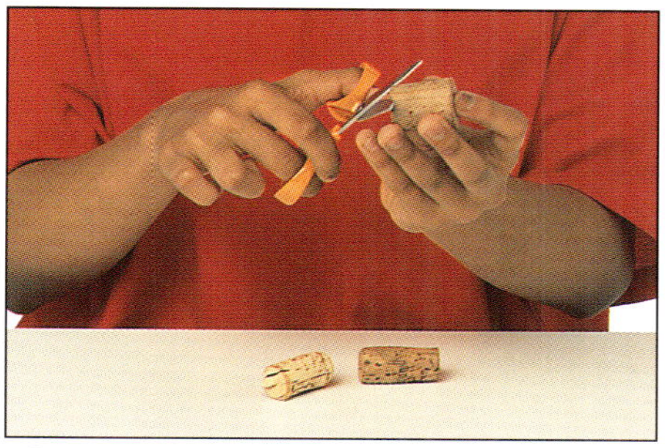

1 Coupez un vieux bouchon en huit morceaux à peu près égaux. Chacun représente une petite galaxie au sein d'un amas.

2 Aimantez huit épingles en les frottant plusieurs fois avec un pôle de l'aimant, toujours dans la même direction. Piquez-les aux bouchons.

3 Remplissez le bol d'eau et répartissez uniformément les bouchons à la surface. Attendez quelques minutes. Que se passe-t-il ? Certaines galaxies en cannibalisent-elles d'autres ? Observez bien dans quel ordre se produit le phénomène.

Hauteur des baguettes (en mm)

1. GR8 = 210
2. Lion I = 110
3. Lion II = 105
4. Sextant = 95
5. Petite Ourse = 120
6. Carène = 80
7. Dragon = 125
8. Voie lactée = 95
9. S.M.C. = 80
10. L.M.C. = 90
11. Atelier du sculpteur = 90
12. Fourneau = 80
13. NGC 6822 = 80
14. NGC 147 = 200
15. M32 = 190
16. NGC 185 = 200
17. NGC 205 = 170
18. Andromède = 180
19. A-II = 165
20. A-I = 175
21. A-III = 170
22. M33 = 175
23. WLM = 70
24. IC 1613 = 95
25. Poissons = 155
26. DDO 210 = 70

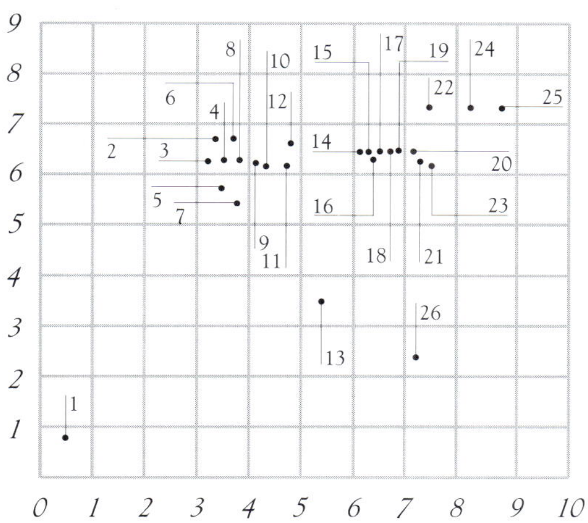

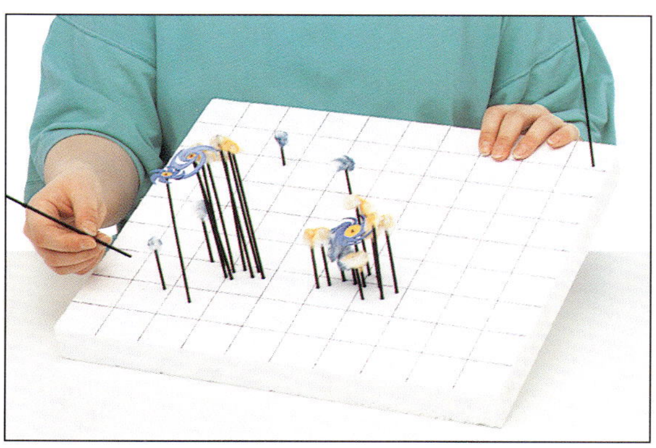

4 Placez les baguettes aux positions indiquées (voir carte ci-dessus). Vous voyez le Groupe local tel qu'il apparaîtrait depuis l'espace. Les galaxies y sont-elles régulièrement réparties ? Pourquoi, selon vous, les petites galaxies se rassemblent-elles autour des grosses ? Quelle force peut expliquer cela ?

L'amas de la Vierge

Les grands amas de galaxies, comme celui de la Vierge que l'on voit ici, contiennent beaucoup de galaxies elliptiques, dont certaines ont cannibalisé des plus petites. L'amas de la Vierge, dont la largeur est d'environ 10 millions d'années-lumière, est à 50 millions d'années-lumière du Groupe local. Ses galaxies les plus brillantes sont facilement visibles avec une lunette astronomique, par une nuit bien noire, entre la Vierge et Denebola de la constellation du Lion (voir p. 148-151).

Quasars

AU-DELÀ DES GALAXIES proches se trouvent les quasars, les objets astronomiques les plus violents de l'Univers. Au télescope, ils sont peu brillants car ils se trouvent à des milliards d'années-lumière de distance.
Mais un quasar renferme, dans un espace de la taille du système solaire, autant d'énergie que mille milliards d'étoiles...
Depuis leur découverte en 1963, ils sont longtemps restés mystérieux. On sait aujourd'hui que chaque quasar se trouve au cœur d'une galaxie lointaine et qu'il est sans doute constitué d'un disque d'accrétion très chaud tourbillonnant autour d'un trou noir. Ils émettent des jets d'électrons qui engendrent des ondes radio détectables grâce aux radiotélescopes. Il arrive même qu'un quasar soit caché par un nuage de poussière proche et que l'on ne capte que cette émission radio. On parle alors d'une « radiogalaxie ».

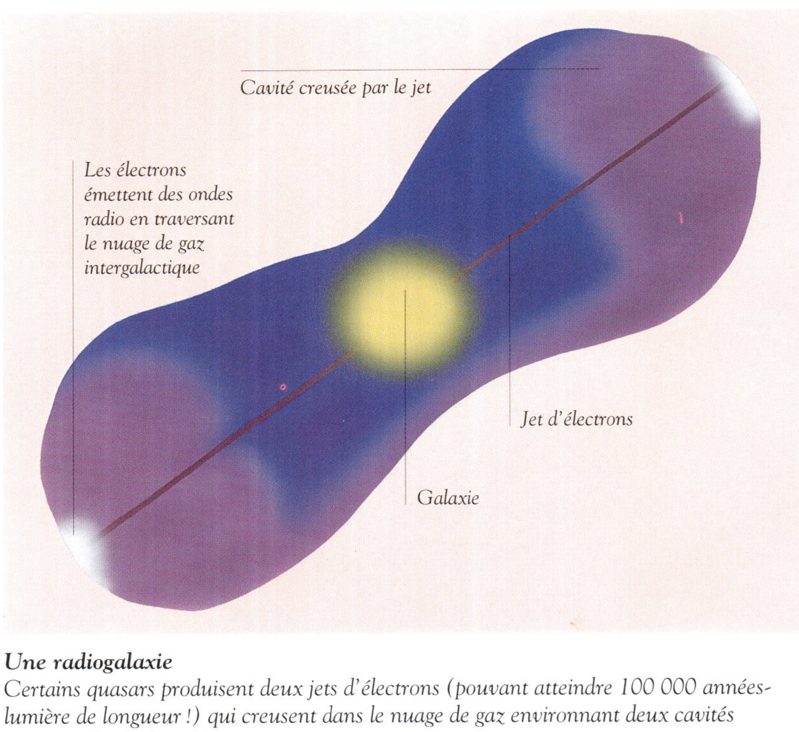

Une radiogalaxie
Certains quasars produisent deux jets d'électrons (pouvant atteindre 100 000 années-lumière de longueur !) qui creusent dans le nuage de gaz environnant deux cavités émettant des ondes radio.
Ces radiogalaxies sont plus facilement détectables par les radiotélescopes quand les jets (p. 133) sont vus de côté. Elles émettent autant d'énergie sous forme d'ondes radio que sous forme de lumière.

EXPÉRIENCE

Le cœur d'un quasar

Les astronomes pensent qu'au cœur d'un quasar se trouve un énorme trou noir aspirant la matière d'un disque d'accrétion. Celui-ci tourne très vite et il s'y produit des phénomènes extrêmement violents. Regardez ce qui se produit quand des nuages de gaz approchent d'un trou noir.

IL VOUS FAUT
- *Saladier*
- *Huile de cuisine*
- *Eau* • *Cuiller*

1 REMPLISSEZ LE SALADIER aux deux tiers d'eau. Ajoutez un peu d'huile pour que des bulles de tailles différentes se forment à la surface.

2 FAITES TOURNER L'EAU assez rapidement jusqu'à ce qu'un creux se forme au centre : les bulles d'huile sont aspirées comme un disque d'accrétion par un trou noir.

EXPÉRIENCE

C'est petit comment, un quasar ?

Quand les astronomes découvrirent les quasars, ils observèrent que leur éclat variait en l'espace de quelques mois. Ils en déduisirent que les quasars étaient très petits, moins d'une année-lumière. En effet, la lumière provenant de la partie du quasar la plus proche de nous arrive avant celle qui part de la partie la plus lointaine, et plus le quasar est petit, plus les variations de luminosité sont rapides. Grâce à cette idée, vous allez pouvoir mesurer la taille de votre propre quasar.

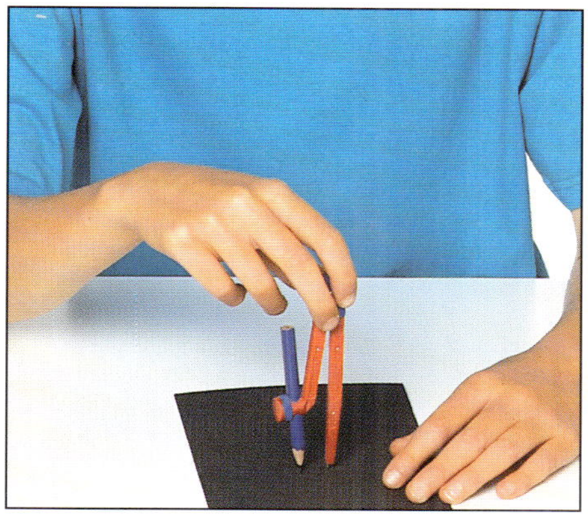

1 PLIEZ TROIS MORCEAUX de carton noir en forme de « L » et découpez dans les parties verticales des trous de diamètres 5 mm, 1 cm et 2 cm.

2 COUVREZ CHAQUE TROU DE PAPIER calque et placez derrière chacun une ampoule sur son support. Branchez les ampoules aux piles.

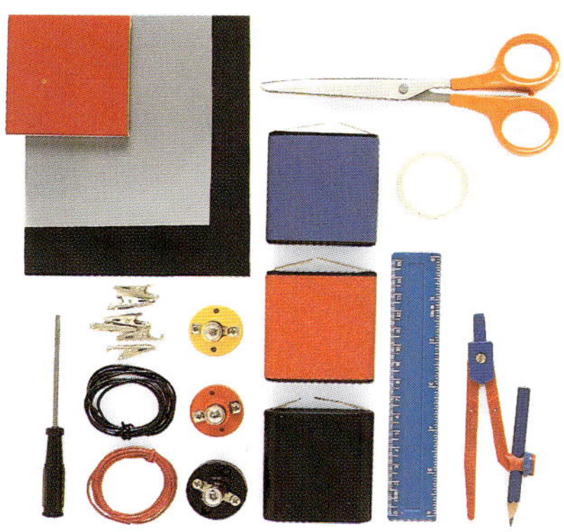

IL VOUS FAUT

- *Carton noir* • *Ciseaux* • *Règle*
- *Papier calque* • *3 ampoules avec supports*
- *3 jeux de fils et de piles* • *Tournevis*
- *Compas* • *Ruban adhésif* • *Carton rouge*

3 DEMANDEZ À UN AMI de reculer ou d'approcher les ampoules des trous jusqu'à ce qu'ils aient le même éclat apparent. L'ampoule du petit trou devra être assez proche, celle du grand trou plus éloignée.

4 TENEZ MAINTENANT DEVANT VOUS une feuille de papier calque tendue dans un cadre. Vous ne pouvez plus distinguer la taille des trous. Demandez à votre ami d'intervertir l'ordre des « quasars ».

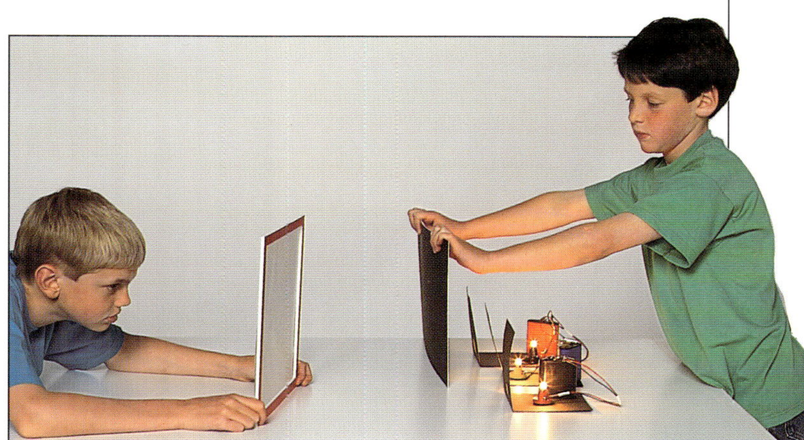

5 DEMANDEZ-LUI DE DÉPLACER doucement un écran noir devant les quasars de façon à les découvrir l'un après l'autre. Le temps qu'il faut pour que leur luminosité soit maximale est d'autant plus petit que le trou est petit.

L'expansion de l'Univers

AU COURS DU XXe SIÈCLE, deux découvertes se sont révélées capitales pour comprendre l'origine de l'Univers. Edwin Hubble, en 1929, montra que l'Univers est en expansion. Cela implique qu'il résulte d'un phénomène très violent : le Big Bang. En 1965, on trouva un « bruit de fond » radio très faible emplissant tout l'espace, et qui est très certainement le rayonnement atténué du Big Bang. Les calculs montrent que notre Univers a commencé il y a environ 15 milliards d'années, mais ils ne disent rien sur ce qu'il y avait avant le Big Bang. Cet événement cosmique a créé la matière des étoiles, des planètes et des galaxies. Pendant le premier milliard d'années, l'Univers était trop chaud pour que des étoiles s'y forment. Puis sont apparues les galaxies qui continuent aujourd'hui à s'éloigner l'une de l'autre sous l'effet de l'expansion de l'Univers.

DÉCOUVERTE

Edwin Hubble

L'astronome et cosmologiste américain Edwin Hubble (1889-1953) fut le premier à montrer que certaines « nébuleuses » sont en réalité des galaxies différentes de la nôtre, ce qui initia une série de recherches nouvelles. En classifiant les galaxies en divers types, il observa que presque toutes s'éloignent de nous, et qu'elles s'éloignent d'autant plus vite qu'elles sont plus lointaines. Cela n'est explicable que si l'Univers est en expansion.

L'effet Doppler

Comment procéda Edwin Hubble pour montrer que toutes les galaxies s'éloignent de la nôtre et que l'Univers est en expansion ? Grâce à un effet physique que nous pouvons observer tous les jours et qui porte le nom du physicien autrichien du XIXe siècle Christian Doppler. L'effet Doppler, qui se produit aussi bien avec les ondes sonores qu'avec les ondes lumineuses, est entre autres utilisé dans les radars pour relever les excès de vitesse.

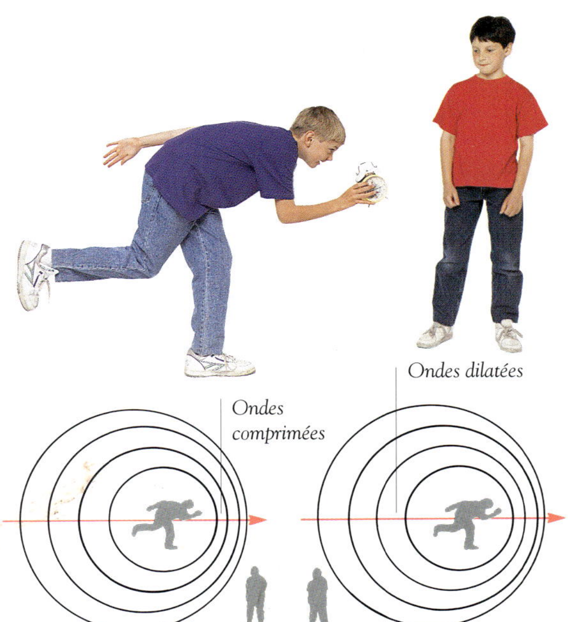

Variation de fréquence
Si un ami court vers vous en tenant un réveil en train de sonner, le son va vous paraître plus aigu. Si votre ami s'éloigne de vous, le son vous paraîtra plus grave.

EXPÉRIENCE

Décalage vers le rouge

Quand une source de lumière s'approche ou s'éloigne de vous, sa couleur change à cause de l'effet Doppler. La lumière d'une étoile ou d'une galaxie se rapprochant de nous est ainsi « décalée vers le bleu » – sa longueur d'onde diminue. Si l'étoile s'éloigne, on observe au contraire un « décalage vers le rouge ». Plus le décalage est grand, plus grande est la vitesse de la source. Hubble parvint à mesurer le décalage vers le rouge des galaxies, et donc leur vitesse, en comparant le spectre de leur lumière avec celui d'une source au laboratoire. Faites ce modèle pour comprendre comment cela est possible.

IL VOUS FAUT
- *Papier* • *Compas*
- *Fil de coton noir*
- *Crayon* • *Peinture*
- *Règle* • *Bol d'eau*
- *Ciseaux* • *Colle*
- *Carton* • *Pinceau*

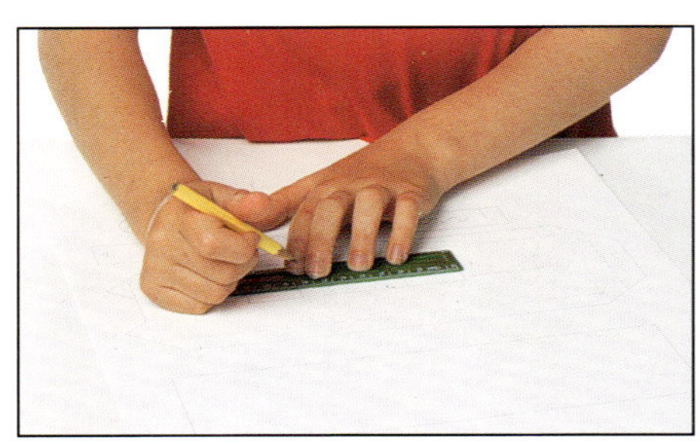

1 RECOPIEZ LE MODÈLE de la page suivante en respectant bien les mesures. Pliez les lignes tiretées et coupez selon les lignes en traits pleins.

2 Copiez le modèle sur un carton et découpez les deux parties. Cette photo montre la découpe de la languette centrale. Faites cela très soigneusement.

3 Peignez les deux pièces comme indiqué ci-dessous. La glissière est noire avec le spectre au centre et la Terre près du trou. La tirette est noire avec une ligne blanche.

4 Peignez la galaxie en noir et blanc. Une fois que les trois pièces sont sèches, vous pouvez les assembler. Commencez par placer la tirette derrière la glissière.

La glissière
Prenez les mesures de ce schéma pour faire la glissière de votre modèle.

La tirette
Ce schéma montre la tirette qui se place dans la glissière.

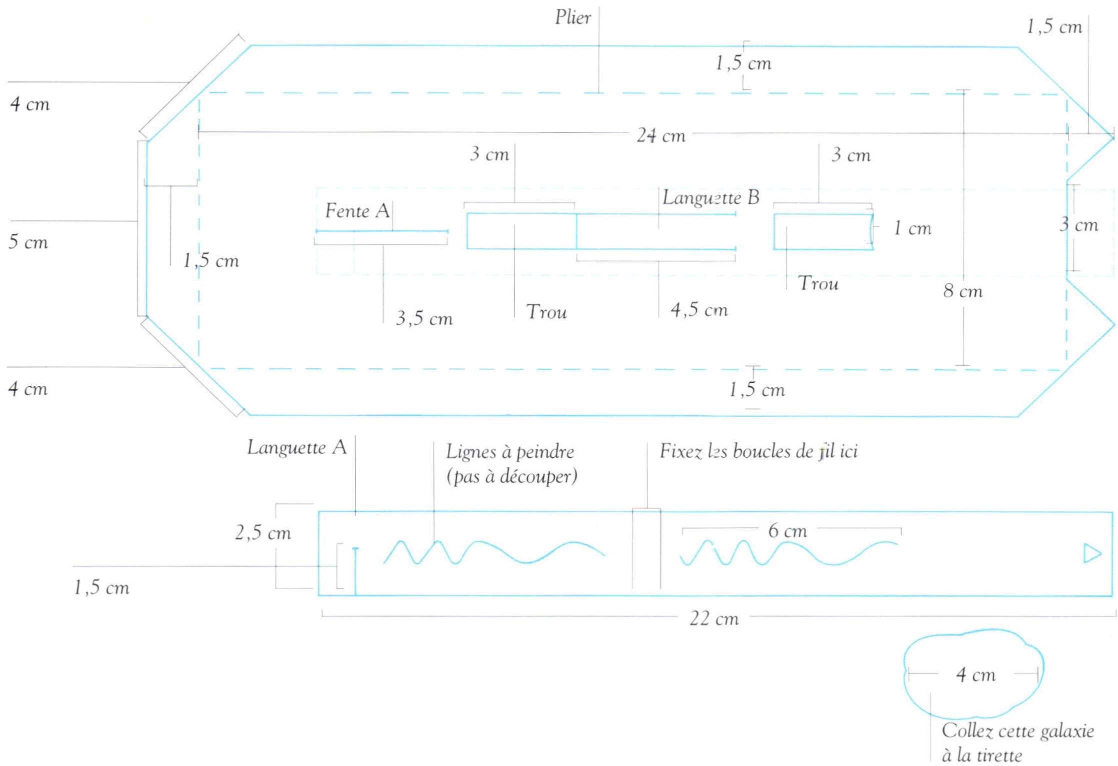

5 Passez la languette A dans la fente A de la glissière et collez-lui la galaxie. Faites deux petites boucles pas trop serrées de fil de coton noir sur le spectre comme indiqué à droite. Fixez-les au dos de la tirette et faites-les passer au-dessus de la languette B de la glissière. Découpez alors un morceau de carton de 22 cm x 8 cm et placez-le sous la glissière. Repliez les rabats par-dessus et collez. La tirette doit pouvoir glisser librement.

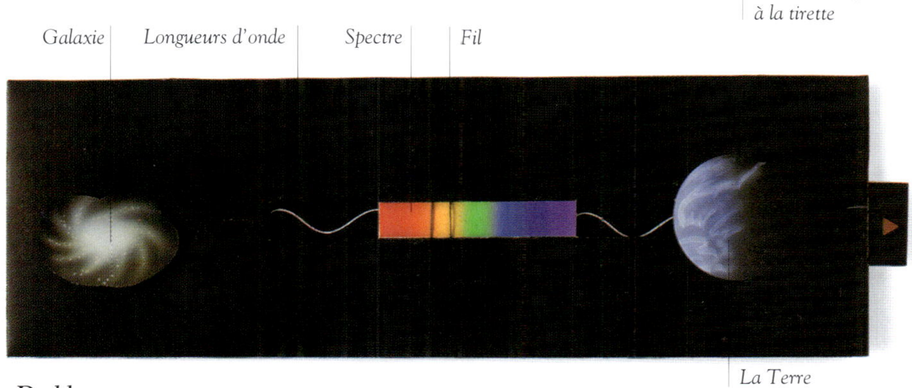

Du bleu au rouge
Quand vous déplacez la tirette vers la droite, la galaxie s'approche de la Terre. La ligne blanche montre que la longueur d'onde se raccourcit et le fil noir (l'indicateur de lumière) se trouve dans la partie bleue du spectre. Repoussez la tirette : la longueur d'onde augmente et la lumière se décale vers le rouge.

Du Big Bang au Big Crunch

QUAND VOUS REGARDEZ le ciel, vous voyez en fait le passé de l'Univers. À cause du temps que met la lumière pour vous parvenir, vous voyez les étoiles telles qu'elles étaient il y a des milliers ou des millions d'années. Plus vous regardez loin, plus vous remontez dans le passé. Mais connaître le futur de l'Univers est beaucoup plus difficile. Son expansion durera-t-elle indéfiniment ? Pour le savoir, il faut connaître la quantité de matière qu'il contient, car elle seule est susceptible de freiner l'expansion. S'il n'y a pas assez de matière, l'Univers poursuivra son expansion jusqu'à se diluer totalement. Sinon, l'expansion s'inversera, l'Univers se contractera et finira dans un Big Bang inversé, le Big Crunch. On sait aujourd'hui que 99% de la matière est de la « matière sombre » invisible mais dont la masse est sans doute insuffisante pour mener à un Big Crunch.

EXPÉRIENCE

L'histoire de l'Univers

L'échelle de temps de l'Univers est fantastiquement longue, mais cette petite « horloge cosmique » va vous en donner une idée. Elle comprend trois disques : l'un montre l'évolution de l'Univers du Big Bang à aujourd'hui, l'autre un cycle Big Bang-Big Crunch et le troisième une expansion indéfinie. La seule façon de connaître le futur de l'Univers est de mesurer avec une grande précision son taux d'expansion passé et actuel. C'est une tache délicate pour les astronomes qui espèrent bien cependant y parvenir un jour.

IL VOUS FAUT

● *Papier* ● *Peinture* ● *Règle* ● *Compas* ● *Ciseaux* ● *Bol* ● *Pinceaux* ● *Carton*

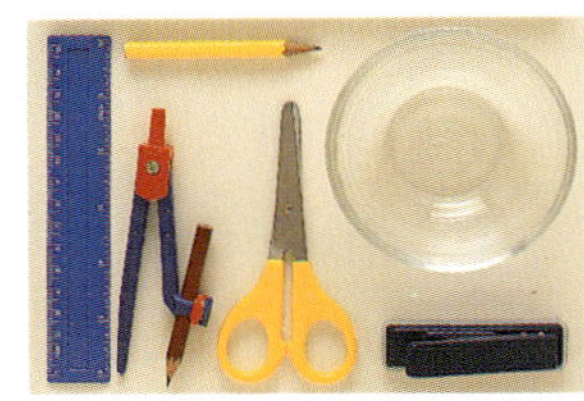

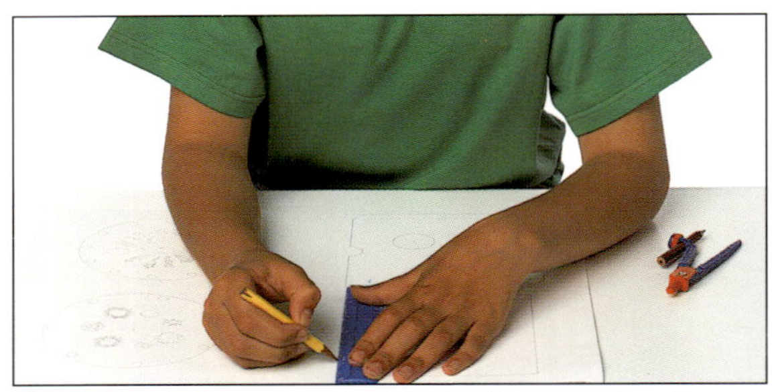

1 TRACEZ TROIS CERCLES de 12,5 cm de diamètre sur une feuille de papier ou de carton léger. Faites un cadran de papier de 15 x 16 cm (voir ci-dessus à droite), puis découpez un carré de carton de 13 x 13 cm.

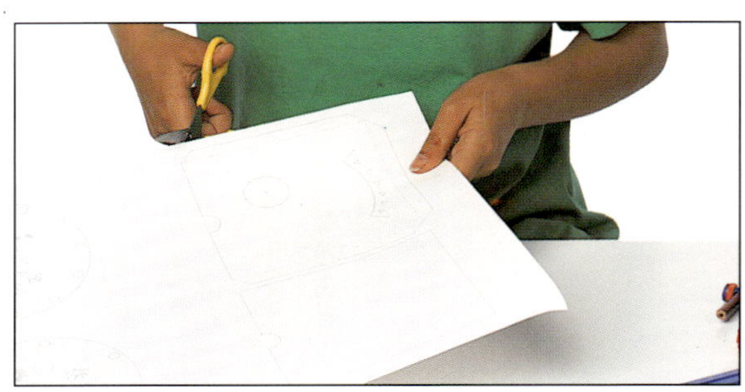

2 DÉCOUPEZ SOIGNEUSEMENT LES CINQ PIÈCES. Sur le cadran, découpez le bas du cercle comme indiqué à droite, dessinez les triangles et découpez le trou rond. Les tirets indiquent les lignes de pliage.

EXPÉRIENCE

Univers-ballon en expansion

La plupart des astronomes pensent qu'à la suite du Big Bang l'Univers connaît une phase d'expansion qui éloigne les galaxies les unes des autres.
Une expérience avec un simple ballon va vous montrer pourquoi.

IL VOUS FAUT

● *Ballon* ● *Feutre*

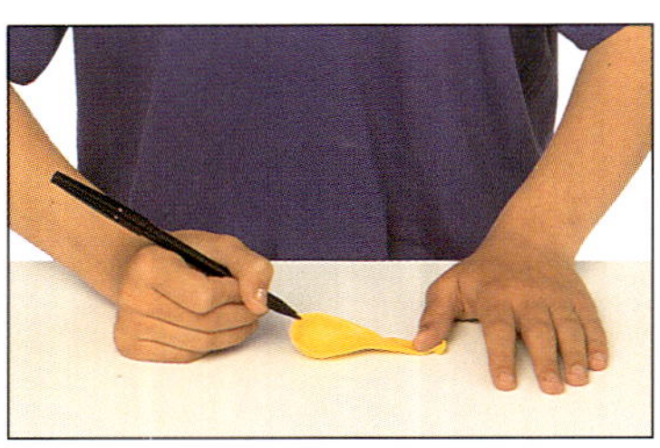

1 FAITES PLUSIEURS POINTS sur le ballon. Ce sont les galaxies de votre univers.

2 SOUFFLEZ DANS LE BALLON et imaginez que vous êtes sur une des galaxies. Dans quelles directions iraient les autres galaxies ?

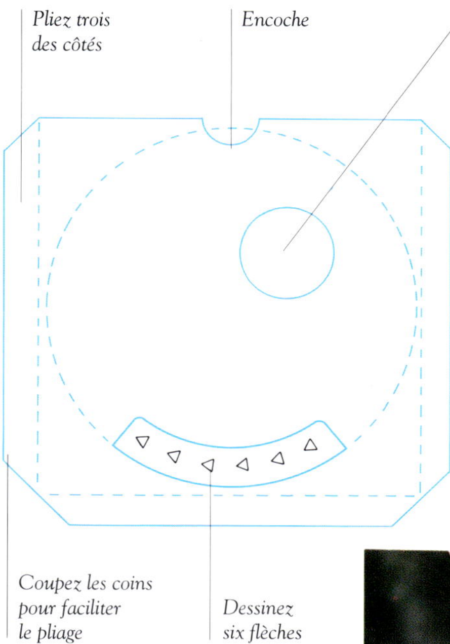

Le cadran
Glissez dans le cadran un des disques. Pour voir l'évolution de l'Univers, faites-le tourner dans le sens des flèches d'un point blanc au suivant.

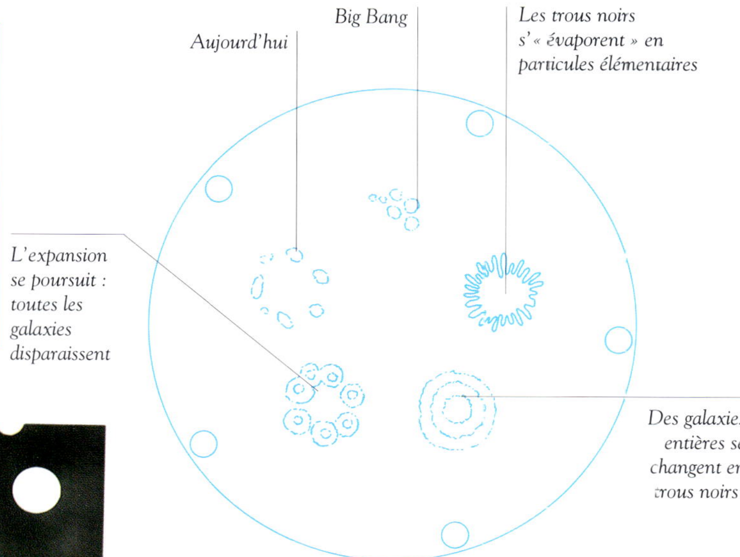

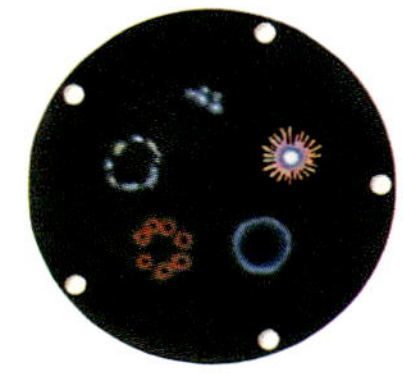

Expansion continue
Les astronomes ne savent pas exactement ce qui se passerait dans ce cas, mais ce disque montre le scénario le plus probable.

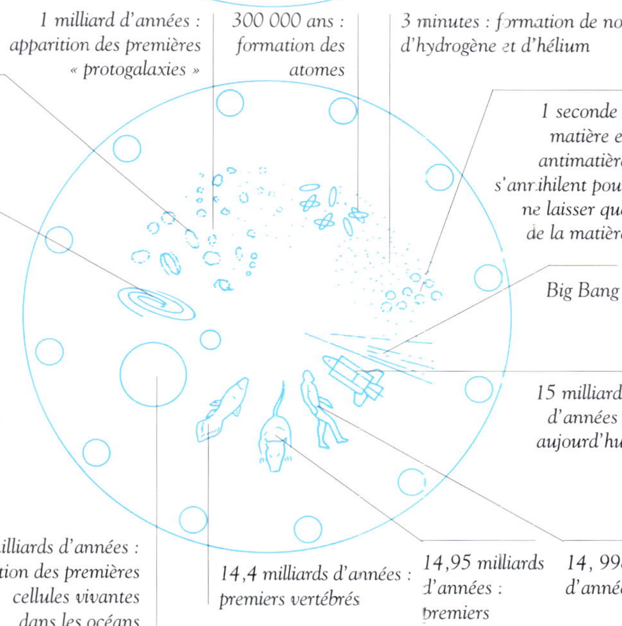

Première minute
Ce disque montre ce qui s'est passé depuis le Big Bang. Les intervalles entre deux étapes correspondent à des durées de plus en plus longues.

3 Dessinez les symboles montrés à droite puis peignez un fond noir. Du haut en bas, les disques montrent ce qui se passera si l'Univers continue son expansion, ce qui s'est passé jusqu'à aujourd'hui, et un cycle Big Bang-Big Crunch.

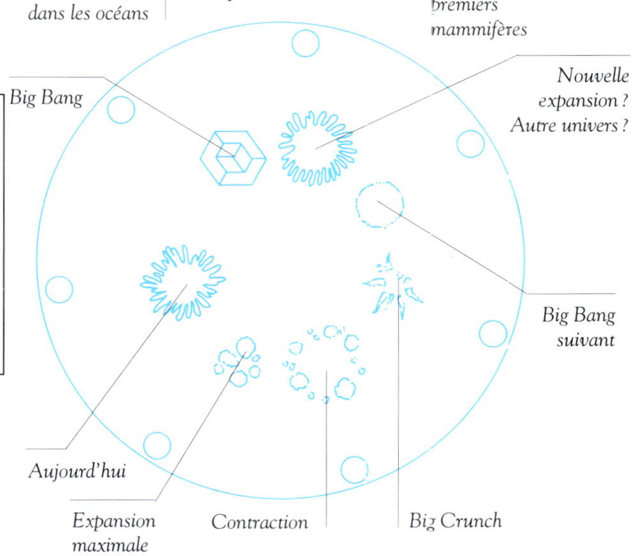

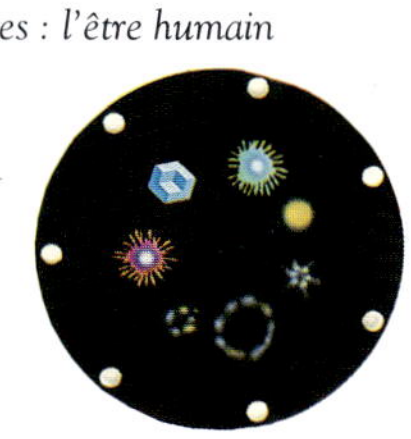

Big Crunch
Ce disque représente un cycle Big Bang-Big Crunch. Le nouvel univers est symbolisé par l'objet géométrique, mais personne ne sait à quoi il ressemblerait.

4 Pour assembler votre « horloge », pliez les rabats du cadran et collez-les au dos du carré de carton. Glissez-y un des disques et tournez-le dans la direction indiquée par les flèches.

Il y a quelqu'un ?

La Terre est apparemment la seule planète où se soit développée la vie. Mais le Soleil est une petite étoile très ordinaire et les astronomes pensent qu'il existe sans doute des planètes autour des 200 milliards d'étoiles de notre galaxie. Pourquoi la vie n'y serait-elle pas apparue aussi ? S'il existe ailleurs d'autres formes de vie semblables à la nôtre, il doit être possible de communiquer avec elles. Un grand programme d'écoute d'éventuels signaux radio émis par d'autres civilisations vient d'être mis en place par la NASA. Baptisé SETI (Search for Extra-Terrestrial Intelligence), il consiste à écouter simultanément des millions de fréquences radio différentes. On ne sait pas, en effet, sur quelle fréquence pourrait être émis un message extraterrestre.

EXPÉRIENCE

Un message extraterrestre

Plutôt que d'envoyer un message en langage parlé, des extraterrestres utiliseraient sans doute un langage codé. Les scientifiques, sur Terre, devraient ensuite le déchiffrer. Vous allez fabriquer un message codé, puis le déchiffrer, en utilisant les chiffres suivants : 1011101001110000111000001000111111100111000011100001110000101000010100101 0101.

Il Vous Faut

- *Papier* • *Crayon* • *Feutre noir*
- *Règle* • *Bloc-notes*

1 Comptez tous les chiffres. Trouvez les deux nombres qui, multipliés, donnent ce nombre. Tracez une grille de 1 x 1 cm ayant pour nombre de lignes le plus grand des nombres trouvés, et le plus petit pour nombre de colonnes.

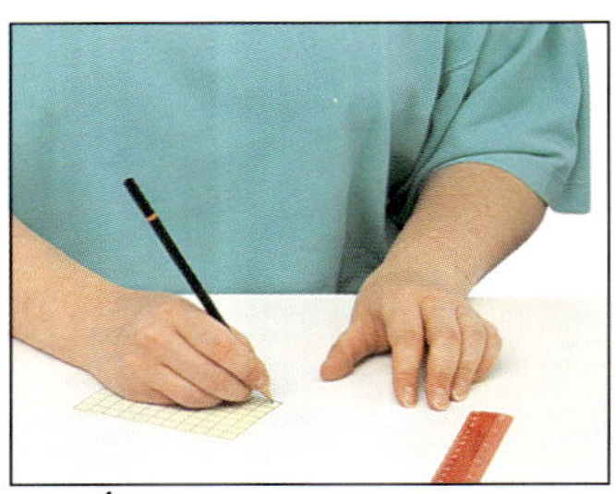

2 Écrivez les « 1 » et les « 0 » en commençant en haut à gauche et en allant de gauche à droite. Noircissez les carreaux « 1 ». Quel est le message ? Essayez maintenant de faire votre propre message.

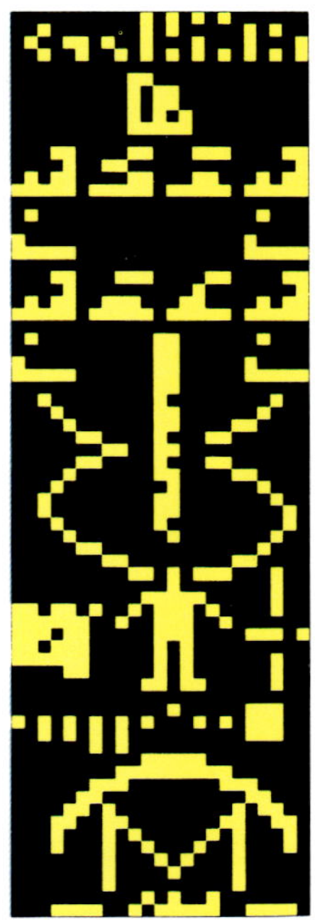

Message de la Terre
Frank Drake a envoyé ce message avec un radiotélescope à destination des extraterrestres. Pour faire votre message, dessinez une grille ayant pour côtés deux nombres premiers (*p. 154*)*. Coloriez des carreaux pour obtenir l'image voulue. Notez « 1 » les carreaux coloriés et « 0 » les autres.*

EXPÉRIENCE

Combien y a-t-il d'extraterrestres ?

L'astronome américain Frank Drake a trouvé une équation qui permet de connaître le nombre de civilisations extraterrestres dans notre galaxie susceptibles de nous contacter, à partir d'un certain nombre de paramètres que l'on fixe soi-même. Le dispositif que vous allez fabriquer donne le résultat de l'équation de Drake. Essayez-le, puis demandez à vos amis de l'essayer. Obtenez-vous le même résultat qu'eux ?

Il Vous Faut

- *Carton* • *Feutre noir* • *Crayon* • *Règle*
- *Ciseaux* • *Papier millimétré*
- *Six bandes de papier coloré de 16 mm*

À quoi ressemble un extraterrestre ?
Son aspect dépendrait de la planète sur laquelle il vit. Si la gravité est forte, il sera sans doute très trapu. En tout cas, il aura certainement des yeux sensibles à la lumière de « son » étoile et des oreilles lui permettant de capter les sons.

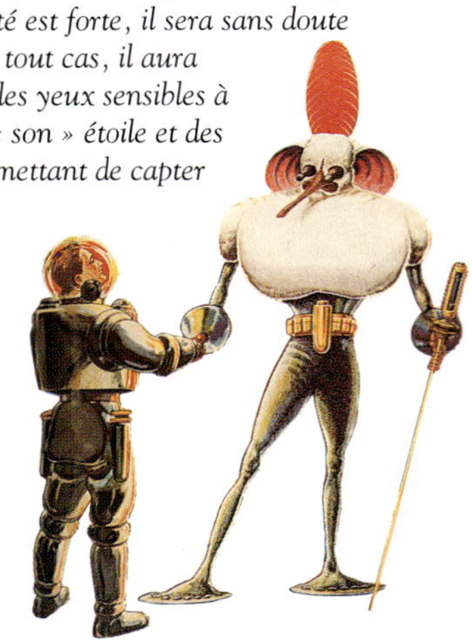

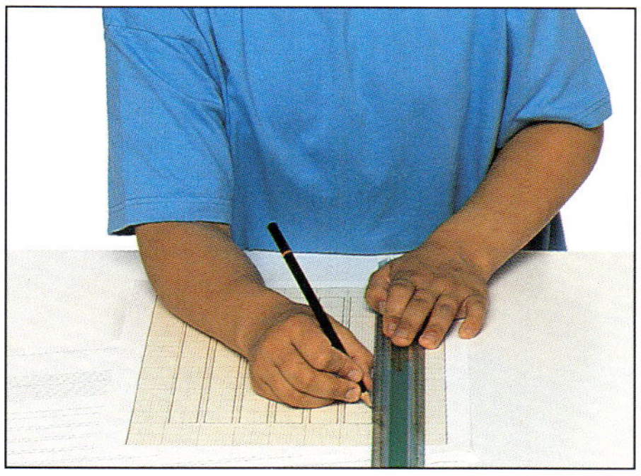

1 TRACEZ UNE GRILLE de 2 x 2 cm sur le papier millimétré, de neuf cases de hauteur et quinze de largeur. Puis dessinez et découpez six rectangles comme indiqué ci-dessous.

2 DÉCOUPEZ SEPT BANDES de carton de la même largeur que les espaces entre les trous. Retournez le papier millimétré et collez les bandes sur ces espaces, sur toute la largeur.

3 COLLEZ UN CARTON au dos du papier millimétré sur les bandes de carton. Glissez les bandes de papier de couleur pour qu'elles soient toutes alignées à droite et recopiez les textes du modèle ci-dessous.

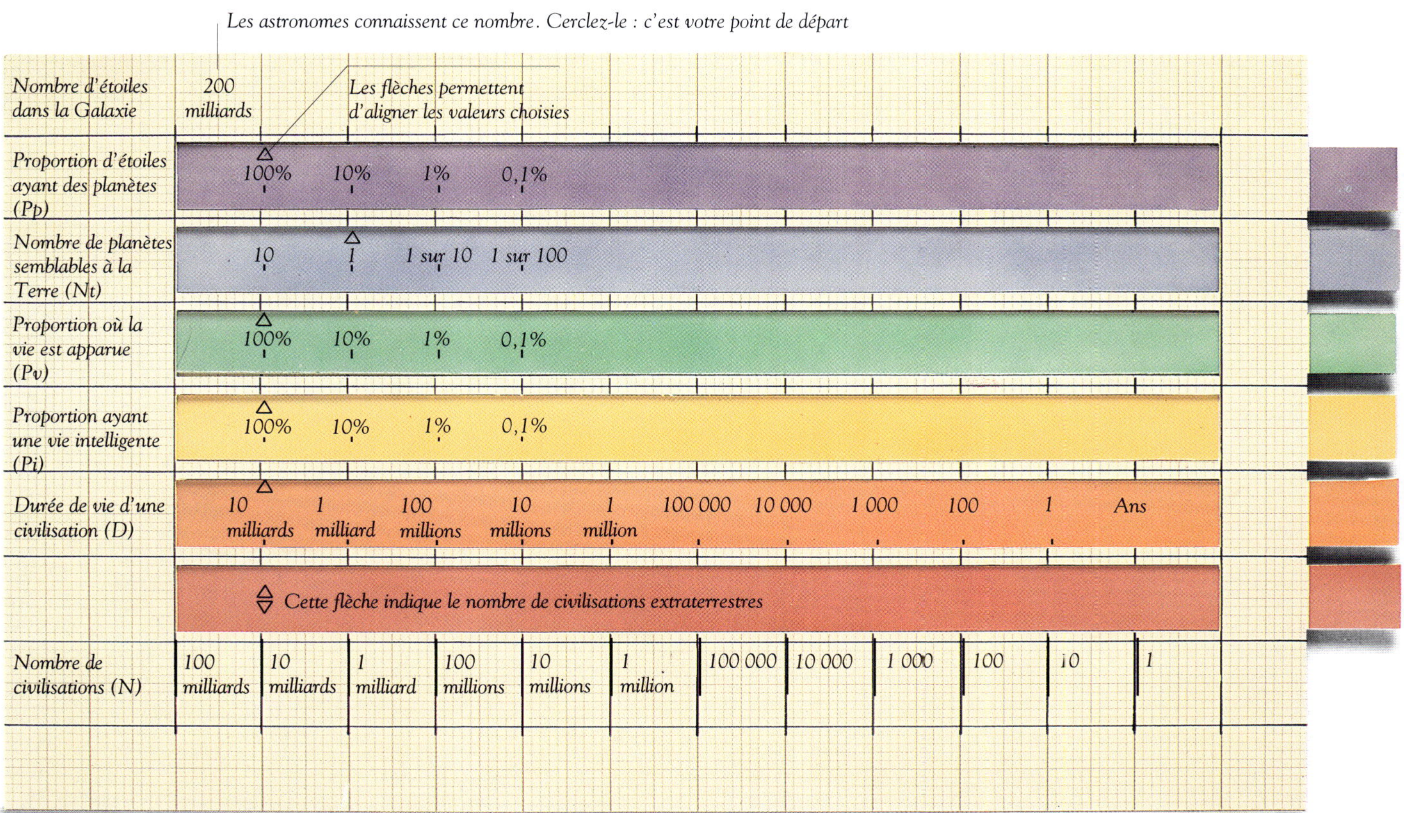

Comptez les extraterrestres
Cerclez la valeur que vous choisissez pour chaque paramètre. Tirez la bande suivante pour que sa flèche soit alignée avec ce cercle. À la fin, les bandes seront décalées les unes par rapport aux autres.

4 P_P EST LE POURCENTAGE d'étoiles possédant des planètes. Alignez la flèche avec le cercle du dessus. Choisissez une valeur et entourez-la au crayon.

5 N_T EST LE NOMBRE de planètes semblables à la Terre (possédant de l'eau) dans chaque système planétaire. Alignez la flèche avec Pp et choisissez Nt.

6 P_V EST LA PROPORTION de planètes semblables à la Terre où la vie est apparue. Alignez la flèche avec Nt et choisissez Pv (quelques %...).

7 P_I EST LA PROPORTION de planètes où sont apparus et où ont évolué des êtres intelligents. Alignez la flèche et choisissez une valeur pour Pi.

8 D EST LA DURÉE DE VIE d'une civilisation. Alignez la flèche et cerclez votre choix. Si D valait quelques années, serions-nous là aujourd'hui ?

9 N EST LA RÉPONSE que vous cherchez : le nombre de civilisations dans la Voie lactée. La flèche de l'échelle principale indique la réponse.

Étoiles de l'hémisphère Nord

CETTE CARTE montre toutes les étoiles visibles depuis l'hémisphère Nord. Pour savoir lesquelles sont visibles à une saison donnée, faites tourner le livre pour que le mois soit en bas : les étoiles du bas de la carte sont visibles dans le ciel au sud. Pour avoir plus de précision, construisez le planisphère (p. 112-113).

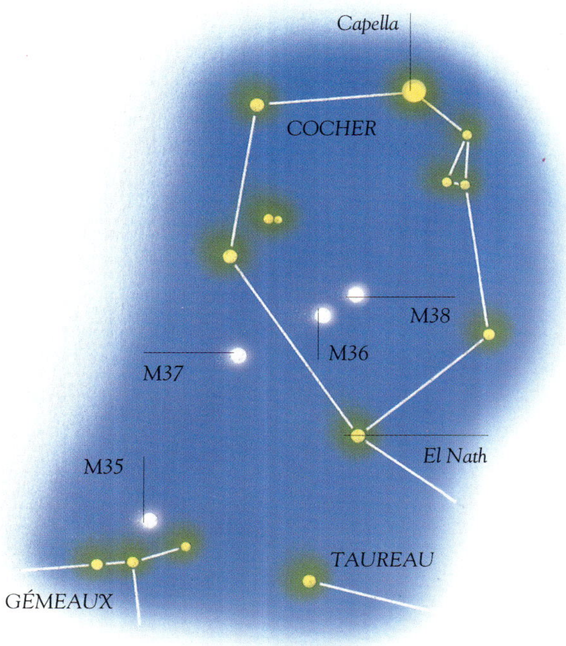

Amas visibles en hiver
Avec des jumelles, en hiver, vous pouvez distinguer des amas dans la région du Cocher et des Gémeaux : M35, qui se trouve à environ 3 000 années-lumière, est tout juste visible à l'œil nu.

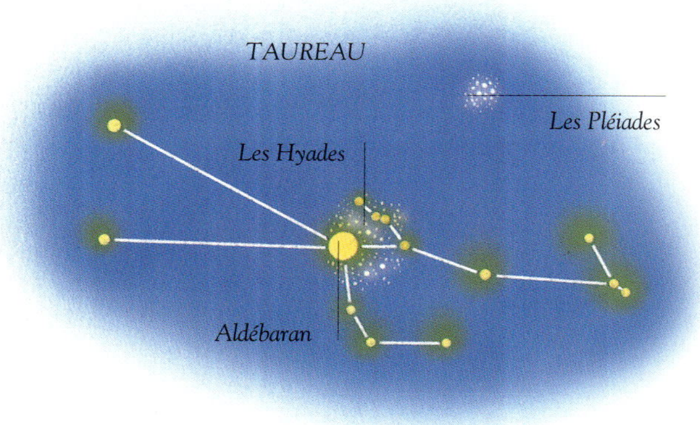

Groupes d'étoiles proches
En automne et en hiver, les Pléiades sont un merveilleux spectacle. On les appelle les « sept sœurs », mais elles recèlent davantage d'étoiles. Combien en comptez-vous ? Au bas de l'image se trouvent les Hyades, l'amas le plus proche du Soleil.

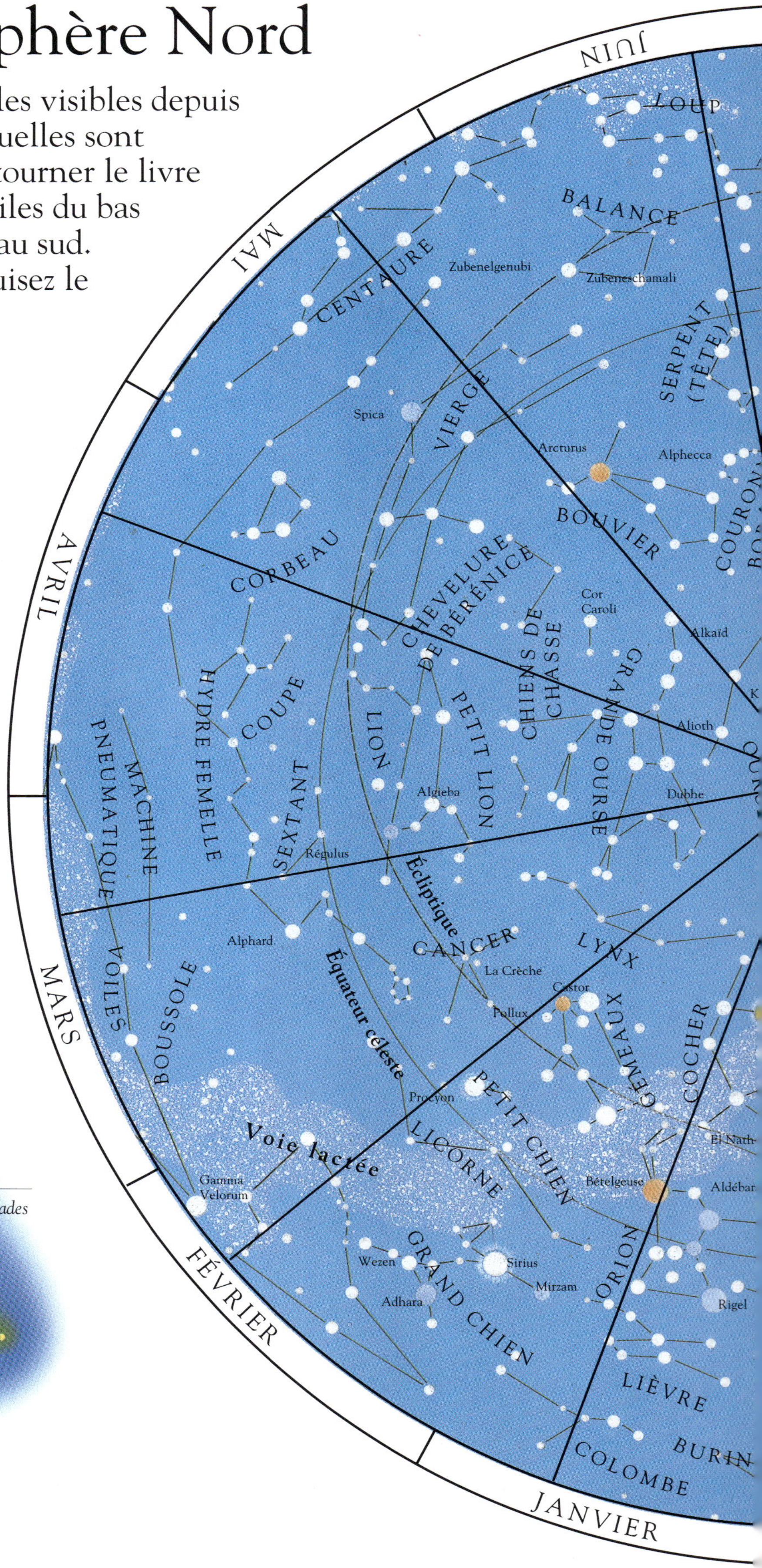

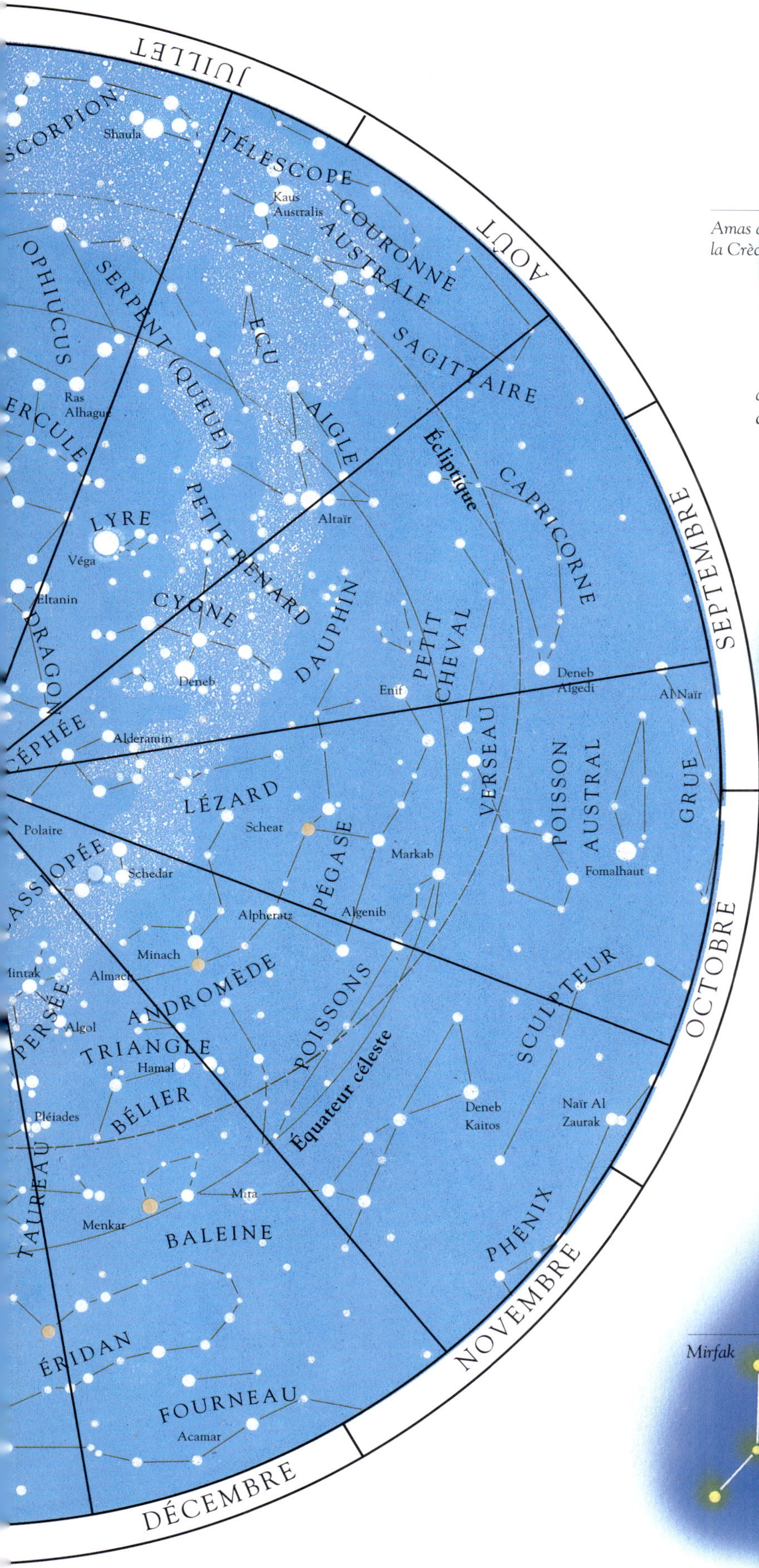

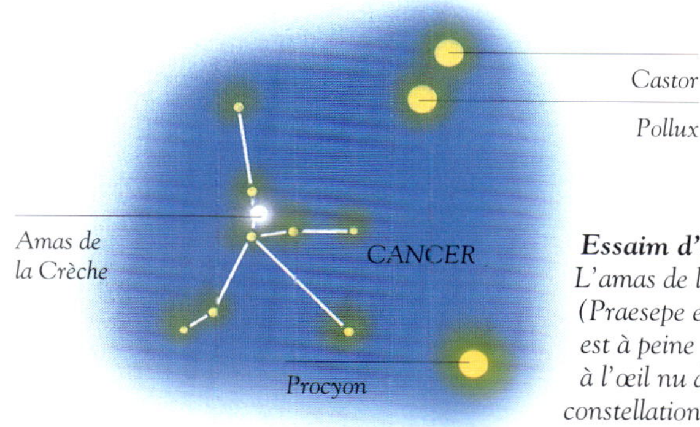

Essaim d'étoiles

L'amas de la Crèche (Praesepe en latin) est à peine visible à l'œil nu dans la constellation du Cancer. Cet essaim d'étoiles est aussi nommé amas de la Ruche. Les astronomes chinois la nommaient « Petite Brume ».

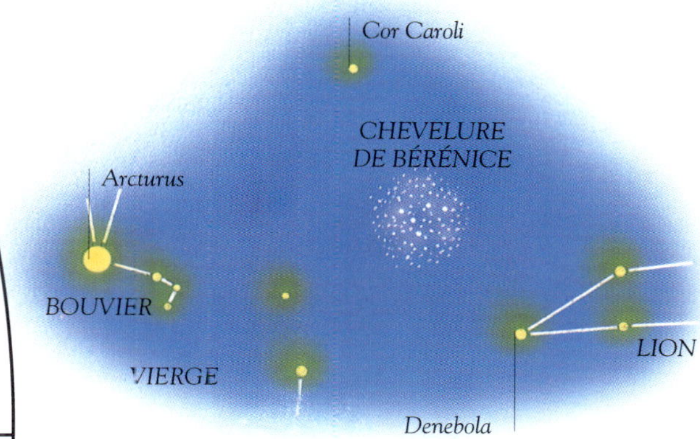

Les cheveux de Bérénice

Ce pâle amas d'étoiles visible au printemps se nomme Chevelure de Bérénice. C'est la seule constellation dont les étoiles appartiennent toutes au même amas.

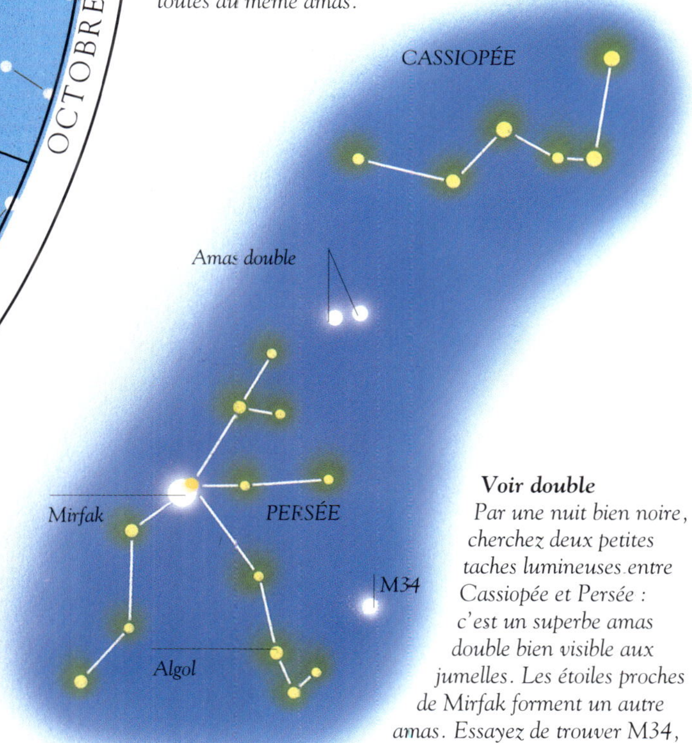

Voir double

Par une nuit bien noire, cherchez deux petites taches lumineuses entre Cassiopée et Persée : c'est un superbe amas double bien visible aux jumelles. Les étoiles proches de Mirfak forment un autre amas. Essayez de trouver M34, qui est beaucoup moins brillante.

Étoiles de l'hémisphère Sud

CETTE CARTE MONTRE toutes les étoiles visibles depuis l'hémisphère Sud. Pour trouver celles qui sont au-dessus de vous lorsque vous observez, orientez-vous vers le nord et tournez le livre pour que le mois soit en bas. Votre ciel se trouve au bas de la carte. Construisez le planisphère (p. 112-113) pour avoir une carte plus précise. Identifiez d'abord les étoiles les plus brillantes, puis les plus pâles et les amas qui sont montrés autour de la carte.

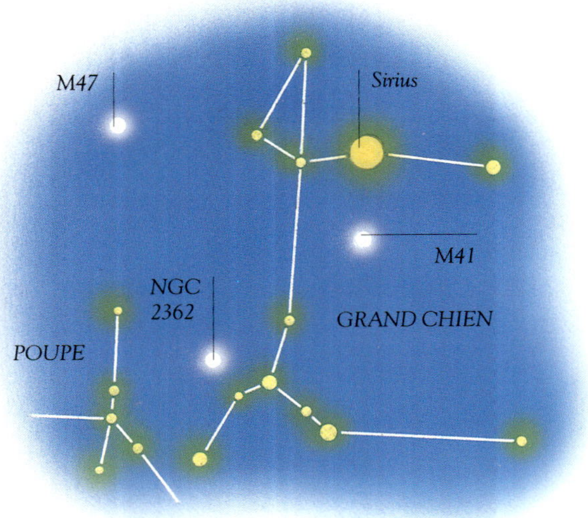

Les chiens du ciel
Plusieurs amas d'étoiles se trouvent à proximité de Sirius, la plus brillante des étoiles. M47 est visible à l'œil nu, mais il faut des jumelles pour distinguer M41 et NGC 2362.

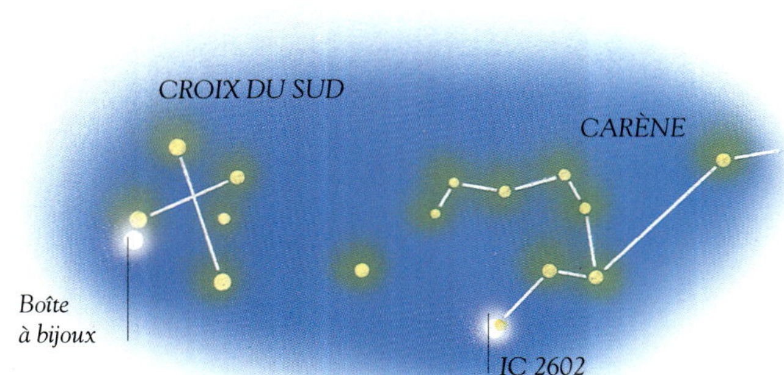

Joyaux cosmiques
La Croix du Sud permet de trouver deux superbes amas. La « Boîte à bijoux » ressemble à un tas de pierres précieuses rouges et bleues. IC 2602, bien visible à l'œil nu, est aussi beau que les célèbres Pléiades.

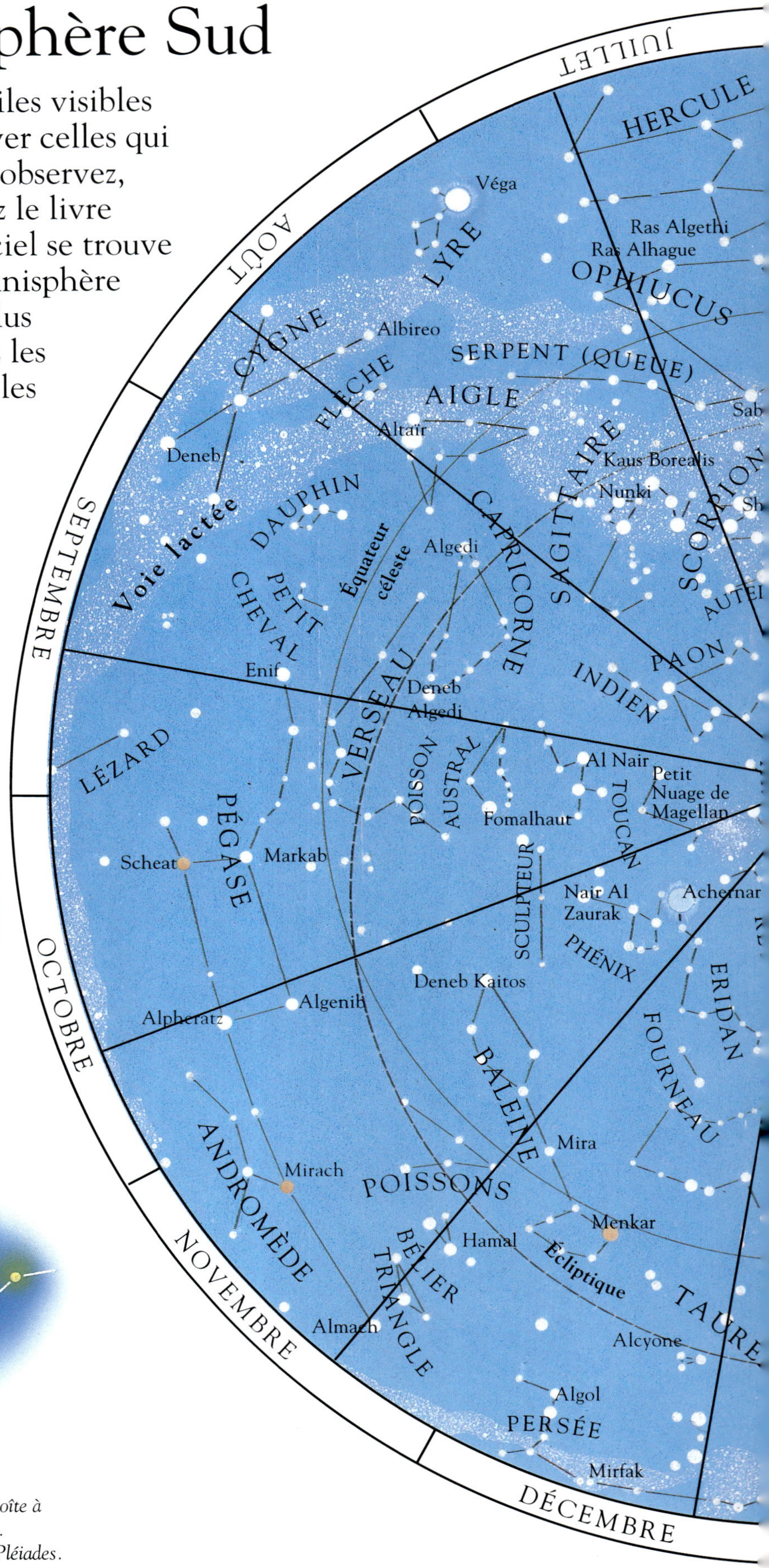

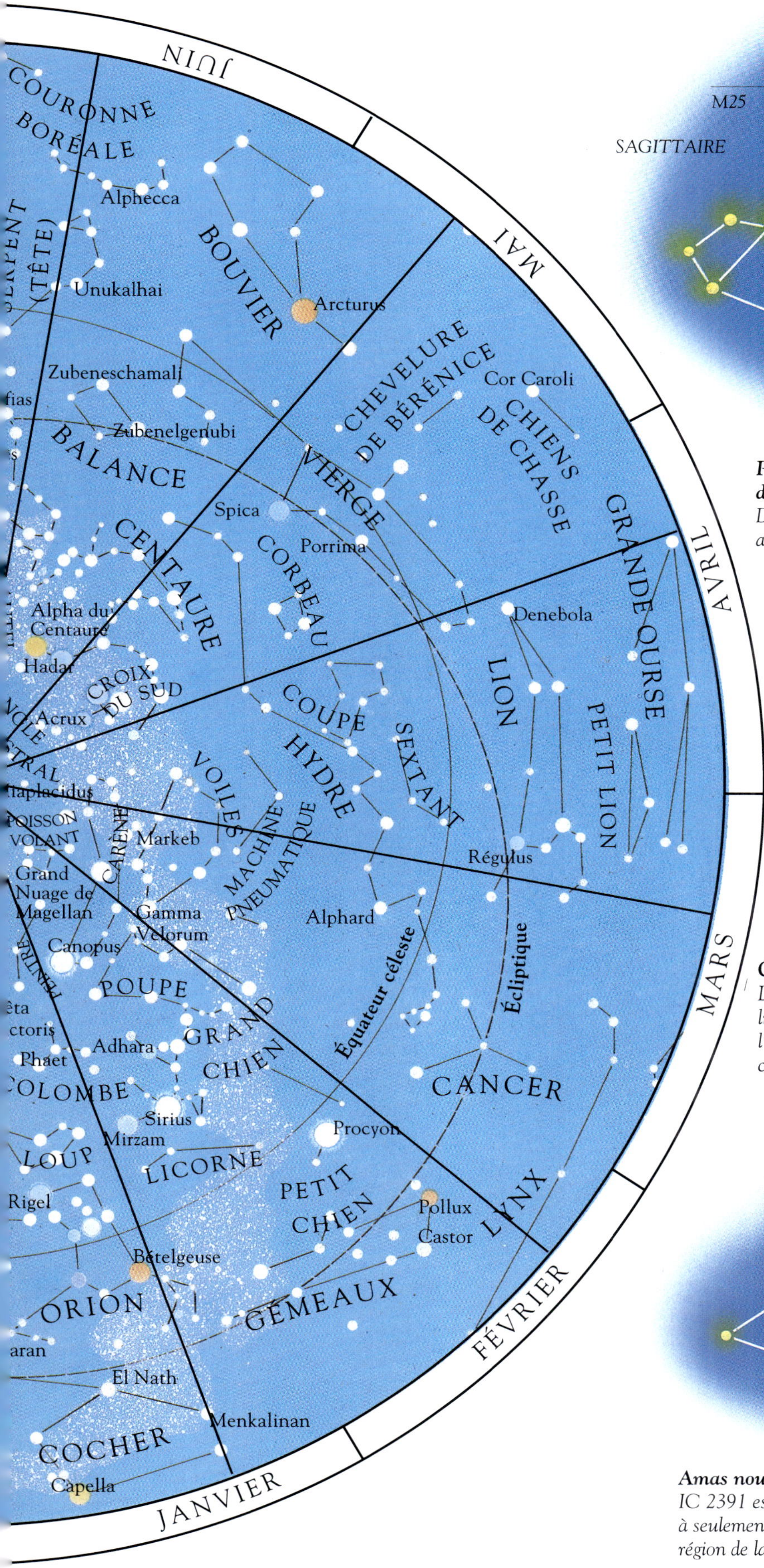

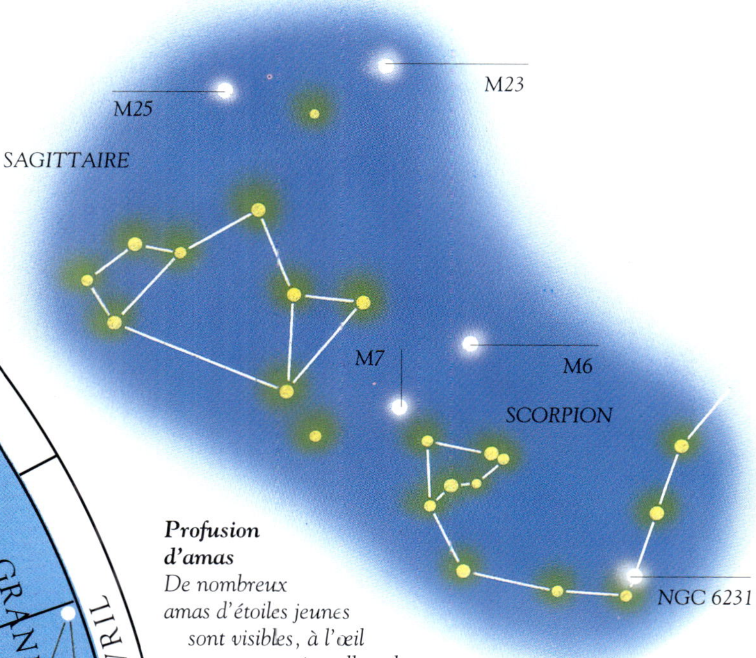

Profusion d'amas
De nombreux amas d'étoiles jeunes sont visibles, à l'œil nu ou aux jumelles, dans le Sagittaire et le Scorpion. Cherchez aussi des nébuleuses *(p. 124-125)* *et des amas globulaires* *(p. 136-137)**.*

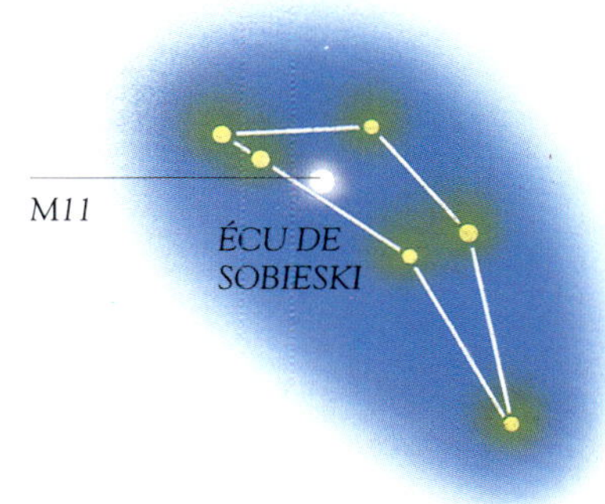

Canards sauvages
L'amas des Canards sauvages (M11), à 6 000 années-lumière du Soleil, se trouve dans la petite constellation de l'Écu de Sobieski. Vu au télescope, il a une forme de « V » comme un vol de canards sauvages.

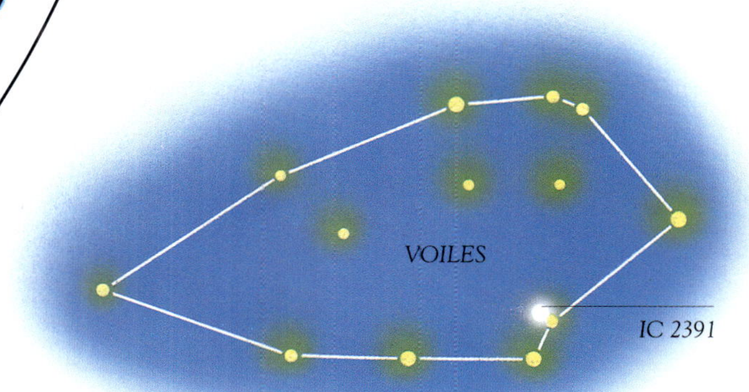

Amas nouveau-né
IC 2391 est visible à l'œil nu ou, mieux encore, aux jumelles. Situé à seulement 850 années-lumière, c'est un des amas les plus jeunes de notre région de la Voie lactée : il n'a que 36 millions d'années.

Glossaire

Accélération Variation de la vitesse en fonction du temps, due à l'action d'une force. L'« accélération de la pesanteur » sur Terre est l'accélération d'un corps tombant dans le champ gravitationnel de la Terre. Elle vaut 9,8 mètres par seconde au carré.

Altitude Angle mesurant la hauteur d'un astre au-dessus de l'horizon.

Amas d'étoiles Groupe d'étoiles. Les « amas ouverts » rassemblent quelques centaines d'étoiles jeunes ; les « amas globulaires », plus denses, rassemblent jusqu'à un million d'étoiles âgées.

Amas de galaxies Groupe de galaxies liées par la gravité.

Anneau de Kuiper « Réservoir » de comètes s'étendant de l'orbite de Pluton jusqu'à la partie interne du nuage de Oort.

Année-lumière Distance parcourue par la lumière en une année (environ 9 500 milliards de kilomètres).

Astéroïde Un des milliers de petits corps et débris rocheux pour la plupart rassemblés sur une orbite entre Mars et Jupiter.

Astre Corps céleste – étoile ou planète.

Astrolabe Instrument datant du IIe siècle av. J.-C. et montrant la position du Soleil et des étoiles.

Atmosphère Couche de gaz entourant une planète, ou partie externe d'une étoile.

Atome Le plus petit constituant d'un élément chimique.

Aurore polaire Lueur verte ou rose, visible dans les régions polaires, due à l'interaction des particules du vent solaire avec les molécules de l'atmosphère.

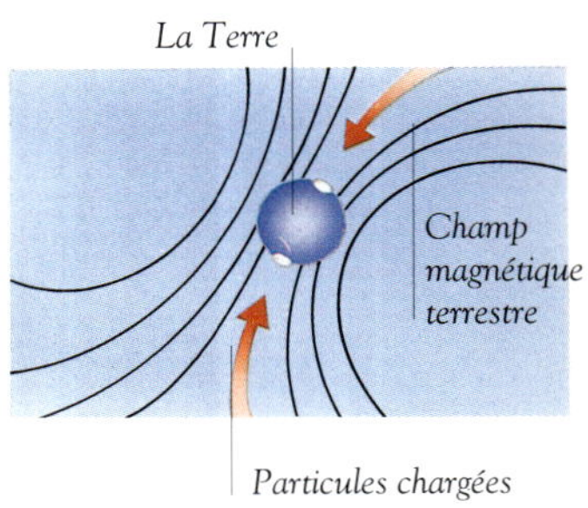

Aurores polaires
Le champ magnétique terrestre attire les particules chargées du vent solaire vers les pôles, créant des aurores boréales et australes.

Axe Ligne imaginaire autour de laquelle tourne un astre, et passant par les pôles.

Barycentre Centre de gravité autour duquel tournent deux ou plusieurs astres.

Big Bang Événement violent qui a marqué le commencement de l'Univers il y a 15 milliards d'années.

Big Crunch Résultat possible de la contraction de l'Univers.

Céphéides Étoiles variables très lumineuses dont la période est liée à l'éclat apparent. Les étoiles de type céphéide permettent de mesurer les distances des galaxies.

Champ magnétique Magnétisme généré par le noyau d'une planète ou la surface d'une étoile et s'étendant loin dans l'espace.

Chromosphère Partie inférieure, rouge, de l'atmosphère solaire.

Clair de terre (ou lumière cendrée) Faible lueur du disque lunaire causée par la réflexion de la lumière solaire sur l'atmosphère terrestre.

Comète Corps constitué de glace et de poussières émettant une chevelure gazeuse et une queue de poussières en approchant du Soleil.

Constellation Groupe imaginaire d'étoiles portant généralement un nom mythologique (comme Orion ou le Lion). Les étoiles d'une constellation ne sont pas dans la même région de l'espace.

Cosmos Autre terme pour Univers.

Couronne L'atmosphère externe du Soleil, visible sous forme de halo lors d'une éclipse de Soleil.

Cratère Trou en forme de soucoupe causé par une explosion. Les cratères de la Lune et des planètes sont dus à des impacts de météorites.

Croûte Surface rocheuse d'une planète.

Décalage vers le rouge Déplacement des raies spectrales de la plupart des galaxies vers la partie rouge du spectre, dû à l'éloignement des galaxies sous l'effet de l'expansion de l'Univers.

Degré Angle égal à la trois cent-soixantième partie d'un cercle. 90° font un angle droit ; 180° font un angle plat.

Densité Masse d'un corps par unité de volume, rapportée à ce même rapport pour l'air ou pour l'eau.

Disque d'accrétion Disque de matière très chaude aspirée par un trou noir.

Distance focale Distance entre une lentille et son foyer – point où convergent les rayons lumineux.

Éclipse Effet produit par le passage d'un astre devant un autre. Lors d'une éclipse de Lune, la Lune passe dans l'ombre de la Terre. Lors d'une éclipse de Soleil, la Lune passe entre la Terre et le Soleil.

Effet de serre Élévation de température causée par la présence de gaz – méthane ou gaz carbonique – qui piègent la chaleur émise par la surface d'une planète.

Effet Doppler Variation de la fréquence d'une onde due au déplacement de la source de cette onde.

Électron Particule élémentaire portant une charge électrique négative et constitutive de tous les atomes.

Ellipse Forme ovale. Les orbites des planètes sont elliptiques.

Équinoxe L'un des deux jours de l'année – 21 mars ou 23 septembre – où le jour et la nuit ont la même durée. Le Soleil est alors à la verticale de l'équateur.

ÉRUPTION SOLAIRE Gigantesque explosion causée par le champ magnétique du Soleil.

ÉTOILE Astre lumineux, chaud et massif, où se produisent des réactions de fusion nucléaire.

ÉTOILE À NEUTRONS Étoile effondrée très dense constituée de neutrons.

ÉTOILE DOUBLE À ÉCLIPSES Paire d'étoiles proches qui, vues de la Terre, s'éclipsent l'une l'autre.

ÉTOILE DOUBLE Paire d'étoiles tournant l'une autour de l'autre.

ÉTOILE VARIABLE Étoile dont l'éclat varie, souvent sous l'effet d'une dilatation ou d'une contraction.

FILAMENTS ET VIDES Filaments de superamas de galaxies regroupés autour de régions vides de l'espace – structure à grande échelle de l'Univers.

FORCE CENTRIFUGE Force apparente tendant à dévier un corps en rotation de son mouvement circulaire. Il s'agit en fait de la tendance naturelle qu'ont les corps à aller en ligne droite.

FOYER Point où convergent les rayons lumineux d'un miroir ou d'une lentille, et où se forme l'image de l'objet.

FRÉQUENCE Nombre de vibrations d'une onde par seconde (unité : le hertz).

FROTTEMENT Le frottement de deux corps ou de deux substances dégage de la chaleur. Quand une météorite tombe dans l'atmosphère, le frottement de l'air la fait brûler.

FUSEAU HORAIRE Ensemble des régions de la Terre où l'heure est la même.

FUSION NUCLÉAIRE Réaction au cours de laquelle des noyaux d'éléments légers fusionnent pour donner un noyau d'élément plus lourd. L'énergie libérée par la fusion fait briller les étoiles.

GALAXIE Rassemblement de millions d'étoiles. Il y a des millions de galaxies dans l'Univers, séparées par de très grandes distances.

GALAXIE À FLAMBÉE D'ÉTOILES Galaxie présentant une « flambée » de formation d'étoiles nouvelles, peut-être suite à l'interaction avec une autre galaxie.

GALAXIE DE SEYFERT Galaxie spirale pourvue d'un noyau de type quasar.

GALAXIE ELLIPTIQUE Galaxie ayant une forme ronde et dépourvue de bras spiraux. Ces galaxies contiennent peu de gaz et de poussières, mais beaucoup d'étoiles rouges âgées.

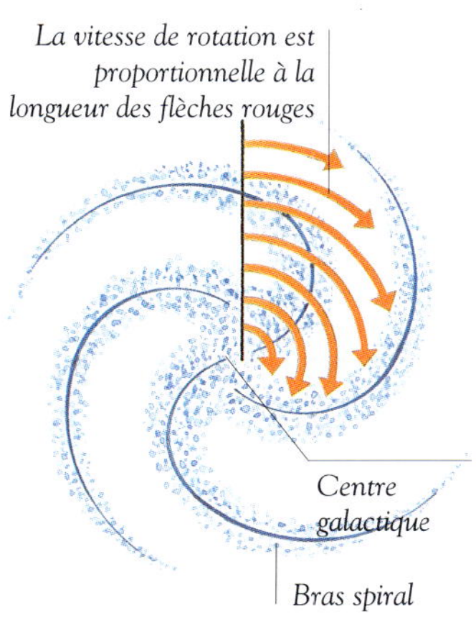

Une galaxie spirale
Les étoiles d'une galaxie spirale tournent à des vitesses différentes. On pense que la gravité empêche les bras de s'enrouler sur eux-mêmes.

Anneau de Kuiper et nuage de Oort
Ces deux régions sont les zones où se trouvent les comètes qui tombent parfois vers le Soleil.

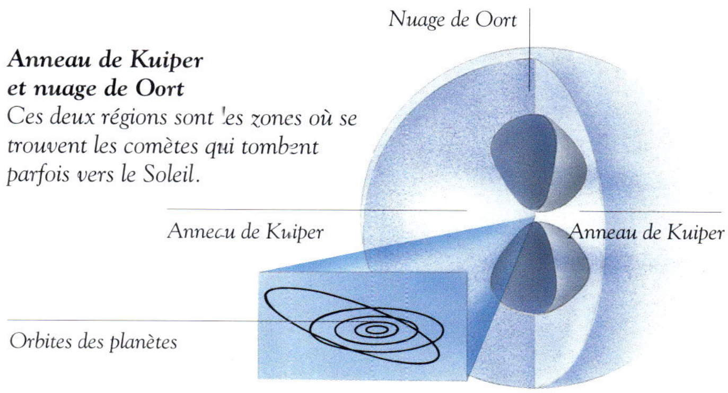

GALAXIE IRRÉGULIÈRE Galaxie sans forme bien définie. Ces galaxies sont souvent petites, riches en gaz et en poussières, et contiennent un mélange d'étoiles jeunes et vieilles.

GALAXIE SPIRALE Galaxie dont les bras partent d'un noyau central. Ces galaxies contiennent des nuages de gaz et un mélange d'étoiles jeunes et vieilles.

GÉANTE GAZEUSE Planète géante, comme Jupiter ou Saturne, essentiellement constituée d'une atmosphère gazeuse très dense.

GÉANTE ROUGE Étoile âgée dont les couches externes se sont dilatées et refroidies.

GRAVITÉ Force d'attraction existant entre deux ou plusieurs corps, la Terre et la Lune par exemple.

INFLATION COSMIQUE Événement qui s'est peut-être produit juste après le Big Bang et qui a vu la taille de l'Univers croître démesurément.

INFRAROUGE Rayonnement produit par les corps chauds, dont la longueur d'onde est intermédiaire entre celle de la lumière et celle des ondes radio.

LATITUDE Distance angulaire (mesurée en degrés) au nord ou au sud de l'equateur d'un astre sphérique.

LONGITUDE Distance angulaire (mesurée en degrés) à l'est ou à l'ouest d'une ligne imaginaire (méridien origine) sur un astre sphérique.

LONGUEUR D'ONDE Distance séparant deux crêtes ou deux creux d'une onde (lumière, son, onde radio, etc.).

MAGNÉTOSPHÈRE « Bulle » magnétique entourant une planète et marquant la limite entre le champ magnétique et le vent solaire.

MAGNITUDE Nombre exprimant l'éclat d'une étoile ou d'une planète. Un objet brillant a une petite magnitude.

MANTEAU Zone rocheuse d'une planète, entre la croûte et le noyau.

MASSE Quantité de matière contenue dans un corps. La masse d'un corps ne change pas, au contraire de son poids qui dépend de l'accélération de la pesanteur.

MATIÈRE NOIRE Matière invisible constituant 99% de la masse de l'Univers.

MER Zone sombre de la surface de la Lune créée par un écoulement de lave.

MÉTÉORITE (ou « étoile filante ») Petit morceau de roche qui brûle en pénétrant dans l'atmosphère. Certaines sont assez grosses pour survivre à leur chute et provoquent des cratères en heurtant la Terre.

MOLÉCULE Groupe de deux ou plusieurs atomes. Il existe de nombreuses molécules différentes dans l'espace.

NAINE BLANCHE Noyau effondré d'une étoile moyenne comme le Soleil ; ce qui reste après l'éjection des couches externes (qui forment une nébuleuse planétaire).

NAINE BRUNE Astre plus petit qu'une étoile mais plus gros qu'une planète. Il ne s'y produit pas de réactions nucléaires mais la contraction produit un échauffement et une émission de rayonnement infrarouge.

NÉBULEUSE Nuage de gaz et de poussières.

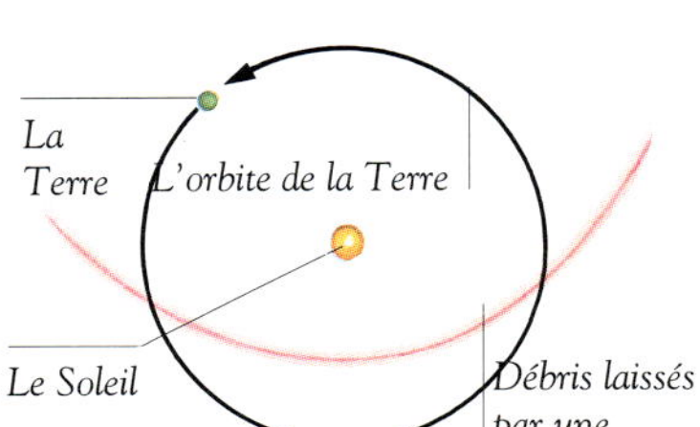

Pluie de météorites
Ces pluies se produisent chaque année quand la Terre traverse des débris de queues de comètes. En pénétrant dans l'atmosphère, ces débris donnent des « étoiles filantes ».

NÉBULEUSE PLANÉTAIRE Enveloppe gazeuse soufflée par l'explosion d'une étoile se changeant en naine blanche.

NEUTRON Particule électriquement neutre présente dans le noyau atomique.

NOCTURLABE Instrument utilisé autrefois pour trouver l'heure la nuit.

NOMBRE PREMIER Nombre qui n'est divisible que par 1 et par lui-même.

NOVA Naine blanche d'un système double dont la luminosité s'accroît brutalement lorsqu'elle aspire la matière de l'autre étoile.

NOYAU Centre, très petit et très massif, d'un atome.

NOYAU (d'une planète) La partie interne d'une planète, constituée de roches ou de métal liquéfié sous forte pression. Un noyau métallique en rotation peut générer un champ magnétique.

NUAGE DE OORT Grand nuage sphérique centré sur le Soleil et d'où viennent les comètes.

OBSERVATOIRE Laboratoire, équipé de télescopes optiques ou radio, où travaillent les astronomes. Le télescope spatial est un observatoire satellisé.

OCCULTATION Passage d'un astre devant un autre – de la Lune devant une étoile par exemple.

OCULAIRE Lentille placée à l'extrémité d'un télescope et agrandissant l'image formée par le miroir ou la lentille principale.

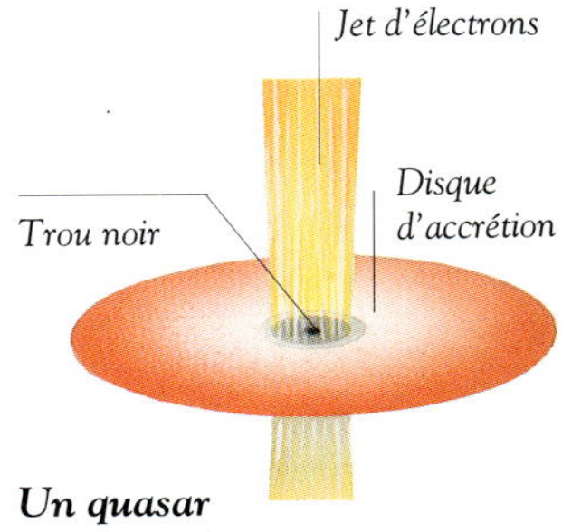

Un quasar
Au centre d'un quasar se trouve sans doute un trou noir qui aspire la matière d'un disque d'accrétion et éjecte parfois des flux d'électrons à des milliers d'années-lumière.

OMBRE Partie interne sombre d'une tache solaire ; partie la plus sombre de l'ombre d'une éclipse.

ORBITE Trajectoire suivie par une planète, un satellite ou une étoile autour d'un corps massif ou d'un barycentre.

PARALLAXE Variation de la position d'un objet vu sous deux angles différents. La parallaxe des étoiles proches permet de calculer leur distance.

PÉNOMBRE Partie externe d'une tache solaire ; zone plus claire d'une éclipse.

PHASE Taille de la partie illuminée d'une planète ou de la Lune.

PHOTOSPHÈRE Surface visible du Soleil ou d'une étoile.

PLANÉTARIUM Projection de points lumineux sur un dôme pour représenter l'aspect du ciel.

PLANÈTE Corps non lumineux et de faible masse en orbite autour d'une étoile.

PLUIE DE MÉTÉORITES Essaim de météorites observable quand la Terre traverse l'orbite d'une comète.

POLAIRE L'étoile qui se trouve exactement au-dessus du pôle Nord. Toutes les étoiles semblent tourner, sauf la Polaire.

POLLUTION LUMINEUSE Combinaison de l'éclairage artificiel et de la pollution de l'atmosphère empêchant l'observation astronomique par formation d'un voile lumineux.

POUSSIÈRE Grains microscopiques absorbant la lumière. Dans l'espace, il s'agit de la « suie » dégagée par les étoiles froides, qui s'assemble parfois en épais nuages.

PRISME Bloc de verre ou de plexiglas qui disperse la lumière blanche en un spectre de couleurs. Les astronomes utilisent des « réseaux de diffraction » plutôt que des prismes pour obtenir des spectres d'étoiles.

PROTON Particule élémentaire chargée positivement ; un des constituants, avec le neutron, du noyau atomique.

PROTUBÉRANCE Gigantesque arc de gaz luminescent suspendu dans la couronne solaire.

PULSAR Étoile à neutrons en rotation très rapide.

QUASAR Noyau très actif d'une galaxie lointaine.

RADAR Instrument calculant la distance d'un objet en mesurant la durée d'aller-retour d'une onde radio se réfléchissant sur l'objet.

RADIANT Point du ciel dont semblent provenir – à cause de la perspective – les éléments d'une pluie de météorites.

RADIOGALAXIE Galaxie active qui émet autant d'ondes radio que de lumière. Les jets d'électrons émis par le noyau sont la principale source d'ondes radio.

RADIOTÉLESCOPE Télescope captant les ondes radio.

RAIE D'ABSORPTION (ou raie de Fraunhofer) Raie du spectre d'absorption d'un gaz correspondant à la longueur d'onde lumineuse absorbée. L'ensemble de ces raies constitue la « carte de visite » d'un élément chimique et permet de connaître la constitution des étoiles.

RAIE D'ÉMISSION Raie brillante du spectre d'émission d'un gaz.

RAYON COSMIQUE Particules électriquement chargées et très énergétiques.

RAYONNEMENT COSMIQUE Rayonnement radio micro-onde emplissant l'Univers. C'est sans doute l'« écho » atténué du Big Bang.

RAYONS X Rayonnement de courte longueur d'onde émis par les gaz très chauds.

RÉFRACTEUR Lunette astronomique constituée d'une série de lentilles.

RELATIVITÉ Théorie due à Albert Einstein et applicable aux corps très rapides ou soumis à des champs gravitationnels très intenses.

RÉTROGRADE Mouvement de recul apparent d'une planète dans le ciel, dû à ce que la Terre rattrape sur sa propre orbite la planète en question.

RÉVOLUTION Temps que met une planète pour effectuer un tour complet autour du Soleil.

ROTATION Mouvement autour d'un axe. La Terre effectue une rotation en 24 h.

SATELLITE Corps gravitant autour d'une planète. La Lune est le satellite de la Terre ; Triton est un des satellites de Neptune.

SETI Acronyme de Search for Extra-Terrestrial Intelligence (Recherche d'une intelligence extraterrestre). Programme d'écoute radio sur différentes longueurs d'onde pour repérer d'autres civilisations.

SOLSTICE Un des deux jours de l'année quand le Soleil est au-dessus d'un des tropiques. Le 21 juin, le Soleil est au-dessus du tropique du Cancer : c'est le solstice d'été dans l'hémisphère Nord, où les jours sont les plus longs et les nuits les plus courtes, et le solstice d'hiver dans l'hémisphère Sud. Le 22 décembre, la situation est inversée.

SPECTRE Ensemble de radiations obtenues par dispersion d'un rayonnement. L'arc-en-ciel est le spectre de la lumière blanche ; chacune de ses couleurs correspond à une longueur d'onde particulière. Le spectre d'une étoile donne des renseignements sur sa composition chimique.

SPECTROSCOPE Instrument permettant d'analyser le spectre de la lumière.

SPHÈRE CÉLESTE Sphère imaginaire entourant la Terre et sur laquelle les astronomes repèrent la position des étoiles par une latitude et une longitude.

SUPERAMAS Amas d'amas de galaxies.

SUPERNOVA Fin (explosive) d'une étoile massive.

SURVOL Passage d'une sonde spatiale à proximité d'une planète, d'une comète ou d'un astéroïde.

SYSTÈME SOLAIRE Le Soleil, les neuf planètes, leurs satellites et les astéroïdes.

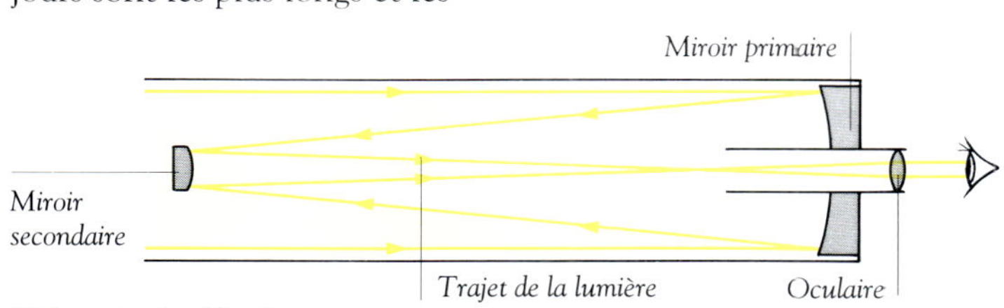

Télescope à réflexion
Ce type de télescope, dit aussi « Cassegrain », permet de construire les plus grands télescopes. La lumière se réfléchit sur un miroir concave puis sur un miroir convexe secondaire avant d'atteindre l'oculaire.

TACHE SOLAIRE Zone sombre et froide de la surface du Soleil, due au blocage de la circulation des gaz par le champ magnétique. Le nombre des taches solaires obéit à un cycle de onze ans.

TÉLESCOPE À RÉFLEXION Télescope faisant converger la lumière grâce à un miroir concave.

TÉLESCOPE CATADIOPTRIQUE Télescope compact captant la lumière avec une combinaison de lentilles et de miroirs.

TROU NOIR Astre effondré dont la gravité est si forte que rien – pas même la lumière – ne peut s'en échapper.

ULTRAVIOLET Rayonnement de longueur d'onde plus courte que la lumière.

UNIVERS Tout ce qui existe – étoiles, planètes, galaxies... et matière noire.

VENT SOLAIRE Flux de particules électriquement chargées, soufflées par le Soleil.

VITESSE DE LIBÉRATION Vitesse minimale que doit atteindre une fusée pour échapper à la gravité terrestre.

ZÉNITH Le point du ciel qui est au-dessus de vous.

ZODIAQUE Les douze constellations parmi lesquelles le Soleil, la Lune et les planètes semblent se déplacer.

Index

M

N

O

P

Q

R

Remerciements

HEATHER COUPER et NIGEL HENBEST tiennent à remercier Robin Scagell, Beverley Miles, Frank Miles, Helen Sharman et Brian Stockwell pour leur assistance.

DORLING KINDERSLEY tient à remercier Jack Challoner et Fran Halpin (conseil) ; Sarah Moule (iconographie) ; Louise Abbott, Emily Hill et Alison Woodhouse (assistance éditoriale) ; Karin Woodruff (index) ; Heather Couper et David Pelham pour les concepts des expériences « L'histoire de l'Univers » et « Décalage vers le rouge » ; et YHA Adventure Shop, à Londres, qui a fourni le réchaud à gaz.

PHOTOGRAPHIES par Andy Crawford, Tim Ridley, et Steve Gorton. Assistance photographique de Gary Ombler, Nick Goddall, et Sarah Ashun.
Autres photos : Colin Keates, Dave King, et Clive Streeter.

CRÉDITS PHOTOGRAPHIQUES
h = haut ; *c* = centre ; *b* = bas ; *d* = droite ; *g* = gauche
Ashford School, Kent : 35*bg*, 35*c*.
A.T.& T. Archives : 131*bd*.
Jean-Loup Charmet : 48*hd*, 48*hch*, 48*hcb*.
Bruce Coleman Ltd / Dr E. Potts : 86*bg*.
E.T. Archive : 19*bg*, 106*bg* ; / *Galerie des Offices, Florence* : 72*hd*.
Mary Evans Picture Library : 63*hg*, 77*cd*, 84*bg*, 98*hd*, 109*cd*, 146*bd*.
Galaxy Picture Library : 90*hg*, 91*hd* ; / *NASA* : 59*hd*, 123*c* ; / *R. Scagell* : 11*cd*, 11*bd*, 35*cd*.
Robert Harding Picture Library / G. Hellier : 17*cg*.
Hencoup Enterprises : 58*hg*, 100*hd*, 127*hd* ; / *NASA* : 59*bg* ; / *C. Tombaugh* : 58*bg*.
Michael Holford : 22*bg*.
The Image Bank : 16*bg* ; / *J. Rajs* : 46*hd*.
Images Colour Library : 38*bg*, 43*hd*.
Ann Ronan at Image Select : 44*hd*, 130*hg*.
Frank Lane Picture Agency / Hosking : 103*bg*.
Leiden Observatory / L. Zuyderduin : 133*hg*.
Mansell Collection : 75*cd*, 116*hd*.
NASA : 36-37, 37*hd*, 54*cd*, 59*hg*, 67*hg* ; / *NASA Jet Propulsion Laboratory* : 74*hd*.
Novosti, Londres : 39*hg*.
Oxford Scientific Films / D. Thompson : 52*hd*, 52*c*.
Popperfoto : 64*bd*.
Science Graphics, Inc. : 62*hd*.
Trustees of the Science Museum, Londres : 24*bd*.
Science Photo Library : 58*hd*, 90*hd*, 142*bg* ; / *J. Baum* : 107*b* ; / *Dr J. Burgess* : 38*bd* ; / *Dr R. Clark & M. Goff* : 123*hd* ; / *Dr F. Espenak* : 38*hc* ; / *G. Fowler* : 128-129 ; / *G. Garradd* : 17*cd*, 24*hd* ; / *G.E. Astro Space* : 21*bd* ; / *Dr L. Golub* : 95*hd* ; / *K. Gordon* : 124*hd* ; / *Hale Observatories* : 95*hg* ; / *D. Hardy* : 56-57 ; / *Dr J. Lorre* : 131*bg*, 137*hd* ; / *J. Mead* : 93*hd* ; / *D. Milon* : 71*hg* ; / *NASA* : 14-15, 16*hg*, 17*bd*, 32*hd*, 32*c*, 38*hd*, 39*bd*, 40*hd*, 66*cg*, 68*hd*, 76*hd*, 88-89 ; / *NOAO* : 104-105, 130*bd*, 137*bd* ; / *Novosti* : 32*hg*, 34*hd* ; / *P. Parviainen* : 86*hg* ; / *G. Post* : 91*b* ; / *R. Ressmeyer, Starlight* : 31*hd*, 130*hd*, 130*bg* ; / *Royal Greenwich Observatory* : 125*hd*, 137*bg* ; / *Royal Observatory, Edinburgh* : 35*cg*, 106*h*, 125*bd*, 131*h*, 137*cdh*, 139*bd* ; / *Royal Observatory, Edinburgh / AATB* : 105*hg*, 137*cdb* ; / *Rev. R. Royer* : 84*hd*, 106*bd*, 107*hg*, 133*bd* ; / *J. Sanford* : 28*hd*, 87*hd* ; / *R. Scagell* : 117*hd* ; / *U.S. Naval Observatory* : 233*bd* ; / *K. Wood* : 90*b*.
Space Imagery Center, Lunar and Planetary Laboratory, University of Arizona, Tucson, AZ : 49*bc*, 49*bd*.
TASS : 35*bd*.

Malgré nos efforts, il se peut que des omissions persistent. Elles seraient alors dûment corrigées dans les éditions ultérieures de ce livre.

ILLUSTRATIONS
Kuo Kang Chen : 18, 21, 22, 24-25, 26, 28, 30, 31, 40, 42, 44, 45, 46, 50, 52, 54, 64, 66, 68, 72, 74, 76, 78, 80, 83, 92, 94, 96-97, 98, 100, 102, 103, 108, 110, 114-115, 116, 118-119, 120, 121, 122-123, 124, 135, 136, 148-149, 150-151, 152-153, 154-155.
Mark Franklin : 12, 33, 49, 95, 126, 140, 142-143.
Autres illustrations : Luciano Corbella, Martyn Foote, et Chris Lyon.

RÉALISATION DES MODÈLES
Peter Griffiths : 13, 21, 23, 25, 27, 31, 36, 43, 45, 47, 68, 72, 74, 76, 80–81, 82–83, 85, 101, 102, 109, 110–111, 120, 127, 134, 139, 141.
Mark Franklin : 49, 53, 60–61, 63, 67, 116, 143, 144, 146.

PERSONNES PHOTOGRAPHIÉES
Sarah Ashun, James Bitmead, Rebecca Bunting, Tom Bunting, Rhiannon Bushnell, Jonathan Chen, Zane Cunningham, Charlotte Denton-Cowell, Rosie Denton-Cowell, Lia Foa, Maya Foa, Steve Gorton, Georgina Grant, Peter Griffiths, Stephanie Jackson, Hannah Janulewicz, Jan Janulewicz, Darius Jones, Wesley Lincoln, Elaine Monaghan, Carly Nichols, Marianna Papachrysanthou, Anita Parsons, Elizabeth Parsons, Priya Patel, Alastair Raitt, Duncan Raitt, Samantha Schneider, Matthew Smedley, Kerry-Anne Smith, Kathy-Marie Smith, Mimy Tang, Joanna Temple, Andrew Thomas, Calvin Thomas, Nicholas Turpin, Ailsa Williams, Andy Williams, Scallywags Agency.